https://alphaedizioni.weebly.com/

"Alpha edizioni" rappresenta un servizio editoriale in fase di sperimentazione nato nel luglio 2018. Visita https://alphaedizioni.weebly.com/ per saperne di più.

Contatti dell'autore:

www.emanuele-pagani.weebly.com

Twitter/Facebook: @EmanueleBooks

Data impaginazione: 2020

AI LETTORI:
Se il presente fascicolo è un romanzo: Questo romanzo è un opera di fantasia; nomi, personaggi, società, organizzazioni, luoghi e avvenimenti sono frutto dell'immaginazione dell'autore o sono usati in maniera fittizia. Qualunque analogia con luoghi, fatti o persone esistenti o esistite è del tutto casuale.
Se il presente fascicolo è un saggio/guida: Autore ed editore si impegnano affinché le informazioni qui riportate siano corrette. Autore ed editore declinano comunque ogni responsabilità per inesattezze o errori di stampa. Non si risponde per eventuali danni derivanti l'uso delle informazioni in esso contenute.

La presente opera è protetta da **"Diritto d'Autore"**, si prega di non effettuare traduzioni, modifiche, ripubblicazioni (dell'interezza dello scritto o anche solo di parti dello stesso) senza il consenso dell'autore. Una violazione di questa norma potrebbe portare a conseguenze penali.
L'intero scritto è opera dell'autore ed è in suo completo possesso.
E' vietato creare fotocopie del presente fascicolo se non nei limiti del 15% del volume.

→ **Sito Web**: https://alphaedizioni.weebly.com/

Pubblicato da **Alpha Edizioni** (Progetto Beta)

Emanuele Pagani

Homo aliena:
Viaggio tra artefatti e teorie, per ritrovare le tracce del nostro passato.

Indice

Introduzione..........9
Teorie e teorici..........15
  1. Teoria sugli antichi astronauti..........17
  2. I volti del paleocontatto..........22
OOPART: Gli oggetti fuori dal posto..........27
  1. Mummia di Usermontu..........29
  2. Incisioni di Abydos..........35
  3. Lampade di Dendera..........40
  4. Lo Djed di Djoser..........45
  5. Uccello di Saqqara..........49
  6. Egizi in Australia..........53
  7. Angelo Pitoni: Skystone, Nomoli e Dama del Mali..........57
  8. Cubo di Gurlt..........63
  9. Papiro Tulli..........66
  10. Moai..........74
  11. Teschi di cristallo..........78
  12. Cerchi nel grano..........84
  13. Aerei di Bogotà..........89
  14. Sfinge di Giza..........95
  15. Mica..........102
  16. Robot sulla tavoletta di Narmer..........106
  17. Statuette di Acàmbaro..........111
  18. Pietre di Ica..........114
  19. Meccanismo di Antikythera..........119
  20. Pietre Dropa..........123
  21. Puma Punku..........132
  22. Nanospirali degli Urali..........136
  23. Statuetta di Nampa..........139
  24. Geode di Coso..........142
  25. Tazza di Wilburton..........146
  26. Linee di Nazca..........149
  27. Tubi di Baigong..........154
  28. Karahunj..........158
  29. Martello di London..........161
  30. Vaso di Dorchester..........164
  31. Catena d'oro del Morrisonville..........168
  32. Dito di Comanche Peak..........170
  33. Porta del Sole..........173
  34. Mura di Cuzco..........176

35. Batteria di Baghdad...179
36. Pietra della donna incinta..................................183
37. Astronauta di Kiev..186
38. Monolite di Pokotia...189
39. Impronte di Glen Rose......................................193
Ex Cursus – Datazione assoluta.............................197
40. Fuente Magna..201
41. Disco di Scisto...205
42. Navicella di Troprakkale....................................209
43. Disco genetico...212
44. Mappa del Creatore..215
45. Viti dell'era dei dinosauri..................................218
46. Pietre di Aztlàn..220
47. Portali dimensionali a Porto Rico.......................224
48. Statue di Ain Ghazal e le maschere....................227
49. Bimini road..230
50. Disco di Nebra...234
51. Nan Madol...239
52. Astronauta di Palenque....................................242
53. Ponte di Adamo...245
54. Impronta di Antilope Springs.............................249
55. Opportunus Adest..252
56. Alieno di Atacama..255
57. Sfere di Klerksorp..258
58. Mappa di Piri Reis..261
59. Alieni di Nazca...265
60. Pitture di Charama...269
61. Mortaio con Pestello...272
62. Petroglifi di Toro Muerto...................................275
63. Stonehenge...278
64. Lente di Helwan...284
65. Dodecaedro di Tongeren..................................287
66. Nabta Playa...291
67. Mummie egiziane del Gran Canyon...................294
68. Alieni in Polinesia...298
69. Piramide di luce di La Manà..............................301
Ex Cursus – Accenni sullo scavo archeologico........304
70. Modificazioni corporali.....................................308
71. Spada vichinga Ulfberht...................................312
72. Teschio di Broken Hill......................................315
73. Colonna di Ashoka..317

74. Arca dell'Alleanza..321
75. Sismoscopio di Zhang Heng...............................325
76. Disco di Festos..328
77. Pozzo di Oak Island...330
78. Pitture rupestri di Wandjina................................333
79. Pitture rupestri della Val Camonica.....................336
80. Stegosauro di Angkor...340
81. Campanella di Garuda..343
82. Note generiche sulle piramidi.............................346
83. Vimana...352
84. L'uovo di Assuan..363

Investigare il "Mistero"...367
1. Starchild...369
2. Sindrome di Morgellons: una malattia aliena?......373
3. Alieni a Napoli..377
4. UFO nazisti..379
5. Approfondimento: Foo Fighters...........................383
6. Abduction...386
7. Classificazione Hynek...390
8. Area 51...393
9. L'incidente di Roswell e l'autopsia aliena.............396
10. Caso Caponi: Riavvistato l'alieno?......................403

Altre note di interesse..407
1. Man In Black..409
2. Progetto "Blue Book"..412
3. L'evoluzione secondo Michael Masters (Una nuova teoria)....414
4. Sette esempi di UFO nell'Arte.............................418
   4.1 Madonna del Cardellino, Sebastiano Mainardi.........418
   4.2 Annunciazione, Carlo Crivelli..............................420
   4.3 Miracolo della Neve, Masolino da Panicale..........423
   4.4 Battesimo di Cristo, Aert de Gelder......................425
   4.5 Ptahhotep e l'alieno..427
   4.6 Glorificazione dell'Eucarestia, Salimbeni Ventura...429
   4.7 Sposalizio della Vergine, Raffaello......................430
5. L'U.A.P.T.F...433
6. Falsificazioni ufologiche.....................................435

La conclusione di un lungo viaggio.....................439
Bibliografia e Webgrafia......................................443

Introduzione

Da dove è incominciato tutto,
Perché ho scritto questo libro,
Come l'ho scritto,
A chi è rivolto.

Misteri, enigmi, alieni... tutti elementi interessanti e che, in un certo qual modo, attizzano la curiosità delle persone.

Uno dei punti cardine che mi ha permesso di trarre una sorta di giovamento culturale nei confronti di tutto questo è da piazzare nel 2006 se non 2007, anno in cui incominciai a vedere il famoso programma Voyager. Questo programma televisivo mi ha sempre attratto dal punto di vista divulgativo, tant'è che gli argomenti trattati in quest'ultimo (per quanto pseudoscientifici) sbloccarono in me una sorta di "Desiderio dell'approfondimento".

Non incominciai sin da subito ad approfondire queste tematiche... a dirla tutta, in quegli anni, i libri e le ricerche nemmeno mi piacevano, quindi pensai di basare la mia conoscenza su quello che ascoltavo nel programma. La mia voglia di riprendere in mano questi temi e di affrontarli seriamente, in maniera determinata e approfondita, arriverà solo nel 2015: OOPARTs, UFOlogia, alieni, misteri ed enigmi... tutti i libri che mi capitavano sotto mano li compravo e li leggevo, non mi interessava chi li avesse scritti e quando; volevo soltanto sapere di più e approfondire tali ipotesi che spaziavano dalla scienza alla fantascienza... insomma, potremmo definirli come dei viaggi eseguiti attraverso dei portali dimensionali in grado di portare il lettore in altre dimensioni, in veri e propri mondi diversi da quelli in cui si vive tradizionalmente: staccare la mente dalla quotidianità, immaginare, rimanere affascinato da ipotesi e teorie più o meno corrette; insomma: fantasticare. In meno di un anno avevo già accumulato nella mia libreria (incredibile, prima di quel momento non ne avevo una in camera) un centinaio di libri; saggi per approfondire e conoscere, romanzi fantasiosi... mappe che mi permettevano di vagare virtualmente in luoghi sconosciuti, misteriosi e chiusi al pubblico.

La mente però è una cosa assai strana, è capace di mutare nel corso del tempo e di cambiare completamente le tue prospettive in un batter d'occhio: non passarono molti anni da quel mio primo libro di approfondimento che, come per magia, ho iniziato a pensare; "Si, affascinante... bello... ma se non fosse vero?". Ero un ragazzo che credeva a tutto ciò che gli si diceva, non soppesavo le cose e non comprendevo fino in fondo cosa era fantasia e cosa era realtà.

Pur avendo sbagliato completamente il mio percorso di studi ho avuto la possibilità di prendere parte a corsi scientifici e umanistici universitari che mi hanno permesso, in un certo qual modo, di focalizzare la mia attenzione su quella parte che ancora mi mancava: insomma, ho capito che non bastava conoscere e sapere il parere di una delle due sponde del fiume ma, al contrario, era necessario... anzi, fondamentale, conoscere anche il parere dell'altra sponda. Ho capito che bisognava sentire entrambi i rintocchi della campana... e così feci.

Si ma, dopo tutte queste belle parole e questa bella descrizione... qual'è il punto? Perché esiste questo libro? Qual'è il mio obbiettivo? Bene... ho scritto questo libro come se fosse un ragionamento completo stampato su carta; per dirla tutta, questo progetto di inventariare e di comparare teorie pseudoscientifiche e scientifiche nacque inizialmente con il mio precedente libro: "ControCorrente: Quando la scienza e la pseudoscienza si incontrano" e che poi è proseguito con un corpus abbastanza importante di testi esposti sul mio blog. Tutti questi articoli (alcuni dei quali oscurati poiché disponibili solo parzialmente) sono stati quindi trasferiti – in maniera completa, riveduta e corretta – in questo stesso testo che si configurerebbe più come una raccolta che come un libro... un lungo testo di un qualche centinaio di pagine che, come obbiettivo, non ha quello di distruggere teorie pseudoscientifiche, non ha quello di tarpare le ali ai lettori, non ha quello di fare un *brainwashing*... un controllo o un lavaggio mentale... ai lettori; no, per nulla al mondo farei una cosa del genere... anzi, l'obbiettivo di questo libro è l'opposto! I libri di scienza descrivono solo cose scientifiche, quelli di pseudoscienza solo quelle pseudoscientifiche... ma un mix di queste due sponde non esiste ancora, se non il già citato "ControCorrente" che, come questo libro, è nato per offrire ai lettori una visione di insieme, generalista su determinati argomenti molto dibattuti da scienza e pseudoscienza.

Come ho già detto molte volte anche sugli articoli del mio blog dare una visione unica di un determinato argomento limita il lettore che, di conseguenza, deve attenersi a quella determinata teoria e interpretazione... ma questo, soprattutto su un opera di saggistica "di svago" come questa (nel senso che non è un manuale universitario e nessuno mai vi farà un esame per verificare la vostra conoscenza in fatto di clipeologia) non va bene: certo, su un libro di anatomia come il Gray's Anatomy mi sembra ovvio che si parli solo di scienza; è un libro complesso dove l'introduzione di concetti pseudoscientifici porterebbe lo studente a fare solo confusione... ma in questo caso, dove l'argomento è abbastanza malleabile e affascinante, mi sembra giusto dare al lettore gli strumenti non per essere soggiogato da me o dalle idee scientifiche, bensì per valutare meglio da solo cosa pensa che sia giusto. Ok, ammetto che quello che ho detto sembra molto arcaicizzante: in un mondo dove tante persone vogliono imporre la propria idea salta fuori un libro che dice esattamente l'opposto... ebbene, il pensiero di fondo di questo libro non è per nulla moderno ma, al contrario, risalirebbe al tempo di Erodoto di Alicarnasso (Ἡρόδοτος) un personaggio greco che ha creato la figura dello Storico. Egli stesso, il "Padre della Storia", così chiamato per via della sua opera monumentale "Storie" di ben nove libri, dice esattamente che

«Τοῖσι μέν νυν ὑπ' Αἰγυπτίων λεγομένοισι χράσθω ὅτεῳ τὰ τοιαῦτα πιθανά ἐστι· ἐμοὶ δὲ παρὰ πάντα τὸν λόγον ὑπόκειται ὅτι τὰ λεγόμενα ὑπ' ἑκάστων ἀκοῇ γράφω.»

ovvero:

«*Presti fede ai racconti degli Egiziani chi ritiene credibili queste notizie. **Io mi son proposto, per tutta la mia storia, di scrivere per sentito dire** tutto ciò che si dice.*»

Già... Erodoto scriveva tutto quello che aveva sentito e quello che aveva letto; non importava cosa aveva più senso: in alcuni casi diceva quella che per lui era l'idea più corretta tra quelle proposte... quella più logica, lineare... ma molte volte diceva che era il lettore stesso a scegliere come secondo lui erano andate davvero le cose. Questo voglio farlo anche io in questo libro e non perché la storia è una materia modificabile, in qualche modo plasmabile alle esigenze di ognuno ma, semplicemente, perché io non sono nessuno per decidere cosa gli altri debbano pensare: il mio potere, in queste macchie di inchiostro che corrono lungo queste pagine, non è altro che quello di condividere, informare e donare concetti a dei lettori curiosi che vogliono approfondire dei temi affascinanti e misteriosi. Come si vedrà spesso in questo libro sarò restio a dire la mia opinione, lo farò solo raramente... il mio modus operandi sarà quindi "Dico il parere pseudoscientifico", "Dico il parere scientifico", "Chiudo il capitolo", semplicemente perché altro non posso, non voglio e non dovrei fare; sarò, per così dire, il più neutrale possibile anche se – e qui voglio scusarmi con il lettore – in alcuni casi (seppur rari) non ci riuscirò.

Questo libro, del resto, è stato scritto in un modo un poco particolare: come abbiamo già detto è una sorta di raccolta di articoli che avevo precedentemente pubblicato sul mio blog e che poi ho rivisto completamente per renderli più leggibili e più ricchi di contenuti. La particolarità di questo libro è la suddivisione in quattro parti:

- Nella prima parte si avrà una visione generale degli uomini e delle teorie che hanno, per così dire, creato e rese note le ipotesi del paleocontatto; uomini che avevano le loro ragioni per creare tali teorie e ipotesi che hanno una loro logica interna che analizzeremo brevemente insieme,
- Nella seconda parte si passerà ad analizzare quelli che sono gli OOPARTs, gli Oggetti fuori dal Posto/Tempo che hanno affascinato e continuano ad affascinare un grandissimo numero di persone ogni giorno,
- Nella terza parte mi preoccuperò di sottoporre al giudizio del lettore la visione pseudoscientifica e scientifica di alcuni argomenti presi in esame nella trasmissione televisiva Mistero. Bene, perché Mistero? La scelta di questo programma si è basata su vari punti, tra i quali figurano le fonti inerenti alla programmazione del programma e alle scelte della trasmissione di pubblicare determinate rubriche in TV; oltretutto, è uno dei pochi programmi che non solo diffondeva pseudoscienza, ma anche bufale create dagli autori

del programma stesso!
- Nella quarta parte affronteremo quindi degli argomenti di approfondimento che voglio comunque proporre al vaglio dei miei lettori.

Ma perché *Homo Aliena*? In questo libro affronteremo temi che prendono in considerazione teorie sul paleocontatto, oggetti le cui interpretazioni verrebbero ricollegate al contatto uomo-alieno e, non solo... nella sezione dedicata a Mistero analizzeremo degli argomenti pur sempre ricollegati a questo tema, idem per quanto riguarda quelli della quinta sezione all'interno della quale si troverà anche un breve compendio su quelle che sono le interpretazioni ufologiche all'interno dei quadri.

Fatte queste doverose precisazioni introduttive è giusto dire che questo libro è rivolto soprattutto a curiosi, lettori che vogliono essere informati sul parere scientifico delle cose e persone che vogliono approfondire determinati temi di campo ufologico.

Milano, 24/10/2020
Pagani Emanuele

N.B.: Alcuni capitoli non dispongono di immagini. La scelta di escludere delle foto è dettata dal fatto che queste ultime (di piccola dimensione, sfocate o non ben definite) con un filtro in bianco e nero potrebbero diventare dei semplici occupatori di spazio. Per trovare queste immagini a colori è sufficiente andare all'indirizzo https://linktr.ee/axeep, cliccare sul tasto "Blog" e cercare con la funzione di ricerca il nome dell'artefatto/capitolo che si sta leggendo. Si aprirà l'articolo relativo con le immagini a colori.

Teorie e teorici

Un introduzione per capire di cosa stiamo parlando

1. Teoria sugli antichi astronauti

Due sono le strade a nostra disposizione quando ci troviamo dinnanzi ad un reperto da interpretare; la prima è la via scientifica, una strada lunga e tortuosa ma che arriva sempre al dunque: essa è in grado di interpretare un oggetto o un fenomeno storico analizzando il contesto del ritrovamento e le informazioni che già si conoscono; il risultato, ovviamente, non è altro che qualcosa di corretto. La seconda strada è però ben diversa: certo, più semplice, meno lunga e con meno ostacoli ma, logicamente, i risultati che ci vengono dati da quest'ultima non possono essere considerati sempre veritieri; stiamo parlando dell'archeologia misteriosa, una scuola di pensiero pseudo-scientifica che come obbiettivo si pone quello di trovare dei fondamenti per provare un avvenuto contatto alieno nel passato: il paleo-contatto.

Nel corso del tempo, archeologia e fanta-archeologia si sono ritrovati in netto contrasto, tant'è che si arrivò addirittura al punto di mettersi i bastoni fra le ruote a vicenda semplicemente per rafforzare le loro teorie e per avere un numero di seguaci sempre crescente. L'archeologia misteriosa, a questo punto, darebbe quindi delle interpretazioni non scientifiche ai reperti archeologici o presunti tali; gli OOPARTs, alcuni dei quali non sarebbero altro che mere bufale.

Quello della "pseudo archeologia", alla luce dei fatti, diviene quindi un termine che sottolinea tutte quelle attività legate alla scienza del passato che, a loro volta, non sarebbero altro che conclusioni rigettate dalla comunità scientifica internazionale: si passa quindi alla creazione di teorie ardite e all'invenzione o l'identificazione di prove che non verrebbero però accettate dall'ambiente accademico: l'esistenza di civiltà scomparse come Atlantide o Mu, le fantomatiche scoperte di un inesistente Arca di Noè o, ancora, l'idea di presunti contatti alieni da parte della civiltà egiziana piuttosto che maya.

L'origine di tutte queste fantomatiche teorie dovrebbe essere quindi imputato al ricercatore americano Charles Fort (1874-1932) il quale, a sua volta, dedicò una grande parte della sua vita allo studio e alla catalogazione di articoli di giornale riportanti fatti strani, oggetti impossibili o scoperte incredibili. Egli raggiungerà quindi una sorta di status in cui si convincerà che la storia della Terra sia stata e sia tutt'ora diretta da un potere alieno sopraelevato.

L'archeologia misteriosa, al giorno d'oggi, godrebbe quindi di un particolare rilievo e di una vastissima divulgazione ottenuta mediante la pubblicazione di libri, riviste, video e la trasmissione di particolari programmi televisivi se non addirittura nei mass media, i quali donarono a queste scuole di pensiero una risonanza molto maggiore rispetto a quella che dovrebbe spettare alla ricerca scientifica ufficializzata.

Ovviamente, all'interno del mondo accademico, gli storici e gli studiosi rigettano le idee proposte dall'archeologia misteriosa, dicendo che non sono altro che fantasiose storie fantascientifiche senza alcun peso scientifico e, soprattutto, basate su una totale assenza di prove... scevre quindi da un accurato esame dei dati archeologici anche se, alcuni, reputano che tutto questo sia da imputare all'ideologia del controllo, attraverso il quale si cerca di influenzare settori di società tramite la strumentalizzazione dello status degli scienziati in quanto "esperti", accostando così il tutto al complottismo.

Vi sarebbero quindi delle idee di base caratteristiche dell'archeologia misteriosa ma che, in realtà, non dovrebbero essere nemmeno prese in considerazione per quanto infondate; ad esempio, secondo i teorici della pseudoscienza, due civiltà anche distanti e che producono elementi simili devono avere per forza qualche collegamento fra loro, anche se le due civiltà si trovano a miglia di chilometri o a centinaia di anni di distanza l'una dall'altra: un pensiero che negherebbe quindi lo sviluppo autonomo di alcune civiltà indipendentemente dalle condizioni culturali.

Ebbene, l'archeologia misteriosa si basa principalmente su un unico filone logico che sarebbe quello relativo alla Teoria degli Antichi Astronauti o, ancora Teoria del Paleocontatto, un insieme di idee e concetti sulle quali si fonderebbero le basi per ipotizzare un contatto alieno avvenuto in antichità e che avrebbe visto prendere in considerazione civiltà quali quella egizia, indiana, precolombiana e, ancora, quella dei sumeri.

Queste teorie si sarebbero quindi sviluppate intorno al XX secolo e, ancora oggi, si fatica a farle riconoscere dalla comunità accademica dal momento che, le prove sulle quali si basano queste presunte teorie, non sono altro che insufficienti o mal interpretate. Ebbene, la Teoria degli Antichi Astronauti, a sua volta, vedrebbe una presa di posizione anche nel campo dell'ufologia e, soprattutto, in quella che viene definita "archeologia ufologica", anche chiamata con il termine di Clipeologia.

La teoria nasce con la pubblicazione del libro "Flying Saucers on the Moon" (1954) scritto da Harold T. Wilkins seguito subito dopo con un altro testo di un astronomo (Morris Jessup) ovvero, "Chase of the UFO" (1955). Jessup, visto il successo del primo libro, proseguì la serie con un'analisi della Bibbia e una messa in correlazione con l'agente ufologico: da questa combinazione, l'astronomo riuscirà a scrivere "UFOs and the Bible"... inutile dire che fu anch'esso un successo.

La paleoastronautica risalirebbe quindi al 1960 con la pubblicazione di un semplice articolo su un giornale da parte di un certo Matest Agrest, un matematico russo ma, le Teorie sul presunto contatto tra alieni e umani, vedranno una rapida presa di posizione solo nel corso degli anni settanta con la pubblicazione di alcuni libri da parte di Jean Sendy, Erich von Däniken e Peter Kolosimo, tutti autori di bestseller tradotti in molteplici lingue.

Tutti questi libri pubblicati nel corso della fine degli anni sessanta e l'inizio degli anni settanta si baseranno però su dei concetti preformulati all'inizio degli anni cinquanta, l'anno in cui nacque l'ufologia in seguito delle prime testimonianze di oggetti UFO. All'ufologia vennero quindi allegate le tesi di Charles Fort sull'incoerenza cronologica dei manufatti e, a sua volta, vennero fuse anche le mitologie e le leggende dei vari popoli analizzati.

Inizialmente, la filosofia di pensiero inerente all'archeologia misteriosa si focalizzava principalmente sul periodo preistorico e protostorico, analizzando quindi i vari reperti rinvenuti in questo periodo fino a quando, qualche tempo dopo, questa scuola di pensiero si espanse sempre di più sino a raggiungere epoche più recenti ma altrettanto interessanti dal punto di vista cronologico.

Ebbene, a differenza dei clipeologi che sostengono l'avvenuto contatto tra uomo e alieno, i sostenitori delle Teorie sugli Antichi Astronauti sembrerebbero voler dar peso ai ritrovamenti, dicendo che questi ultimi erano frutto di un influenza extraterrestre nei confronti dello sviluppo della specie umana. Alla luce di ciò è facile comprendere come la teoria di Darwin venga definitivamente affossata dal momento che, quest'ultimo, non basava la sua tesi sull'intervento di popoli celesti bensì sulla "Legge del più forte"; idea attualmente accettata dal mondo accademico se non la più coerente con i ritrovamenti e con la storia dell'uomo stessa.

La tesi appena accennata verrebbe quindi sostituita di pugno duro con alcune tesi creazioniste che, a loro volta, direbbero che la specie umana sarebbe stata creata da entità superiori o per il tramite di angeli che, in questa versione dei fatti, non sarebbero altro che degli extraterrestri o simili. Se infatti per l'antropologia l'evoluzione è il risultato di un processo endogeno durato tre milioni di anni che ha portato le protoscimmie africane ad assumere statura eretta e intelligenza, allora per i sostenitori della teoria degli antichi astronauti l'evoluzione sarebbe stata determinata da uno sbarco di alieni sulla Terra che, attraverso remoti contatti con alcune popolazioni, avrebbero indotto o favorito se non, addirittura, guidato il processo evolutivo della specie umana: contatti i quali, a loro volta, erano costituiti sovente da dei soggiorni prolungati che avrebbero influenzato lo sviluppo di alcune civiltà.

Come prova di tutto questo vi sarebbero quindi gli OOPARTs, oggetti fuori dal tempo e alcune teorie fondate su presunti contatti alieni odierni. I primi qui citati, ovvero gli OOPARTs (Out Of Place ARTifacts), non sarebbe altro che una categoria di oggetti che sembrerebbero avere una difficile collocazione storica o, ancora, rappresenterebbero un anacronismo. Il termine che indicherebbe questi reperti sarebbe stato coniato da un criptozoologo americano chiamato Ivan T. Sanderson il quale, ovviamente, non avrebbe mai pensato di vedere questi oggetti messi in correlazione con un avvento ufologico e come prove "non accettate dal mondo accademico".

Vi sarebbero quindi gli avvistamenti alieni odierni o, ancora, le abduzioni; temi che affronteremo all'interno del libro ma solo dopo gli OOPARTs. Ebbene, anche questi fenomeni sarebbero stati presi in causa dall'archeologia misteriosa che, sostanzialmente, sottolineando una presenza aliena odierna, risalirebbe a eventuali contatti avvenuti anche in antichità.

2. I volti del paleocontatto

Chi sono le persone e gli autori dietro a tutto quello che potrebbe essere definito paleo-contatto o, ancora, archeologia misteriosa? In questo breve capitolo andremo a conoscerli più da vicino per capire in anticipo di chi si tratta e cosa fanno.

ERICH VON DANIKEN (1935): Däniken è uno scrittore svizzero che divenne noto soprattutto per i suoi libri legati all'archeologia misteriosa, divenendo così uno dei principali sostenitori della "Teoria degli antichi astronauti".

Ciò che si sa di lui non è molto: egli frequentò il College St-Michel di Friburgo (Svizzera), luogo in cui iniziò a sviluppare un grande interesse per gli scritti di natura religiosa, tant'è che ancora oggi si definisce cattolico osservante. Uno dei suoi primi lavori fu quello dell'albergatore e, proprio nel 1968, anno in cui era di servizio in un Hotel, iniziò a scrivere "Gli extraterrestri torneranno", pubblicato l'anno dopo per poi diventare un best-seller internazionale. L'opera di cui stiamo parlando fu quella che gli servì da slancio: essa sostiene che delle creature extraterrestri provenienti da un altro sistema solare visitarono, in tempi antichi, la nostra Terra, creando così degli uomini intelligenti a loro somiglianza alterando il genoma delle scimmie. Queste creature, sovente intese come "Anunnaki" [nelle religioni della Mesopotamia, l'insieme o parte degli dèi N.d.A.], sarebbero state quindi adorate come divinità dal genere umano, questo per via delle loro immense conoscenze tecnico-scientifiche.

Del resto, Daniken sostiene di non essere competente per la ricerca sugli UFO dal momento che, il suo principale interesse, è incentrato prevalentemente nei confronti dei reperti archeologici e dei libri religiosi simili.

PETER KOLOSIMO (1922-1984): Pier Domenico Colosimo, in arte Peter Kolosimo, fu uno scrittore italiano che diventò, come von Daniken, un autore di fama internazionale nonché sostenitore della Teoria degli antichi astronauti.

Kolosimo, le cui opere furono tradotte in ben sessanta paesi, oltre ad essere uno degli scrittori italiani più popolari degli anni settanta, fu anche considerato un vero e proprio pioniere dell'archeologia misteriosa, infatti riuscì ad accogliere questa filosofia di pensiero proprio negli anni in cui quest'ultima stava piazzando le sue fondamenta.

Nativo di Modena e figlio di un Carabiniere, si laureò all'Università di Lipsia in filologia germanica moderna mentre, durante la seconda guerra mondiale, optò per l'arruolamento nella Wehrmacht [forze armate tedesche N.d.A.] da cui, non molto tempo dopo, disertò, divenendo così un partigiano in Boemia.

Aderente al comunismo, dopo la guerra intraprese la carriera giornalistica e come corrispondente per l'estero del quotidiano "l'Unità", annunciando così il lancio dello Sputnik I un mese prima; inoltre, fu l'unico giornalista italiano presente alla proclamazione della DDR, la Repubblica Democratica Tedesca (1949). Divenne quindi direttore della Radio Capodistria venendo però rimosso dall'incarico subito dopo mediante le autorità iugoslave per via delle sue simpatie filosovietiche... del resto, a metà degli anni cinquanta, pubblicò una serie di racconti fantascientifici facendosi chiamare Omega Jim e, inoltre, tenne una rubrica nella rivista di fantascienza "Oltre il cielo", esponendo così le basi delle teorie che poi, nel corso degli anni sessanta, divulgherà mediante la produzione di un grande numero di libri di cui, uno dei quali, nel 1969 vinse il "Premio Bancarella" con il suo primo libro best-seller "Non è terrestre".

Morì a Milano nel 1984, città in cui insegnava presso la "Società Umanitaria", un istituto filantropico.

ZECHARIA SITCHIN (1920-2010): "Nel mondo accademico non vi è alcuna considerazione dei lavori di Sitchin ed il suo nome, quale autore di opere pseudo-scientifiche, è pressoché sconosciuto. A prescindere dalla generale chiusura degli ambienti accademici, non esistono lavori di Sitchin che possano ritenersi scientifici, per varie ragioni. Sitchin, come altri autori del genere, costruisce le sue teorie sulla traduzione di passi e non sull'interpretazione del testo originale", questo il commento da parte di Lorenzo Verderame (docente di assiriologia dell'Università "La Sapienza" di Roma) nei confronti del lavoro dell'autore.

Scrivere di Sitchin, infatti, è un impresa molto ardua per via della sua produzione letteraria e per via delle sue idee pseudo-scientifiche: è molto complesso fare un riassunto della sua storia; basti sapere che scrisse ben sedici libri, tutti best-sellers.

L'autore nacque a Baku, nella Repubblica Socialista Sovietica Azera (Azerbaigian) e, in seguito, si trasferì in Palestina, luogo in cui avrebbe appreso il mondo moderno e l'antico ebraico e altre lingue europee semitiche, oltre che il Vecchio testamento e l'archeologia del Vicino Oriente. Si laureerà quindi in Storia economica nell'Università di Londra e, subito dopo, tornerà in Israele per lavorare come giornalista ed editore; solo successivamente si trasferirà a New York fino alla sua morte.

I suoi libri, tradotti in numerosissime lingue e convertiti anche in Braille [sistema di lettura e scrittura tattile a rilievo per non vedenti e ipovedenti N.d.A.] e trattati in radio e televisione, si basavano su alcune idee basate nei confronti di Anunnaki, il pianeta Nibiru, gli Elohim, la cosmologia sumera e il dio Marduk; elementi che se dovessi trattare in questo breve accenno relativo ai volti della pseudoscienza riempirebbero pagine e pagine di parole e concetti di cui, alcuni dei quali, molto ostici. Del resto, l'autore dichiarava che tutte le sue ricerche si basavano su testi biblici che, a suo dire, avrebbero tratto origine da scritti sumeri.

Purtroppo per lui, la stragrande maggioranza delle traduzioni da lui compiute vennero interpretate (all'interno del mondo accademico) come false se non addirittura manipolate.

PADRE BARRY DOWNING (1938): Downing è un presbitero [sacerdote che presiede un culto N.d.A.] statunitense noto anche come B. H. Downing: egli fu l'autore di un importantissimo libro pseudo-scientifico chiamato *The Bible and Flying Saucers*. Esso verrà pubblicato nel 1968 e, al suo interno, si attesterebbe l'idea che gli UFO furono responsabili di molti eventi della Bibbia... non a caso, Downing è anche sostenitore della teoria degli antichi astronauti.

Downing conseguì un dottorato di ricerca sul rapporto tra religione e scienza presso l'Università di Edimburgo, ottenne una laurea in fisica presso l'Università di Hartwick e ricevette una seconda laurea presso il Princeton Theological Seminary, in cui lavorerà come delegato nel 2008.

RAEL (1946): Claude Maurice Marcel Vorilhon è un giornalista, scrittore e predicatore francese il quale, oltre che autore di un grandissimo numero di libri pseudo-scientifici, è anche fondatore della religione ufologica chiamata "movimento raeliano", la quale si baserebbe sulla credenza secondo cui alcuni extraterrestri scientificamente avanzati, chiamati *elohim*, avrebbero creato la vita sulla Terra attraverso l'ingegneria genetica.

Vorilhon inizierà ad interessarsi di ufologia solo nel 1973 quando, iniziando ad occuparsi di tematiche ufologiche, si autodefinirà contattista: secondo la storia da lui raccontata, la sera del 13 dicembre, mentre guidava la sua auto nei pressi di Clermont-Ferrand, avrebbe visto un disco volante che sarebbe atterrato davanti a lui; dal disco sarebbe uscito un extraterrestre, che parlando in francese gli avrebbe detto di avere un messaggio per lui e per tutta l'umanità. Questa serie di contatti da parte di questi "Elohim" sarebbe durata ben cinque giorni e, questi ultimi, gli avrebbero dato il nome di "Räel", un termine che, tradotto dal (?)[1], significherebbe "il messaggero".

MARIO PINCHERLE (1919-2012): Pincherle è stato un ricercatore di stampo pseudoscientifico focalizzato principalmente su argomenti di paleotecnologia e archeologia misteriosa di cui fu sostenitore.

Egli nacque da una famiglia ebraica, si iscrisse al liceo classico e si laureò in ingegneria nel 1942 quando, suo padre (medico) e suo fratello (fisico) furono allontanati dai loro lavori a causa delle leggi fasciste. Lo stesso destino sarà seguito da Pincherle, il quale farà rientro a Bologna solo dopo la fine della guerra, luogo in cui si sposò ed ebbe quattro figli. Pincherle diventò quindi professore e dirigente scolastico ad Ancona mentre, le sue ceneri, vennero disperse nel mare di Palombina.

La lista potrebbe quindi andare avanti con qualche altro nome ma, personalmente, preferirei fermarmi qui dal momento che quelli sopra menzionati sono i più celebri personaggi da ricollegare a questa particolare filosofia di pensiero.

1: Purtroppo, dalle fonti da me consultate (vedi bibliografia), non vi è alcun dato inerente alla lingua originaria

OOPART: Gli oggetti fuori dal posto

Capitolo dedicato all'analisi di alcuni artefatti molto particolari

1. Mummia di Usermontu

L'antico Egitto ha da sempre affascinato grandi e piccini: il mistero che gira intorno a questa terra è ancora tanto e, sicuramente, sotto quelle sabbie chiare e calde ci sarà ancora tantissimo da scoprire.

Una delle cose più affascinanti di questo mondo è il culto dei morti: quel complesso di credenze, di usi, costumi e tradizioni che avrebbero consentito il defunto di andare nell'aldilà e proseguire così la sua vita in pace. Un esigenza, più che una credenza.

Scrigno di Anubi, Tomba di Tutankhamon, Museo del Cairo, Foto dell'autore (c)

Il popolo egiziano non aveva paura della morte e non venerava quest'ultima; anzi, al contrario di quanto ci si possa aspettare, il popolo egiziano amava e venerava la forza e la ricchezza della vita. Una frase, quella appena descritta, che può sembrare paradossale e contraddittoria per via delle numerose esigenze funerarie che il popolo egiziano riservava verso il defunto: esistevano più culti specifici che si occupavano di accompagnare il defunto nell'aldilà ma, per ovvie ragioni, quello più conosciuto è quello di Anubi: sacerdoti e imbalsamatori guidati da un primo profeta con indosso la maschera della divinità svuotavano, essiccavano e bendavano il corpo del defunto per mantenere le forme del suo corpo; questo perché quella del mantenimento della forma fisica rientrava in una serie di esigenze particolari legate all'oltretomba, infatti, se il corpo di un defunto avesse subito dei danni che ne avrebbero deformato l'aspetto (ossa rotte, pelle gravemente strappata, cremazione[1]...), quest'ultimo non avrebbe più potuto vivere nell'aldilà, morendo così "due volte".

Inizialmente era la cremazione il sistema preferito dagli egizi per le procedure funerarie: un sistema primitivo che, nel corso del proto-dinastico e del pre-dinastico, veniva utilizzato molto spesso anche se, evoluzioni del contesto funerario e miglioramenti delle diatribe rituali incentrate su questo campo, portarono alla caduta dell'uso della cremazione e all'adozione di un nuovo sistema, quello della tumulazione, che poi si sarebbe evoluto ancora e ancora sino ad arrivare, nel Nuovo Regno, alla complessità più grande mai raggiunta; l'apice della difficoltà tecnica e rituale in campo funerario: miriadi di amuleti venivano apposti sul corpo del defunto, centinaia di bende, migliaia di formule e, ancora, diverse decine di tipologie di libri dei morti o, con il suo nome originale, il *"nu peret em-Heru"*, il libro per uscire al giorno.

Ma veniamo quindi a noi, evitando altre note prolisse di varia natura che altro non sarebbero se non precisazioni che vorrebbero anticipare l'argomento che ora tratteremo.

La mummia di Usermontu è un artefatto storico esposto al Rosicrucian Egyptian Museum di San Jose, in California. Essa non sarebbe altro che il corpo di un sacerdote o, ancora, un profeta (il rango più alto) del culto del dio Montu, dio falco della guerra che viene menzionato anche sulla Stele di Bentresh:

> *"[Ramses II] la cui vittoria fu predetta non appena uscì dall'utero, e a cui il coraggio fu dato quando ancora era nell'uovo – toro fermo di cuore mentre batte l'arena, re divino che esce come Montu nel giorno della vittoria"*
> Stele di Bentresh

Il suo nome (Usermontu), richiamerebbe quindi il suo culto di provenienza e, in più, aggiungerebbe una nota importante che servirebbe a definire il sacerdote: "User", "Potente"... il che porterebbe al nome completo del sacerdote che, tradotto in italiano, suonerebbe come "Potente è Montu"; un nome quindi di venerazione, elogiativo e onorifico nei confronti della divinità che questo sacerdote serviva.

Secondo altre teorie, quest'uomo non avrebbe mai avuto questo nome dal momento che il defunto, dopo aver subito tutte le varie pratiche di imbalsamazione e di mummificazione, sarebbe stato posto in un sarcofago (o bara[2]) originariamente appartenuta ad un altro uomo.

Per capire che particolarità ha questa mummia nei confronti di tutte le altre bisogna iniziare prima a conoscere la storia di quest'ultima.

Tutto iniziò nel 1971 quando il museo Rosacrociano acquistò da Neiman-Marcus (una catena di Distribuzione Organizzata di Lusso) due antiche bare sigillate di cui una contenente la mummia che, a sua volta, venne scoperta solo dopo averla aperta.

Stando alle analisi condotte sul corpo del defunto e sul motivo/metodo di mummificazione, esso sarebbe dovuto essere un maschio egiziano di classe sociale molto elevata vissuto nel corso del Nuovo Regno d'Egitto, presumibilmente fra il XVI e il XI secolo avanti Cristo. Per ragioni quindi sconosciute ai ricercatori che condussero delle ricerche e delle analisi su questo corpo, questo defunto venne poi trasferito nella bara di un altro uomo, appunto "Usermontu", il quale, secondo altre ricerche e altri risultati, sarebbe vissuto durante la ventiseiesima dinastia.

Altri studi condotti sul corpo del defunto portarono alla luce delle novità; infatti, scandagliando e analizzando il corpo mediante l'ausilio della tecnica del C-14, (altresì "radiocarbonio") il corpo subì due diversi avvolgimenti di bende in lino in due lassi temporali ben definiti, uno successivo al primo, il quale sarebbe stato effettuato all'incirca nel 400 avanti Cristo.

Sono due sostanzialmente quelli che potremmo definire "Veri e propri interrogativi": il primo si riferisce alla reale identità del soggetto mentre, il secondo, si riferisce al proprietario della bara, nei confronti del quale non si conosce la storia... ciò che però è certo è che l'uomo, in vita, avrebbe dovuto avere un pelo (e una capigliatura) di colore rossiccio e sarebbe dovuto essere più alto di 1,5 metri dal momento che, quest'ultima, è l'altezza della mummia al momento del ritrovamento; un informazione metrica alla quale bisognerebbe aggiungere qualche centimetro per via della sottrazione di questi ultimi mediante le operazioni di imbalsamazione, come: l'estrazione degli organi, l'essiccamento nel natron, la bendatura stessa e, ancora, varie questioni derivanti dal semplice scorrere del tempo.

Sarà però nel 1995, più precisamente in Agosto, che si farà una grande scoperta: il professor Wilfred Griggs della Brigham Young University eseguì delle radiografie su alcune delle mummie contenute nel museo della Rosacroce, tra le quali vi finì anche quella di questo ipotetico "Usermontu". Mediante queste analisi, Griggs fu in grado di scandagliare il corpo della mummia superando gli strati di bende di lino, lo strato epiteliale e muscolare, ritrovando così (senza mai fare delle ricerche invasive sul corpo del defunto) un lungo pezzo di ferro: una vite ortopedica di ventitré centimetri all'interno del ginocchio sinistro.

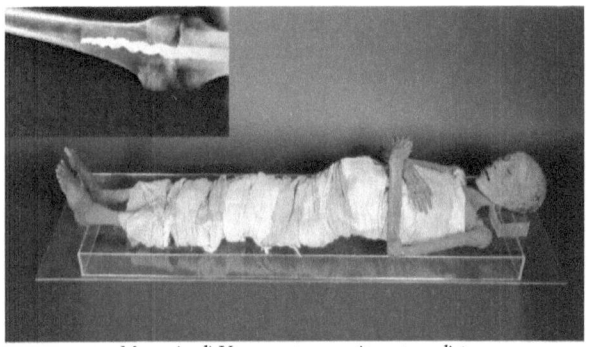

Mummia di Usermontu con vite ortopedica

Inizialmente, il professore, dopo un breve cenno di incredulità, pensò che questa vite di lunghe dimensioni (inserita con maestria nella gamba del defunto per saldare tra loro le due estremità dell'osso), sarebbe stata aggiunta in tempi moderni *ma* precedenti alle varie analisi effettuate su di essa.

Di contro a questa teoria (comunque papabile) del professore, si svilupparono nuove idee di natura astrale che vedevano il perno ortopedico all'interno della gamba come una vera e propria protesi antica, la quale sarebbe stata inserita all'interno di quest'uomo quando ancora in vita. A questa teoria, legata quindi all'archeologia misteriosa, si sarebbero poi evolute più branche di pensiero che vedevano una certa abilità medica, a noi sconosciuta, da parte dei medici egizi che, stando alle teorie, dovevano essere in grado di compiere anche operazioni molto complesse mantenendo il paziente stesso a mente sveglia.

Ovviamente, a queste ipotesi seguirono delle ricerche e, nel mentre, l'idea di Griggs iniziò a mutare dal momento che, giorno dopo giorno, il professore capiva sempre di più e fu in grado, alla fine, di rispondere al quesito.

Inizialmente, come abbiamo già detto, egli pensò che la protesi venne inserita nella gamba in tempi moderni ma, solo successivamente, venne a conoscenza dell'utilissima informazione relativa al doppio strato di bendaggio effettuato in tempi diversi; quindi, ancora una volta, ricordando che quest'ultimo (per via delle metodiche di imbalsamazione) non era niente meno che nobile, accolse una nuova teoria: il perno venne inserito dopo la morte dell'uomo ma, in tempi successivi al primo bendaggio.

Come abbiamo detto a capo di questo articolo, un essere vivente (per poter accedere e restare nell'aldilà), necessitava di integrità fisica; quindi, stando a questa tesi, non bastava fare una buona mummificazione ma, in realtà, bisognava curare costantemente questi corpi.

Ricordando quindi il fatto che questo defunto, in vita, doveva appartenere a una casta di rango elevato e, stando anche al fatto che la sua mummia venne bendata due volte, Griggs capì che la mummia subì una prima mummificazione che andò a buon fine... egli venne quindi posto in una tomba e, in tempi successivi, la mummia venne poi ripresa dai sacerdoti funerari per una revisione (sotto richiesta e pagamento da parte dei famigliari). Questo evento permise quindi agli imbalsamatori di scoprire che la gamba era ormai ceduta e, a questo punto, questi ultimi avrebbero preso un lungo pezzo di ferro e lo avrebbero saldato alle ossa con della resina organica e, ancora, avrebbero proseguito nuovamente con un nuovo bendaggio e (forse) avrebbero riposizionato l'uomo nella "bara" di un altro. Tutta questa lunga pratica sarebbe poi stata conclusa con il fatto di riportare il corpo nella sua tomba di modo da consentire a questo "Usermontu" di proseguire la sua vita nell'aldilà con entrambi le gambe funzionanti.

É importante sapere che i danni delle mummie maturati nel corso del tempo potevano essere riparati dai sacerdoti di Anubi stessi ma, questo, solo dietro il pagamento dei parenti dal momento che, il materiale per effettuare le operazioni di revisione e di secondo bendaggio, costava e non era alla portata di tutti. Lo stesso Erodoto ci parla di ben tre procedure di imbalsamazione messe a disposizione del clero di Anubi: una per i poveri, che prevedeva una mummificazione sommaria; una per i borghesi e, infine, una per i nobili, curata in tutti i passaggi[3]. E' normale che chi decideva di adottare il primo modello di imbalsamazione avrebbe avuto una mummia meno curata e, presumibilmente, anche più danneggiata e più fragile ma è anche vero che, l'uomo o la donna che avrebbero scelto il terzo modello o anche il secondo, avrebbero ottenuto si una mummia di qualità migliore rispetto a quella che ne usciva fuori dal primo metodo, però poteva comunque subire (nel corso degli anni) danni esteriori o interiori per via delle alte temperature; *ergo*, si provvedeva a fare delle ristrutturazioni saltuarie convocando il clero di Anubi e chiedendo ai mummificatori di riprendere in mano il corpo del caro ormai passato a miglior vita.

1: Si attestano procedure di cremazione solo durante il periodo di formazione della civiltà egizia

2: Il corpo venne ritrovato in un contenitore molto più simile ad una bara che ad un vero e proprio sarcofago

3: Questo argomento viene spiegato nel dettaglio sul mio precedente libro "Il culto dei Morti Egizio"

2. Incisioni di Abydos

Abido (o anche Abydos) è una delle città più antiche dell'Alto Egitto e, inoltre, era anche il capoluogo del VIII *nomo* (o "governatorato"o, ancora, "distretto").

Il nome originale di questo luogo è 3bdw e, la sua pronuncia, doveva essere simile ad Abdju, il cui significato è "La collina del tempio", dal momento che la mitologia egizia e l'antico egizio stesso pensava che, all'interno del tempio sito in questo luogo, simbolo della collina primigenia emergente dal Nun, il brodo primordiale (il caos da cui tutto si è generato), vi era custodita la testa di Osiride; tant'è che venne redatto anche un mito che sembrerebbe dar peso a questo dettaglio storico. Ovviamente, anche le idee relative alla Testa di Osiride sarebbero da analizzare attentamente dal momento che la mitologia dell'Antico Egitto parla molto di questo personaggio e lo vede come uno dei primi faraoni, il quale insegnò agli uomini ad allevare e a coltivare; guarda caso una delle celebrazioni classiche che si svolgevano in onore di questo Dio erano quelle dell'"Osiride vegetante"[1].

Prima di proseguire ci tengo a scrivere una cosa molto importante: secondo alcune teorie, nel 2015 sarebbe stata ritrovata la tomba di Osiride (a Luxor). L'ipotetica tomba del Dio sarebbe quindi semi-acquatica[2] dal momento che, ancora una volta, questo elemento ricorda la coltivazione, la rinascita e anche quella strada che il sarcofago con Osiride al suo interno compì per giungere sino a Biblo.

"Un giorno Seth, decise di uccidere il suo fratello, Osiride. Assieme ad alcuni complici costruì quindi un sarcofago e, durante una festa, proclamò che l'avrebbe regalato a chiunque fosse riuscito ad entrarci perfettamente. Mentre Osiride, incoraggiato dal fratello, tentava di entrarvi, il fratello lo chiuse dentro e gettò il sarcofago nel Nilo. Il sarcofago discese il fiume fino al mare per poi fermarsi a Biblo, dove un'acacia lo avvolse coi propri rami. In tempi successivi l'acacia venne tagliata e dal tronco si ricavò un pilastro per il

palazzo del re di Biblo."
Estratto – Mito di Iside e Osiride

Abydos, molto importante per gli egiziani anche sotto il lato spirituale, sarebbe stato un centro di culto molto importante, soprattutto per la divinità locale Khentuamentiu e, in seguito, la sacralità del luogo verrà estesa anche nei confronti di Osiride e di quella che è sua moglie e sorella Iside, tant'è che venne sviluppata una teoria che vedrebbe la tomba di Djer, sita in questo luogo, come una tomba fatta costruire da quest'ultimo per Osiride stesso.

Ad Abydos, infine, sono importanti anche delle strutture fondamentali che mi limiterò a citare; ovvero: il grande tempio di Osiride, il quale, nel corso del tempo, subì ben dieci ricostruzioni; il Tempio di Seti I, eretto come memoriale per il faraone e, all'interno del quale, oltre a ritrovare un immagine della testa del dio Osiride portata in processione, si ritrovano anche delle lunghe liste di cartigli (la "Lista regale di Seti I") ed, infine (saltando quindi altri templi come l'Osireion), giungiamo al tempio di Ramesse II, decorato con scene riguardanti la Battaglia di Kadesh, finita a pari-merito tra egiziani e ittiti.

Evitiamo però di proseguire in digressioni storiche che a questo testo interessano relativamente.

Entrando nel tempio di Seti I, oltre a notare incredibili disegni realizzati sulle pareti da mani esperte, notiamo, posto su una trave, qualcosa che in realtà non dovrebbe esistere: sì, sono realizzati come tutti gli altri disegni, scolpiti nella pietra ma, quello che portò ad un interessante interrogativo non è tanto il metodo di realizzazione quanto la rappresentazione geroglifica.

Il geroglifico, infatti, è un sistema di scrittura complesso che, nel corso del tempo, ha raggiunto una miriade di segni, forse anche più di settecento; senza quindi contare le sovrapposizioni, un elemento chiave di questa analisi...

Geroglifici di Abydos

...alcuni di questi simboli incisi su un architrave vennero interpretati da alcuni scopritori come esoterici o ufologici, dal momento che, questi ultimi, sembrerebbero rappresentare della tecnologia moderna. Le incisioni, a loro volta, vengono quindi decriptate come un elicottero, un carro armato, un sottomarino e un aeroplano, anche se quest'ultimo, molto spesso, finisce per essere interpretato come un autentico disco volante.

L'immagine proposta qui non è stata ritoccata ma, anche se fosse, la visione d'insieme che si ottiene è sempre la stessa.

Tutte le figure geroglifiche incise in questa immagine non sono mai state presenti all'interno di un vocabolario egiziano e, inoltre, non sono mai state ritrovate in altri luoghi in tutto l'Egitto... questi dettagli devono attivare una sorta di campanello d'avvisaglia nel lettore, per sviluppare in lui qualche domanda retorica che potrebbe aiutarlo a comprendere meglio questo argomento; infatti, se queste simbologie non sono mai state ritrovate da altre parti, perché qui la questione dovrebbe essere diversa? La risposta è molto semplice da trovare ma non così ovvia come potrebbe apparire.

Nel guardare la foto proposta prima ci si trova davanti ad un classico caso di "pareidolia", ovvero, quel meccanismo che viene messo in atto dal cervello quando si ritrova a dover interpretare delle immagini contorte che non riesce a definire: esso, infatti, per trovare un senso a tutto quello che vede, prende le informazioni visive o uditive, le codifica e cerca di "cavar fuori dal buco" qualcosa che effettivamente conosce, di modo da ricollegare l'input (l'oggetto visto/sentito) all'output (l'informazione complessiva), sito nella sua banca dati; nella sua memoria.

Esempi di pareidolia

Sostanzialmente, sui geroglifici di Abydos, non vi è nulla di ufologico o esoterico ma, in realtà, come abbiamo detto, i geroglifici sono moltissimi e… possono essere anche sovrapposti.

La sovrapposizione del geroglifico è di due tipi: il primo, per conglobare più lettere insieme a formarne una nuova (come la nostra "&", che non sarebbe altro che la fusione di una "e" e una "t" formanti la parola "et" che, in latino, significa "e") mentre, il secondo caso, è di re-iscrizione. Era uso, nell'antico Egitto, che i successori di determinati faraoni, per imporre la propria supremazia o per cancellare il passaggio di un faraone cattivo/eretico o diverso (vedi, per esempio, Hatshepsut e Akhenaton), cancellassero le scritture o i nomi dei predecessori o, ci riscrivessero sopra. Cancellando il nome di un faraone, infatti, veniva lanciata verso di lui quella che è/era la *Damnatio Memoriae*, ovvero, una penitenza grave: la cancellazione del suo nome dalla storia e dalla memoria di tutti… e, dal momento che per sopravvivere nell'aldilà occorreva sempre una persona (in vita) che nominasse il nome del defunto [e da qui, l'esigenza di creare feste in onore degli antenati N.d.A.], cancellando il nome o le azioni di un faraone, quest'ultimo non sarebbe più stato ricordato e sarebbe deceduto anche nell'aldilà.

Questo è quello che è successo su questa trave: le iscrizioni qui riportate sono due e di due diversi faraoni: uno che è venuto prima e uno che è venuto dopo.

Katherine Griffis-Greenberg (University of Alabama a Birmingham), membro della American Research Center in Egitto e dell'Associazione internazionale di egittologi "Special Studies" disse che in antichità venne deciso di sostituire la frase di Seti I "Chi respinse le 19° tribù" posta sotto, con quella di suo figlio e successore Ramesses II: "Chi protegge l'Egitto e lo protegge dai paesi stranieri".

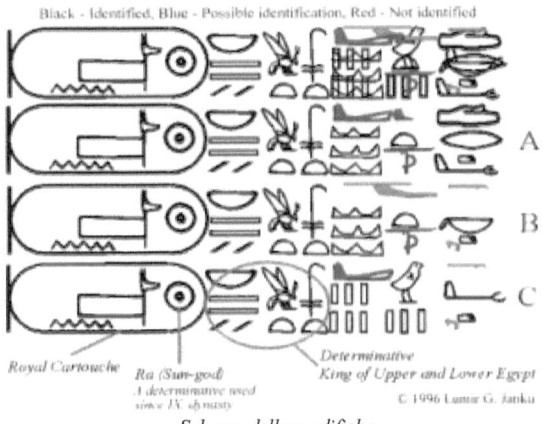

Schema delle modifiche

Aggiungiamo delle modifiche qui e lì, un po' di sbriciolamenti vari del materiale di supporto e terminiamo quindi con degli errori di sovrascrittura e di disegno, ed ecco pronte delle ottime macchine da guerra moderne o... forse... aliene.

1: Argomento esplicato sul mio precedente libro "Il culto dei morti egizio"
2: https://emanuelepagani.altervista.org/il-pozzo-di-osiride-tra-misteri-e-realta-velate/

3. Lampade di Dendera

Dendera, in egiziano antico, Ta-netheret (ovvero, "La citta", da "Ta", "della dea" da "netheret" ["La città della dea"]) è una località in Egitto posta sulla riva occidentale del Nilo a circa 4 chilometri da Qena e a 615 chilometri da Il Cairo. Punto di riferimento preferito dai turisti per via della presenza di un tempio greco-romano dedicato alla dea Hathor, questa località ha dato agli egittologi nuovo filo da torcere.

L'antica Dendera, nota inizialmente con il nome di Iunet ta-netheret, fu la capitale del VI nomos (o "distretto", o ancora "governatorato"). Essa fu un importantissima sede per il culto della dea Hathor, divinità femminile che venne poi associata, nel corso del periodo ellenistico, anche alla dea greca della bellezza e dell'amore Afrodite. Purtroppo, con l'avvento del cristianesimo, le notizie su questa località si fanno sempre più scarse sino al punto da tacere completamente con l'arrivo dei vescovi Pachymius e Serapion.

Interessante e importante in questa località è un luogo in particolare che, tra l'altro, sarà anche il protagonista di questa trattazione: il tempio di Dendera dedicato ad Hathor. Il complesso templare è tra i meglio conservati dell'Egitto ma viene messo pochissime volte all'interno dei percorsi turistici: esso si estende per ben 40.000 metri quadrati ed è interamente recintato da un alto muro di mattoni, all'interno del quale sorgono anche due *mammisi* (le "case della rinascita"), un lago sacro, un pozzo antico e un tempietto dedicato a Iside. Di fondamentale importanza è invece il suo zodiaco, precedentemente scolpito sul soffitto di una stanza del tempio (pronao) e poi portato a Parigi.

All'interno di questo tempio, in un luogo poco visibile, forse una zona segreta destinata ai sacerdoti per svolgere qualche compito rituale, vi sono delle raffigurazioni parietali molto particolari che prendono il nome di "Lampade di Dendera" per via della loro forma globulare. Esse vennero scoperte nel 1857 da un egittologo francese, Auguste Mariette

(1821-1881) il quale si stava dedicando non tanto all'esplorazione del tempio in se ma all'esplorazione di ampie cripte ripulite dalla sabbia grazie a lui e situate al di sotto del tempio stesso.

Le cripte si presentarono sin da subito ricche di geroglifici e di incisioni parietali effettuate su delle lastre di pietra che ricoprono, in un certo qual modo, la pietra nuda sottostante. Le stanze esplorate da Mariette, secondo alcuni studi, sarebbero state costruite nel corso del XV secolo avanti Cristo mentre, il tempio sovrastante queste fondamenta, sarebbe stato costruito solo tempo dopo, in epoca tolemaica e romana.

Lampade di Dendera: visione panoramica

Già pochi anni dopo il primo ritrovamento, iniziarono a crearsi svariate teorie nei confronti di queste ultime, interpretandole come delle vere e proprie lampade ad incandescenza e, più precisamente, come i tubi di Crookes.

Tubo di Crookes

Il tubo di Crookes in questione è realizzato in vetro e avrebbe una forma troncoconica, all'interno della quale è contenuto gas a bassissima pressione. Nella parte di diametro minore si trova il catodo, elettrodo costituito da un disco in alluminio mentre, nella parte centrale si trova l'anodo, elettrodo costituito da una punta in alluminio. In vicinanza della parte a diametro maggiore si trova, sorretto da un supporto in vetro, un oggetto piano a forma di croce di Malta, che può essere tenuta in posizione verticale o orizzontale.

Il tubo fu inventato dal fisico W. Crookes alla fine dell'800 e rappresenta la base su cui si svilupparono gli schermi televisivi. Fu Crookes a coniare il termine raggi catodici (elettroni liberi aventi velocità variabile tra i 40.000 e i 100.000 km/s).

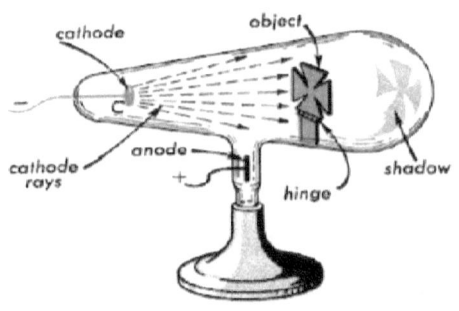

Tubo in versione "Croce di Malta"

Gli elettrodi del tubo vengono quindi collegati ad una sorgente ad alta tensione mentre, nel caso di croce in posizione verticale, gli elettroni vengono accelerati dal campo elettrico e quelli non intercettati dalla croce colpiscono il fondo del tubo, creando una zona luminosa al cui interno rimane l'ombra della croce. Ciò dimostra che i raggi catodici si muovono in linea retta e possono essere bloccati da una lamina metallica. Se successivamente si mette la croce in posizione orizzontale, i raggi catodici colpiscono la zona dove prima si trovava l'ombra, producendo una macchia molto luminosa a forma di croce, che risalta rispetto al contorno dove la fluorescenza è diminuita.

Ma tornando all'interpretazione dei rilievi e lasciando da parte la fisica, possiamo affermare con certezza che, nei confronti di questo ritrovamento, gli studiosi si dividono in due branche: gli egittologi pensano che il ritrovamento sia da collegare alla mitologia egiziana; il serpente primordiale che nasce da un fiore di loto è un mito conosciuto ed è rappresentato molte volte e in diversi modi... un mito quindi ricollegato ad Osiride e alla sua Spina dorsale, il pilastro Djed, che si può vedere nell'atto di sostenere il bulbo (che altro non sarebbe che un lungo petalo).

Ritornando quindi sulla questione pseudoscientifica, le raffigurazioni non sarebbero altro che tubi di Crookes, un dispositivo inventato solo dieci anni dopo la pubblicazione di Mariette.

Le lampade di Dendera, a loro volta, avrebbero portato a pensare che gli egiziani conoscevano già l'elettricità e sapevano come condurla, immagazzinarla e, soprattutto, ricavarla: il gambo del loto venne visto come cavo d'alimentazione, lo Djed come un avvolgimento elettrico e, i serpenti, verrebbero associati alle serpentine che corrono all'interno del bulbo; infine, un dio babbuino (Toth, dio della sapienza) tiene in mano davanti a se due coltelli in segno di pericolo (raggi-X).

Rimanendo comunque nella stessa stanza ma voltando lo sguardo verso destra, è quindi possibile ritrovare un altra immagine molto dibattuta.

Elemento particolare degno di nota

Questo simbolo così particolare venne sin da subito interpretato come un accumulatore elettrico per via della sua forma: cavi che passano da un Input e finiscono ad un Output costituito da pezzi di ferro che servirebbero per condurre l'elettricità... anche qui però la realtà è ben diversa. Gli strumenti in questione, posti al di sopra di quel semicerchio (ipoteticamente un collare) sono Sistri, strumenti sacri ad Hathor che venivano utilizzati nel corso dei rituali a lei dedicati e, inoltre, ai piedi di questi sistri, vi è una barca solare utilizzata come mezzo di richiamo al mito della traversata celeste di Ra.

Per quanto riguarda invece i cavi che fuoriescono da quel contenitore si può trovare una spiegazione altrettanto logica: essi possono essere interpretati tranquillamente come schizzi d'acqua dal momento che sono stati realizzati in maniera puntinata, esattamente come l'egizio stesso rappresentava l'azione dell'"aspergere" acqua benedetta su strumenti o oggetti da consacrare.

Anche qui, quindi, nessun elemento particolare; nessun fenomeno e nessun intervento da parte degli alieni; semplicemente un altro fenomeno di pareidolia.

4. Lo Djed di Djoser

Djoser, o Zoser, è stato un faraone della III dinastia egizia; egli, conosciuto anche come Τοσόχωρος [Tosorthoros] in Manetone e Σεσόρθος [Sesorthos] in Eusebio, è considerato fondatore dell'Antico Regno (2680 – 2180 a.C.) ed è stato il primo a farsi costruire una piramide.

Figlio di Khasekhemui, ultimo sovrano della II dinastia, e della regina Nimaathap, Djoser susseguì al suo (probabile) fratello Nebka, un personaggio poco conosciuto e difficilmente identificabile dal momento che ancora non è stata ritrovata alcuna traccia della sua tomba.

Egli, nel corso del suo regno, dispose varie spedizioni militari nel Sinai, tramite le quali sottomise le popolazioni locali mentre, altre spedizioni, vennero indirizzate nelle miniere di turchese e rame sempre di questa penisola. Il suo governo però sarà anche caratterizzato da un miglioramento intensivo dell'attività edilizia e, proprio per questo, Manetone fece un osservazione interessante, dicendo che Τοσόχωρος scoprì come effettuare delle costruzioni usando la pietra tagliata...

> "*[Τοσόχωρος] era adorato presso gli Egiziani come Asclepiade [Asclepio] per la sua abilità di medico e come quello che inventò la scienza delle costruzioni in pietra tagliata; egli si dedicò anche alla scrittura.*"
> Cimmino, 2003

...ma secondo alcuni egittologi, Manetone si riferisce soprattutto a Imhotep (il Leonardo da Vinci egiziano; sacerdote, architetto e ingegnere), creatore della piramide del faraone.

Il sovrano venne quindi inumato nella sua piramide a gradoni sita in Saqqara la quale, costruita in pietra calcarea, risulta molto massiccia e, al suo interno, conterrebbe soltanto uno stretto corridoio che porta sino al cuore della costruzione (una camera poco elaborata), all'interno della quale vi era un ingresso al pozzo sepolcrale che venne però riempito di detriti e massi subito dopo l'inumazione del Re.

Il complesso piramidale doveva essere alto originariamente sessantadue metri di altezza con una base di 125 X 109 metri, il tutto ricoperto di calcare bianco levigato. Sotto di essa, a sua volta, vi si trova un labirinto di corridoi, camere e gallerie per un totale di 7 chilometri di lunghezza collegati ad un pozzo centrale largo sette metri e profondo ventotto. Per quanto riguarda la camera sepolcrale, essa doveva essere rivestita di granito e si trova al centro di tutti questi elementi mentre, un pozzo di ventotto metri di profondità (che venne ostruito mediante l'uso di un masso pesante 3,5 tonnellate) porta direttamente all'esterno della piramide.

Sotto la piramide, oltre che la camera sepolcrale, si ritrovano gallerie-magazzino orientate verso i quattro punti cardinali e la galleria orientale, decorata con rilievi e decorazioni raffiguranti Djoser durante la celebrazione giubilare dell'Heb-Sed (al compimento del trentesimo anno di regno). Si ritrovano quindi piastrelle in *faience* azzurra di diverse gradazioni cromatiche, atte a simulare le stuoie di canna [forse in riferimento alle acque sotterranee dell'Am-Duat (ciò che c'è nell'aldilà), l'oltretomba; il mondo dei morti egizio N.d.A].

Tralasciando quindi tutte queste informazioni relative alla struttura della piramide, passiamo ad analizzare un secondo attore fondamentale di questo articolo: lo Djed.

Lo Djed, nella religione degli antichi egizi, è un termine che descrive un oggetto e, quest'ultimo, può essere tradotto come "stabilità" o "presenza"; infatti, la raffigurazione di questo oggetto, non è altro che un pilastro trapassato, sulla cima, da quattro barre orizzontali che altro non rappresenterebbero se non la spina dorsale di Osiride, dio dell'Oltretomba.

Quest'ultimo era un simbolo sacro importante ed era già presente prima di venire associato ad Osiride, tant'è che nel neolitico era rappresentato come una sorta di feticcio o di amuleto.

Le interpretazioni riguardanti questo oggetto sono però molteplici; una seconda scuola di pensiero, ad esempio, lo considera una rappresentazione della vittoria del bene sul male, così come accade dopo il mito della morte di Osiride, ucciso dal fratello Seth ma rivendicato da Horus, il quale sarebbe poi diventato il discendente al trono di Osiride stesso mentre, quest'ultimo, sarebbe disceso al trono degli inferi come giudice (lo si vede infatti ritratto nella scena della psicostasia; la pesatura del cuore, capitolo 125).

Prima di passare quindi all'analisi dello Djed di Djoser è fondamentale anticipare una cosa: vennero ritrovati dei pilastri con diverso numero di barre orizzontali e, alcuni studiosi, hanno pensato bene di identificare il pilastro Djed a quattro barre orizzontali con l'arrivo dei quattro profeti delle religioni più importanti del mondo; ovvero Osiride, Buddha, Gesù Cristo e Abramo (o secondo altri) Maometto. Ovviamente quest'idea odierna nei confronti della preveggenza degli antichi egizi venne annullata già poco tempo dopo la sua pubblicazione dal momento che il numero di barre raffigurate sullo djed non dipende altro che dal periodo in cui quest'ultimo viene realizzato. Tornando quindi a noi, rappresentiamo brevemente una nuova teoria inerente allo Djed e alla piramide di Djoser.

Iniziamo l'analisi con il dire che vi è un assonanza tra la parola Djed e la parola Djoser; un semplice dettaglio, che ha portato alcuni studiosi dell'archeologia misteriosa ad intendere un legame fra il personaggio e l'oggetto di cui, tra l'altro, non conosciamo nemmeno la vocalizzazione corretta: potrebbe anche chiamarsi Djed, Zed o Dzejed... non lo sapremo mai dal momento che tutti i parlanti di quell'antica lingua sono morti. Gli unici ancora in vita a conoscere il geroglifico sono gli egittologi ma, purtroppo, non è che lo conoscano come l'italiano o l'inglese e, più che altro, serve loro per leggere dei testi... loro stessi ammettono di non conoscere l'esatta pronuncia di questa lingua dal momento che l'unico elemento su cui ci siamo basati per avere qualche cenno relativo alla fonetica è il copto. Una vecchia frase recita: "Se dovesse tornare in vita una mummia, allora il sistema di comunicazione migliore sarebbe la scrittura", questo perché nei confronti dell'antica lingua riusciamo a comprendere dei concetti scritti ma non vocalizzati.

Comunque, tralasciando la questione relativa alla pronuncia del nome (ovvero che tra il nome Djoser e Djed poteva anche non esistere alcun tipo di similitudine fonetica) passiamo alla vera e propria teoria pseudo-scientifica.

Secondo alcuni studiosi del campo dell'archeologia misteriosa, la piramide di Djoser sarebbe stata costruita con un idea ben precisa:

creare una sorta di piedistallo per un immenso Djed di circa 100 metri di altezza da porre al di sopra della piramide stessa. Le cose non sono però così semplici come uno se le potrebbe aspettare: lo Djed in questione, per qualche strana ragione, sarebbe stato creato in Mesopotamia e, dalla Mesopotamia, sarebbe giunto a Saqqara, trainato con dei potenti animali mediante l'uso di una sorta di zattera in legno (circa 456 chilometri di strada). Una volta nel sito della piramide, questo Djed sarebbe stato innalzato sopra la struttura, ottenendo così un altezza pari a più di 162 metri di edificio (calcolando l'erosione della piramide causata dal tempo). A questo punto, lo Djed, sarebbe servito per incanalare all'interno della piramide (come una sorta di antenna) le energie universali che sarebbero poi state incanalate all'interno della struttura piramidale la quale, a sua volta, avrebbe funto poi da iniettore per dare queste energie al corpo del sovrano defunto.

La teoria sarebbe poi andata avanti dicendo che, all'inizio della costruzione della piramide di Cheope, questo Djed sarebbe stato staccato dalla piramide di Djoser e sarebbe stato trasportato mediante terra ferma (14 km) o mediante fiume (31 km) sino alla piana di Giza e, una volta in loco, sarebbe stato inserito all'interno della piramide di Cheope (la cui altezza totale, compresa di erosione, ammonta a 139 metri), come se questo Djed che era servito a Djoser per molto tempo, tutto d'un tratto necessitasse di protezione dagli eventi atmosferici o da altri fenomeni.

Questo tema è stato oggetto di dibattiti più e più volte da molti studiosi e, ovviamente, seppur le numerose ricerche effettuate su questo argomento abbiano dato delle piccole informazioni, non si è mai riusciti ad ottenere delle prove archeologiche effettive che consolidassero questa teoria… e dal momento che la scienza si basa su prove e controprove per poter definire se una cosa è vera o no, allora bisogna considerare anche questa teoria qualcosa di assurdo e di infondato: non trova alcun riscontro nella realtà dei fatti e dei resoconti storici.

5. Uccello di Saqqara

Saqqara è una vasta necropoli situata a circa 30 chilometri di distanza da Il Cairo. All'interno di questo sito è possibile ritrovare numerosi complessi funerari ma, uno dei più importanti, è quello di Djoser, edificato nella III dinastia: esso comprende la piramide più antica alla quale, solo nella IV dinastia, seguiranno le cosiddette "Piramidi Perfette" della Piana di Giza (Khufu, Menkaure, Kefren).

Il nome Saqqara deriverebbe dal nome di un villaggio situato in modo prossimale alla valle: esso, un villaggio arabo omonimo, prenderebbe a sua volta il nome dal dio della morte Sokar o da una tribù araba (Beni Soqar) che aveva scelto quest'area come sede stanziale.

Questo è il palcoscenico che vede un importante scoperta archeologica: l'Uccello di Saqqara che, per via della sua forma, mutò il suo nome in "Aliante di Saqqara". Il nome suggerisce una dimensione dell'oggetto assai sproposita ma, in realtà, qui vi si trova un inganno dal momento che le dimensioni dell'oggetto sono piuttosto minute: 14,2 centimetri di lunghezza e un apertura alare di 18,3 centimetri. Questo artefatto, realizzato in legno di sicomoro (una pianta sacra per l'egizio, il cui legno veniva usato anche per scopi rituali) venne rinvenuta nel 1891 nello scavo di una tomba che sarebbe dovuta essere appartenuta ad un certo Pa-Di-Imen e, l'artefatto in se, attualmente esposto al museo egizio de Il Cairo, sarebbe dovuto essere originario del 200 avanti Cristo se non prima.

Questo oggetto, che nulla sembra se non la rappresentazione di un uccello ben realizzata, avrebbe portato i sostenitori dell'archeologia misteriosa a pensare che quest'ultimo sarebbe potuto essere un modello di aliante antecedente alla loro stessa invenzione. Ovviamente, ancora una volta, degli studi recenti hanno smentito questa ipotesi così azzardata.

Uccello di Saqqara – Museo egizio del Cairo

Con il suo peso di 39,120 grammi, il "prototipo" di aliante si presenta con forme nitide, piuttosto lisce e ben delineate: sulla parte anteriore compaiono quindi il becco e gli occhi mentre, la coda, venne realizzata in verticale. Tra il corpo e la coda sarebbe quindi visibile una linea di demarcazione che parrebbe tagliare il corpo del volatile in due metà.

Attualmente le condizioni del modello non permettono di apprezzare appieno i colori della pittura ma, in realtà, da quanto venne appurato, all'origine esso doveva avere uno stile pittorico simile, se non uguale, a quello di un falcone. Tracce di pittura che sembrerebbero approvare questa ipotesi si possono notare soltanto su di un lato della coda.

Secondo l'archeologia misteriosa esso sarebbe niente di meno che un prototipo di aereo, il primo ad aver avanzato questa ipotesi, fu il professore di anatomia artistica Khalil Messiha (dell'università di Helwan e membro dell'Egyptian Aeronautical Club). Egli fondò questa tesi sull'assenza di zampe e che non vi erano visibili intagli a simboleggiare le piume mentre, per quanto riguarda la coda, egli notò (e fece pesare questo dettaglio) che quest'ultima era stata realizzata in verticale e non in orizzontale. Egli capì dunque da queste sue delucidazioni che non poteva trattarsi di un uccello, bensì di un monoplano.

Nel 1983 l'aliante entrò nella classifica dei 10 OOPARTS più misteriosi e, questo, grazie allo stesso Messiha e ad alcuni altri studiosi che pubblicarono i loro resoconti e le loro conclusioni sul giornale

Blacks in Science.

A seguito della pubblicazione dell'articolo (che ha sua volta raccolse un gran numero di persone che caddero efficacemente in questa "trappola mediatica) alcuni altri studiosi più scientifici e scettici, decisero di prendere il modello e di porlo in una serie di analisi e test tra i quali la "Galleria del vento". I test portarono a galla un solo risultato: "Il modellino è totalmente instabile e non potrebbe mai funzionare come un aliante". A seguito di questa conclusione, Messiha fece un passo indietro e evidenziò ancora una volta la coda, dicendo che, molto probabilmente, ne mancava un pezzo: in seguito egli stesso riprodusse un nuovo modello; lo fece più grande, con una coda ma anche con uno stabilizzatore, il quale avrebbe ricolmato le pecche dello stesso permettendogli così di volare. Il test che ne uscì fu quindi considerato "pilotato" e non poté essere considerato come un esame oggettivo dal momento che, lo stesso Messiha, come primo obbiettivo, non aveva quello di capire cos'era l'oggetto ma, paradossalmente, proteggere la sua tesi.

Il test conclusivo verrà conseguito anni dopo da un certo Gregorie Martin, un disegnatore e costruttore di alianti con più di trent'anni di esperienza. Egli ricostruì nuovamente il modello dotandolo di una coda e ne testò nuovamente le conclusioni. Gregorie, al termine dell'esame (questa volta oggettivo) evidenziò ancora una volta che l'uccello di Saqqara non avrebbe mai potuto volare: senza coda il prototipo risultava instabile mentre, se dotato di coda, aveva sempre e comunque prestazioni di volo deludenti. Egli terminò dicendo che molto probabilmente non era altro che un giocattolo per i bambini.

Effettivamente, egittologi affermati e non ripresero in mano l'oggetto e diedero una conclusione molto più semplice e logica: l'uccello dalle ali spiegate non era altro che un oggetto cerimoniale (infatti il falcone simboleggerebbe Horus o, ancora una volta, il Ba egizio), o una banderuola per il vento, magari collocata sulle barche sacre (ipotesi confermata da dei rilievi ritrovati nel tempio di Khonsu a Karnak) o un particolare tipo di boomerang.

Ancora una volta mistero svelato: il succo della questione è che la nostra mente, quando deve comprendere un oggetto nuovo e di particolare morfologia, è più facilitato se riesce a ricollegarlo ad un immagine o a delle informazioni che già conosce bene; questo processo, a sua volta, instaura quindi un meccanismo che porterebbe a dare interpretazioni sbagliate. Vedi ad esempio i geroglifici di Abydos; classico esempio di pareidolia simile (se non uguale) a quello delle macchie di Rorschach.

6. Egizi in Australia

L'Australia si trova nell'emisfero australe, circondato a sua volta dall'oceano Indiano e dal Pacifico: essa è formata dalle Mainland e la Tasmania, più altre isole minori dette "Terre remote" tra le quali figurano le Isole Cocos, l'isola di Natale, di Norfolk e l'Isola di Macquarie. Popolata dagli aborigeni per più di 40.000 anni, è stata colonizzata a partire dal XVIII secolo dal Regno Unito.

L'Egitto è un paese transcontinentale che attraversa l'angolo nord-est dell'Africa e l'angolo sud-ovest dell'Asia attraverso un ponte di terra formato dalla penisola del Sinai. Questo Stato ha una delle più lunghe storie di ogni Stato moderno dal momento che ha iniziato ad essere abitato dal X millennio avanti Cristo circa e ha ospitato, sulla sua terra, una delle civiltà più avanzate mai esistite prima; il popolo egizio.

Questi i due attori di questo racconto che vede una sorta di viaggio; un lungo viaggio che sarebbe stato eseguito dal popolo egizio, un popolo che, certo, aveva delle barche e poteva navigare ma... queste barche erano dotate di vele quadrate e, la loro capacità nella navigazione, non era delle migliori. Durante lo scontro con i "Popoli del Mare" nel corso del Nuovo Regno, gli egizi escogitarono una trappola nei confronti delle barche nemiche: sapendo di non essere grandi navigatori richiamarono queste barche all'interno del ramo pelusico del Nilo e, una volta approdate, gli egiziani sarebbero salite sopra di esse e avrebbero sconfitto queste nemesi. Vinsero.

Eppure, ci sono alcune teorie che supporterebbero l'idea secondo la quale gli egiziani sapevano realmente navigare e, addirittura, arrivarono sino in Australia. Prima di iniziare con il vero e proprio racconto, facciamo alcune piccole misurazioni per capire al meglio la situazione che stiamo cercando di affrontare.

Ponendo il caso che il punto di partenza del popolo egizio sia Alessandria, allora impiegherebbero circa (prendendo la strada più larga possibile) [più di] 31.295,76 chilometri, per arrivare al loro traguardo (un punto casuale in Australia posto vicino alle coste). Se, in caso contrario, questi ultimi, avrebbero navigato lungo i bordi dell'Africa stessa e l'avrebbero circumnavigata in maniera precisa allora avrebbero percorso [più di] 27.013,55 chilometri circa (utilizzando come punto di arrivo lo stesso utilizzato in precedenza).

Si capisce bene la difficoltà della questione: l'egiziano, con una barchetta in papiro, vela quadrata o... se andava bene, barchetta in legno... a fare tutti questi chilometri non era molto facilitato; poniamo infatti anche il fatto che essendo esseri umani, gli egizi, nel corso del viaggio (un viaggio, specifico, verso il nulla) avrebbero anche dovuto nutrirsi con qualcosa e, inoltre, sarebbero anche potuti morire.

A metà degli anni 2000 si diffonde una notizia: in Australia erano stati ritrovati dei geroglifici egizi; più precisamente a Gosford, a circa 60 chilometri da Sydney, nel Parco Nazionale Water Brisbane dove, al suo interno, venne ritrovata una roccia completamente ricoperta da simboli egiziani (da quanto venne riportato nel 1975 da un certo Alan Dash, geometra e archeologo dilettante), tant'è che a quest'ultima ne valse l'appellativo di "Egyptoid Kariong".

Subito vennero fatti degli studi per capire al meglio la natura del ritrovamento e, uno di questi ricercatori, il Dottor David Lambert, un esperto in arte rupestre che nel 1983 visitò il sito e fece delle importanti scoperte. Egli vide che, all'interno degli intagli dei geroglifici, non vi era nessun tipo di crescita organica come dei licheni quindi, il tutto, doveva avere per forza non più di dodici mesi. Infatti, se questi intagli fossero stati fatti davvero da degli egiziani, sarebbero stati molto difficili da riconoscere e apprezzare nella loro completezza dal momento che vi sarebbe stata una rigogliosa crescita organica che ne avrebbe impedito la visione. Ad un solo anno dall'incisione di una pietra, in linea teorica, un lichene dovrebbe crescere molto rapidamente dal momento che, le superfici della pietra, sarebbero umide e ricche di nitrati naturali; in più, il continuo toccare di parte in parte da parte dei turisti, provocherebbe lo spostamento di spore, le quali avrebbero velocizzato ancora di più la crescita "infestante" di questo organismo. Un altro indizio che farebbe sprofondare ancor di più la teoria secondo la quale gli egiziani avrebbero raggiunto l'Australia e picchettato una pietra, sarebbe da ritrovare nei bordi degli intagli: dei simboli scolpiti fatti su pietra duecento anni fa sono molto diversi da quelli fatti l'anno prima visto che i primi avrebbero subito più cambi di stagione e più fenomeni meteorologici che gli avrebbero dato una forma più tonda e liscia; caso contrario, per dei tagli giovani, questa regola non vale... i loro bordi risulterebbero appuntiti e scheggiati, oltre che ondulati e affilati.

La prova finale della falsità di questi geroglifici arriverà però da un docente, Nageeb Kanawati, capo del Dipartimento di Egittologia presso la Macquarie University di Sydney, il quale notò che solo alcuni di questi simboli erano effettivamente egizi e, ben pochi, formavano delle parole di senso compiuto: gli unici due che il docente riuscì a riconoscere furono il nome di Cheope (Khufu) e di una persona sconosciuta (forse inesistente) chiamata Neferankhru.

Figurano quindi omini stilizzati, mostri, geroglifici inesistenti o geroglifici di fasce storiche molto distanti le une dalle altre.

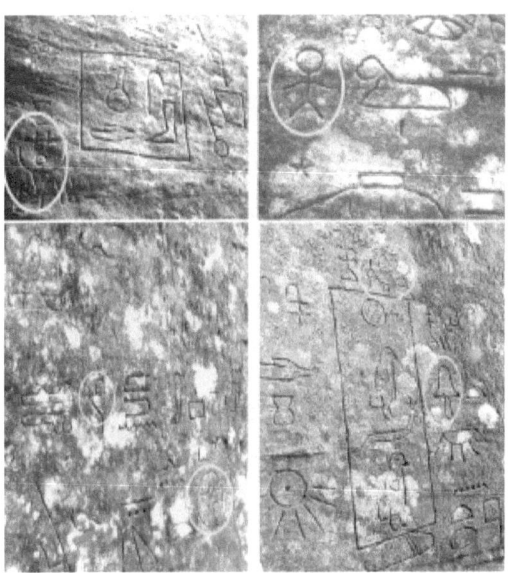

Geroglifici in Australia

Il reale problema di questo mistero (che un qualsiasi studente al primo anno di egittologia sarebbe riuscito a svelare semplicemente guardando la qualità grafica dei simboli) è il fatto che qualcuno, ancora oggi sconosciuto, ha danneggiato un vero e proprio monumento nazionale. L'ulteriore timore del NPWS (Wildlife Service) è quello che la notizia del ritrovamento di questi simboli potrebbe portare all'arrivo di frotte di curiosi che, a loro volta, potrebbero danneggiare ulteriormente o irreparabilmente il vero sito archeologico posto a pochi passi da quelle rocce; un sito che, nel 1984, subì una prima irruzione da un turista jugoslavo intento a lasciare su una pietra un suo simbolo con uno scalpello.

La scoperta di questi simboli ha portato anche numerosi turisti a scavare fra quelle rocce per cercare mummie o tesori che, alla fine, non sono mai stati trovati per via della loro inesistenza.

7. Angelo Pitoni: Skystone, Nomoli e Dama del Mali

Tre oggetti, un personaggio: il professor Angelo Pitoni (1924-2009).

Il professor Angelo Pitoni è una persona fuori dal comune, descrivere la sua vita è davvero un impresa titanica: quest'uomo, nato a Rieti, è stato un esploratore, militare, scrittore, divulgatore e anche un geologo italiano che ha lavorato per la FAO, l'organizzazione delle nazioni unite per l'alimentazione e l'agricoltura. Egli, nel corso della sua vita, ha scoperto miniere di smeraldi e, inoltre, viene anche classificato come esperto di lapislazzuli; oltre che aver ottenuto una medaglia d'oro della Resistenza.

Questo personaggio non ha però effettuato lavori così semplici o così "normali" bensì, Pitoni, è molto importante anche per avere scoperto tre elementi di importanza storica e archeologica; più precisamente la SkyStone, i Nomoli e la Dama del Mali.

Iniziamo quindi con il racconto.

Siamo nel 1990 e Angelo Pitoni si trova in Africa Occidentale, in Sierra Leone dove, dopo qualche giorno di permanenza, scoprirà l'esistenza di una pietra azzurra[1] che, per via della sua forma ma, soprattutto, per via del suo colore, richiamò la sua attenzione. Con i suoi studi da geologo egli capì che non era una cosa normale e quindi, incuriosito, la mandò a fare analizzare in dei laboratori collegati con l'Università di Ginevra, della Sapienza di Roma, di Freiberg, di Utrecht e di Tokyo. Incredibilmente, tutti questi laboratori, (stando alle teorie) diranno che la pietra "NON ESISTE"... come è possibile? Semplicemente la scienza si deve basare su delle prove e, a sua volta, da queste prove, estrapola delle teorie da applicare ad oggetti simili di modo da catalogarli e da definirli. Dal momento che la scienza si è impegnata e ha catalogato praticamente tutte le rocce presenti in natura... questa è sfuggita agli studi e, non avendo quindi un modello per poterla classificare, la pietra "non esiste". Si pensò quindi che questa

Skystone (dall'inglese "Pietra del cielo"), la cui composizione è del 77% di ossigeno e il restante di carbonio, silicio, calcio e sodio (come un cemento o uno stucco) non sarebbe stata altro che una pietra artificiale e colorata a mano... vi è però da precisare un ultima cosa; vista al microscopio essa sembrerebbe essere fibrosa, a cristalli bianchi e con l'azzurro che scompare inspiegabilmente.

Gli indigeni del luogo in cui fu ritrovata questa pietra sembrava che già la conoscessero: essi stessi dicono che "saltava fuori scavando delle buche nel terreno" e, la stessa cosa, vale per quanto riguarda il Marocco, luogo in cui la pietra azzurra venne chiamata "Kryptonite".

Altri studi andarono ad alcuni laboratori londinesi per cercare di chiarire il mistero ma, il responso, fu sempre lo stesso.

Secondo alcuni studiosi, questa pietra sembra trovarsi (in origine) in strati di terreno risalenti a circa dodicimila anni fa [calcolo che venne svolto con le metodiche della stratigrafia]; un tempo troppo antico per ritrovare popolazioni con la capacità di fare simili artefatti che, inoltre, da quanto viene detto, sarebbero in grado di curare reumatismi e ansia (oltre che portare un certo benessere generale).

> *"Allah, al tempo dei tempi, vide un gruppo di angeli che non seguivano più la sua Legge. Avevano tutto quello che serviva e volevano sempre di più. Irritato li scagliò deformi sulla terra, **insieme al cielo loro dimora, che fu pietrificato, e alle stelle, che furono frantumate in mille pezzi.. i diamanti sono i frammenti di quelle stelle.**"*
> Leggenda in Sierra Leone

Ma ancora, sempre in Sierra Leone, sempre nella stessa zona in cui Pitoni trovò la Skystone, vennero ritrovate delle statuette deformi che vengono chiamati "Nomoli"; i quali, secondo alcuni studi svolti dal professore stesso, avrebbero avuto origine ben dodicimila anni fa.

Di queste statuette ne vennero ritrovate molte, tant'è che già diversi anni prima queste statuette erano state prese da londinesi e parigini per porle all'interno dei loro musei (rispettivamente il British Museum e il Musèe de l'Homme). Analisi, ricerche e studi prolissi non hanno portato ad alcuna risposta ne sulla civiltà che le ha create e nemmeno per quanto riguarda l'uso di queste ultime.

"Allah, al tempo dei tempi ,vide un gruppo di angeli che non seguivano più la sua Legge. Avevano tutto quello che serviva e volevano sempre di più. **Irritato li scagliò deformi sulla terra**, *insieme al cielo loro dimora, che fu pietrificato, e alle stelle, che furono frantumate in mille pezzi.. i diamanti sono i frammenti di quelle stelle."*
Leggenda in Sierra Leone

I Nomoli

E infine, la terza scoperta, la Dama del Mali; una scultura femminile di 150 metri di altezza che domina un monte in Guinea alto 1500 metri. Essa si presenta come un effigie di un volto femminile con testa china e una sorta di corona. I suoi tratti sono molto probabilmente indoeuropei e, oltretutto possiede un espressione regale ed imponente.

Perfetto è lo stile in cui venne modellata la testa e il dorso e, inoltre, tutta la struttura versa in un ottimo stato di conservazione.

La scultura, inizialmente, fu scoperta da alcuni studiosi che ipotizzarono sin da subito l'idea secondo la quale l'effigie non sarebbe altro che frutto dell'erosione della pietra (forse un erosione eolica, ad opera del vento). Ritornando quindi alla posizione della struttura, essa si troverebbe su una parete di roccia alta ed uniforme su di un baratro vertiginoso e sarebbe rivolta verso l'oceano Atlantico. La testa sarebbe alta 25 metri e l'intera scultura, come già accennato, ben 150, sotto la quale è ben visibile il monte che prosegue scendendo a picco per altri 200 metri circa.

Vista la situazione, l'opera sarebbe dovuta essere scolpita prima dell'inizio del bradisismo (fenomeno legato al vulcanismo consistente in un periodico abbassamento [bradisismo positivo] o innalzamento [bradisismo negativo] del livello del suolo) del monte e, nei confronti di questa ipotesi, Pitoni stesso dice che la scultura avrebbe più di 20.000 anni.

La regina (o comunque il personaggio) raffigurato su questa struttura, per via delle condizioni in cui la struttura versa e per via anche dei resoconti storici, non è efficacemente rintracciabile visto che, almeno in teoria, al momento della sua costruzione, non sarebbero mai dovute esistere delle civiltà tanto progredite da compiere una simile opera/creare una civiltà civilizzata con a capo una figura regale. Vi è però un "ma": alcuni studiosi penserebbero che questa scultura sarebbe da ricollegare alla Skystone, la quale sarebbe di aiuto per identificare i confini del posizionamento di una civiltà diversa dalle altre poiché più evoluta (forse la mitica Atlantide o degli Atlantidei nomadi).

Riorganizzando le idee, si potrebbe dire che le Skystones e la Dama del Mali sarebbero state prodotte da una civiltà (ora sconosciuta) che avrebbe avuto un tempo di evoluzione in campo tecnologico minore a quello di altre civiltà periferiche o confinanti ma... ancora una volta, bisognerebbe fermarsi e riflettere poiché, se questo fosse vero, allora entrerebbe in campo il principio delle fucine culturali; ovvero, se il luogo X raggiunge un determinato livello di cultura/innovazioni tecnologiche, allora la località Y confinante otterrebbe dei giovamenti dal momento che la civiltà X influenzerebbe (volente o nolente) la civiltà con cui confina; *ergo*, le civiltà avanzate sarebbero due, dal momento che la fucina culturale procrea un tratto che poi viene condiviso con un'altra civiltà in cui quel tratto non era ancora stato adottato/creato.

La Dama del Mali

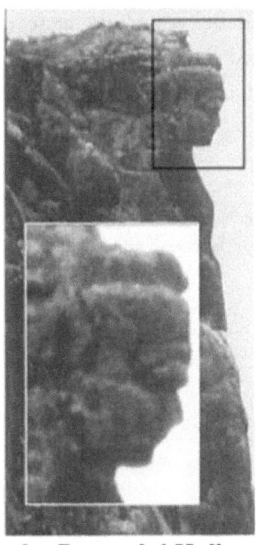
La Dama del Mali

Entra in campo quindi quel fenomeno chiamato pareidolia, il fenomeno in cui il cervello crede di vedere qualcosa e quindi identifica un insieme di elementi come un oggetto unitario che poi viene ricollegato ad un informazione giacente nella memoria stessa. Ma è davvero questo il caso?

Per quanto riguarda la Skystone, lo abbiamo detto; non si sa esattamente se essa possa (o non possa) essere una bufala: quello che si conosce è la sua matrice, di origine quasi certamente artificiale e non naturale... ma anche qui, non si possono definire con certezza le date di creazione di questi elementi.

Anche per quanto riguarda i Nomoli, non abbiamo molte certezze: forse sono state create per dare una sorta di fondamento alle leggende del luogo che erano già state ideate in passato?

Idem per quanto riguarda la dama del Mali: è ovviamente ben visibile il busto della donna e il volto, è un effige che è stata effettivamente scolpita a mano dal momento che è troppo precisa e riflette esattamente le proporzioni umane... probabilmente, questa volta, non siamo davanti ad un fenomeno di pareidolia.

E del resto, anche se queste strutture e questi artefatti sono stati quasi totalmente dimenticati... probabilmente si avranno delle notizie in più o delle nuove scoperte; bisogna solo attendere.

1: La foto della pietra non allegata a questo capitolo è presente nell'articolo su Angelo Pitoni presente nel mio blog. Ho reputato inutile aggiungere una foto di questo elemento poiché la scala di grigi non avrebbe permesso di apprezzarne il colore.

8. Cubo di Gurlt

Nel 1885 un operaio che lavorava vicino a Vöcklabruck, nella fonderia di Schöndorf, un certo Reidl, ha estratto a Wolfsegg, in un deposito di carbone, un piccolo cubo (parallelepipedo) di acciaio che, in base alle descrizioni da lui pubblicate, doveva avere una dimensione di 67 X 67 X 47 millimetri e con un peso totale di 785 grammi. Pensando di aver trovato un artefatto storico informò subito i colleghi e, a loro volta, i colleghi informarono il capo: l'oggetto, ritrovato in un pozzo di lignite (un carbon fossile formatosi dalle foreste del secondario e del terziario), venne datato a 60 milioni di anni. Secondo Carl Sagan (1934-1996), un astronomo nato a New York, quello che aveva trovato Reidl all'interno del deposito di carbone non era altro che un cubo perfettamente lavorato, forse di un antica civiltà molto sviluppata.

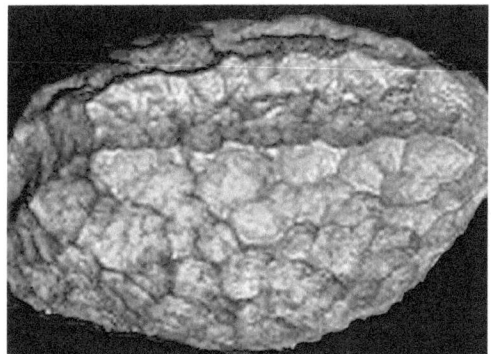

Il cubo di Gurlt

Un anno dopo il ritrovamento, nel 1886, venne tenuta una conferenza alla "Naturhistorische Vereindi" di Bonn, dove l'ingegnere minerario Adolf Gurlt, professore di geologia all'Università di Bonn, ipotizzò che si trattasse di un meteorite. Sarà poi lui stesso a dare il nome al reperto.

In seguito, uno scrittore molto famoso nel campo dell'archeologia misteriosa; Peter Kolosimo, in "Non è terrestre", afferma che l'oggetto sarebbe quindi sparito nel nulla nel 1910 dal luogo in cui era custodito: il Museo di Salisburgo, luogo che, solo qualche decina di anni fa, ricevette una visita da parte di un giornalista russo chiamato G. N. Ostrumov che, colpito dalle testimonianze di Kolosimo, provò a chiedere informazioni sul cubo. Le uniche risposte che Ostrumov riuscì ad ottenere dai dipendenti del museo furono legate alla scomparsa di quest'ultimo che, in teoria, sarebbe andato perduto prima della seconda guerra mondiale, tant'è che Ostrumov non ritrovò nemmeno un solo foglio di documentazione nei confronti di quel cubo in tutto il museo... finì quindi per decretare il tutto come una bufala.

Facendo infine un po' di luce su tutto questo, possiamo dire con certezza che la forma geometrica dell'oggetto non è esattamente un cubo (come venne descritto sulle prime documentazioni e sulle prime descrizioni); riprendendo in mano le misure, infatti, non si tratta di un 67 X 67 X 67 millimetri, bensì di un 67 X 67 X 47 millimetri. Si scopre quindi, facendo un po' di pulizia, che anche la storia del ritrovamento nella lignite è completamente falsa: l'oggetto in questione venne ritrovato in una miniera e, tra il 1966 e il 1967 l'oggetto subì delle analisi da parte del Museo di Storia Naturale di Vienna per mezzo di un microscopio elettronico (cade quindi la tesi di Kolosimo secondo la quale nel 1910 il cubo scomparve) e, da queste analisi, si scoprì che l'oggetto non presentava tracce di nickel, cromo o cobalto; quindi non era assolutamente di origine meteorica come si era giunti a pensare... inoltre, non vennero ritrovate nemmeno tracce di zolfo, il che portò ad escludere come materiale di costruzione anche la pirite.

Saranno quindi il dottor Gero Kurat, esperto di mineralogia del Museo di Vienna e il collega Rudolf Grill a ipotizzare che il cubo non fosse altro che del ferro fuso utilizzato come zavorra nei primi macchinari minerari, tant'è che alcune ricerche da loro dirette misero in luce il fatto che questo cubo aveva un bassissimo contenuto di magnesio.

Nel 1973 verrà quindi condotta una nuova analisi da Hubert Mattlianer, il quale aprì ad una nuova ipotesi: l'oggetto non era di matrice moderna ma antica e sarebbe stato creato con la tecnica della cera presa che venne utilizzata dall'età del bronzo in poi; una tecnica, quest'ultima, che conobbe una notevole fioritura nel corso dei secoli soprattutto nell'arte greca e romana, oltre che nella scultura monumentale.

Quindi nessun alieno nemmeno nei confronti di questo reperto; solo sbagli di interpretazione che la scienza, come al solito, è riuscita a mettere in luce mediante la ricerca e analisi svolte direttamente sul reperto.

9. Papiro Tulli

Una delle cose certe dell'antico Egitto è quella della scrittura: gli egizi erano un popolo fatto e sostenuto dalla scrittura; il geroglifico o, più precisamente, il "Medu-Netjer", "Le parole di Dio" [inteso come il Dio della sapienza Thot, creatore di questo particolareggiato sistema di scrittura N.d.A.].

Guardando un monumento in Egitto, un tempio o un papiro qualsiasi ci si potrebbe domandare se tutti gli egiziani sapessero effettivamente scrivere e leggere: dato infatti il vastissimo quantitativo di testi letterari e lemmi giunti fino a noi sarebbe quasi paradossale immaginare una situazione in cui il sapere della scrittura e della lettura soggiace in poche mani e ben selezionate. Effettivamente, questo paradosso esiste: le persone che conoscevano la scrittura e la lettura erano davvero pochissime: sacerdoti, scribi, re e cortigiani nobili, borghesi e qualche artigiano... la scuola da scribi costava e, viste le condizioni in cui versava l'Egitto (l'economia girava soprattutto grazie all'agraria), servivano più contadini che scrittori... ergo, il livello di analfabetismo era elevatissimo. Eppure, poche mani sagge e sapienti, sono riuscite a portare sino a noi un quantitativo davvero impressionante di testi che, a dirla tutta, sono davvero invidiabili sotto tutti i punti di vista.

Il geroglifico, del resto, basava la sua esistenza ed il suo funzionamento su un complesso sistema di grammatica, il quale doveva poi venire abbinato con un quantitativo assai elevato di simboli grafici e parole: il sistema grammaticale era assai complesso e, per studiarlo, posso consigliare due libri dal momento che, la trattazione, diverrebbe assai lunga e comunque poco esauriente; il primo è il libro edito dall'Hoepli e scritto dal Professor Ciampini dell'Università Ca'Foscari di Venezia (La lingua dell'antico Egitto) e, il secondo, è edito dalla Giunti e scritto da due professori: Mark Collier e Bill Manley (Come leggere i geroglifici egizi).

Per quanto riguarda invece il simbolo grafico, esso poteva essere di tre tipi: fonetico, dove al simbolo corrispondeva un suono (esempio: il pulcino -> "w", il sole "R'" [Lett. "Ra"] oppure lo sgabello "p"); di tipo ideografico, ovvero il simbolo indicava esattamente l'oggetto che rappresentava; o di tipo "determinativo", come il simbolo della divinità seduta posto a termine di parola che, effettivamente, diceva al lettore che quella parola si riferiva ad una divinità o era il nome della divinità stessa.

Vi erano quindi le parole: un quantitativo di parole davvero esponenziale che non posso, per questioni di spazio e di tempo, rappresentare in queste poche pagine.

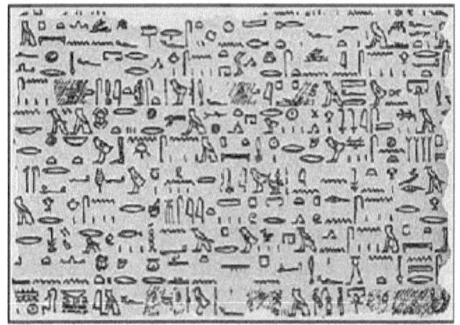

Papiro Tulli

Ma veniamo dunque al vero e proprio tema di questo capitolo dal momento che, a mio avviso, proseguendo ancora su questa digressione riguardante il geroglifico potremmo andare a finire in situazioni disastrose... accumulando quindi un quantitativo di informazioni tale da risultare difficilmente comprensibile al lettore medio, il che provocherebbe la chiusura immediata di questo libro.

La storia di questo papiro è molto interessante e molto intrigante sotto tutti i punti di vista ma, prima di iniziare a entrare nel merito, vorrei ricordare al lettore che, purtroppo... non è tutto oro quel che luccica.

Il Papiro Tulli è un antico papiro scritto in ieratico (una sorta di corsivo del geroglifico) rinvenuto intorno al 1934 in Egitto. La cosa molto strana che interessa questo papiro non è altro che il suo contenuto; ovvero la descrizione di strani avvistamenti ufologici e di strane luci e oggetti nel cielo.

Questo papiro venne più volte definito come un elemento misterioso e fuori dalla propria epoca (quindi un OOPART, un Out Of Place Artifacts, un oggetto fuori dal posto (e dal tempo)), tant'è che sin da subito incuriosì numerosi ricercatori che si diedero alla pazza ricerca di una spiegazione logica.

La storia di questo papiro ha inizio nel 1934 quando un certo Alberto Tulli, ex-direttore del Pontificio Museo Egizio del Vaticano, ritrovò sulla bancarella di un antiquario sito nel Cairo (Phokion Tanos) un antico papiro scritto in ieratico che subito lo incuriosì. Tulli era un professore e, proprio per questo, era dotato di una buonissima (se non ottima) conoscenza sull'egittologia in generale; certo non era uno sprovveduto. Fu quindi un amore a prima vista quella di Tulli e del papiro: egli decise quindi di acquistarlo ma, purtroppo, il prezzo richiesto da parte di Tanos era davvero troppo oneroso per le sue tasche. Tulli, proprio per questo, non poté acquistare l'antico documento ma, al contrario, ottenne il permesso di poterlo copiare per analizzarlo al meglio e poi, in un secondo momento, concludere l'affare.

Il direttore fece prima di tutto un passaggio di comodo: prese il testo scritto in ieratico e lo scrisse in geroglifici per renderlo più facilmente leggibile e, a questa operazione, vi sarà anche un particolare aiuto dall'abate Etienne Drioton, un canonico cattolico che in quel periodo era direttore del Museo Egizio del Cairo. Fin qui nulla di strano: un ricercatore trova un documento presumibilmente originale da un antiquario e vuole comprarlo ma, pur non avendo i soldi richiesti per concludere l'affare, aggira l'ostacolo ricopiando passo passo il testo inscritto sul papiro...

Una volta tradotto, il papiro rivelò il suo mistero: esso riportava la descrizione di uno strano avvistamento ufologico di cui fu testimone Thutmosis III ma, purtroppo, molte parti di testo (paradossalmente situati nei punti più cruciali della narrazione) erano danneggiati o mancanti... un fenomeno così sistematico che, sin da subito, lo stesso professore, pensò che le omissioni erano state eseguite volontariamente per oscurare alcuni passaggi. A Tulli, purtroppo, non venne ancora in mente nessun dubbio nei confronti dell'originalità del testo.

Il papiro rimase quindi negli archivi del direttore fino alla sua morte quando, ad un tratto, si decise di renderlo pubblico: sarà quindi il fratello, il monsignor Augusto Tulli, a recuperare il documento dagli archivi e a renderlo di pubblico dominio. Oltretutto è importante sottolineare che, a quanto viene detto, il documento NON è mai stato donato al Vaticano poiché, probabilmente, lo stesso Alberto Tulli ci era affezionato.

Purtroppo, la storia sino a qui descritta è basata su di un nulla di fatto dal momento che il papiro originale non è mai stato trovato da nessuna parte e, inoltre, le informazioni riguardo a quest'ultimo sono davvero scarsissime. La prima testimonianza che però sembrerebbe sottolineare l'esistenza di questo oggetto risale ad un articolo, "Forteana c.a. 1550 b.C.", pubblicato dalla rivista britannica "Doubt" nel 1953.

A questo punto, un gran numero di studiosi si sarebbero susseguiti uno dopo l'altro per cercare di comprendere al meglio il segreto celato dietro quell'antico inchiostro e, infatti, uno di questi studiosi sarà Boris de Rachewiltz: egittologo e appassionato di esoterismo nonché autore di molti libri tra cui "Egitto magico-religioso" e "Gli antichi egizi".

Egli afferma di aver analizzato il papiro originale (quello dell'antiquario) in pessime condizioni, mancante sia della parte iniziale che della parte finale, oltre che sbiadito: il mondo dell'ufologia si appropriò subito della storia, tanto che venne poi ripresa da H. T. Wilkins in "Flying Saucer Uncensored" nel 1956, per poi diffondersi grazie ad altre pubblicazioni del settore.

Nel 1963 ancora... Solas Boncompagni, uno studioso degli avvistamenti UFO svoltesi in antichità, pubblicò (sulla rivista "Clypeus") una traduzione annotata del testo in italiano...

> *"...il ventiduesimo giorno del terzo mese d'inverno, alla sesta ora del giorno 1 gli Scribi, gli Archivisti e gli Annalisti della Casa della Vita si accorsero che un cerchio di fuoco... (lacuna). Dalla bocca emetteva un soffio pestifero, ma non aveva "testa", il suo corpo misurava una pertica per una pertica ed era silenzioso. Ed i cuori degli Scribi, degli Archivisti tutti furono atterriti e confusi ed essi si gettarono nella polvere col ventre a terra.... (lacuna) essi riferirono allora la cosa al Faraone. Sua Maestà ordinò di... (lacuna) è stato*

esaminato… (lacuna) ed egli stava meditando su ciò che era accaduto, che era registrato dai papiri della Casa della Vita. Ora, dopo che fu trascorso qualche giorno, ecco che queste cose divennero sempre più numerose nei cieli d'Egitto. Il loro splendore superava quello del sole ed essi andavano e venivano liberamente per i quattro angoli del cielo… (lacuna). Alta e sovrastante nel cielo era la stazione da cui andavano e venivano questi cerchi di fuoco. L'esercito del Faraone la osservò a lungo con lo stesso Re. Ciò accadde dopo cena. Di poi questi cerchi di fuoco salirono più che mai alti nel cielo e si diressero verso il Sud. Pesci ed uccelli caddero allora dal cielo. Grande fenomeno che mai a memoria d'uomo fu in questa terra osservato… (lacuna) ed il Faraone fece portare dell'incenso per rimettersi in pace con la Terra… (lacuna) e quanto accadde il Faraone diede ordine di scriverlo e di conservarlo negli Annali della Casa della Vita, affinché fosse ricordato per sempre dai posteri…"
Papiro Tulli

Questo testo rimase quindi noto in ambienti ufologici che lo accettarono in modo acritico e lo utilizzarono più volte per provare presunti contatti antichi con gli alieni (a supporto quindi della teoria degli "Antichi astronauti") per ipotizzare quindi la reale esistenza di entità aliene che in un passato lontano avrebbero davvero visitato il nostro mondo.

Altri studiosi, tra cui Renato Vesco, videro nel testo qualcosa di meno ufologico e più logico: la cronaca dell'esplosione di Santorini se non una metafora per comprovare la presenza di turbamenti sociali all'interno della popolazione. Sarà però Gianfranco Nolli (direttore dei Musei Vaticani – Sezione egizia) a bollarlo come un falso, dubitando quindi della preparazione in campo storico del suo predecessore.

Interessanti invece sono le riprese odierne e gli studi effettuati attualmente attraverso il famoso sito/comunità Egittologia.net dove, al suo interno, venne aperto un topic per tradurre e comprendere il testo mediante l'ausilio dell'immagine pubblicata da Rachewiltz. Sarà Franco Brussino, esperto di egittologia, a risolvere il caso, esplicando la soluzione come segue:

"Questa faccenda del papiro Tulli mi incuriosisce. Non che ci creda, ma , visto che esiste una trascrizione in geroglifico, hovoluto provare a tradurre il testo presentato. Ecco il risultato del mio lavoro.
1) dal cielo, non ha la testa, il soffio della sua bocca emana puzzo, il suo corpo misura 1 khat* di lunghezza…

2) *la sua voce non esce. Il loro cuore diventa smarrito a causa di questo, e allora essi mettono...*

3) *loro... questo annuncio. Ordinò Sua Maestà... registrare... in un papiro della'Casa della Vita di Sua Maestà...*

4) *consigliarsi su ciò che è accaduto. E dopo che alcuni giorni furono passati dopo questi fatti, ecco, numerosi...*

5) *più di ogni cosa. Essi splendono in cielo come il sole verso il limite dei 4 pilastri del cielo...*

6) *potente è la posizione dei cerchi di fuoco. Questo esercito del re vede...*

7) *in mezzo a loro. Ciò accadde dopo cena. Essi salirono in alto...*

8) *verso sud. Pesci e uccelli caddero dal cielo...*

9) *questa terra, non era accaduto da quando fu fondato questo paese. Sua Maestà fece portare dell'incenso...*

10) *(A)mon-Ra, signore dei troni delle Due terre (era) in esso... ordinò sua maestà... come scrittura nella casa della vita.*

NOTA DELL'AUTORE

* *khat, misura di lunghezza pari a circa 52 metri. Rileggendo la traduzione del Papiro Tulli che avevo appena fatto, ho avuto la strana sensazione di avere già visto qualche frase da qualche parte. Ma sì, alla riga 5: "verso il limite dei 4 pilastri del cielo". Questa frase, io l'avevo già vista scritta in geroglifici. Così prendo la Grammatica del Gardiner e la sfoglio. Sorpresa! A pag. 90, negli esercizi, c'è questa frase! Anni addietro, quando facevo gli esercizi su quella grammatica l'avevo già tradotta (per questo me la sono ricordata), ed ora, eccola lì nel Papiro Tulli! Rileggo la mia traduzione del papiro Tulli, e noto un'altra frase che avevo già visto: alla riga 7 si legge:"Ciò accadde dopo cena". Ma questa è una frase presa dal papiro Millingen che tratta dell'attentato ad Amenemhat I e che avevo tradotto quando avevo studiato quel testo! Mi balza alla mente un dubbio,e così controllo sulla Grammatica: trovo quell'espressione, così com'è, al § 158! Allora, con santa pazienza, mi metto a controllare tutte le frasi del Papiro Tulli con quelle della Grammatica e, sorpresa!, posso constatare che ogni riga contiene una o più citazioni del Gardiner! Incredibile! Così, un ignoto autore, in vena di creare una BURLA COLOSSALE, ha inventato di sana pianta il papiro Tulli copiando dalla Grammatica del Gardiner le frasi chepiù convenivano al suo scopo! Un mattacchione, indubbiamente, che però aveva dimostrato acume e grande fantasia. Ma quale mattacchione! Un GENIO! Un genio vero e proprio che con la sua creazione ha condizionato nel mondo migliaia e migliaia di ingenui creduloni che hanno abboccato alla sua bufala come tanti candidi pesciolini! E dire che molti di questi semplicioni hanno fatto del sedicente "papiro Tulli" una bandiera! Ora, una considerazione. Leggo che il cosiddetto "papiro Tulli" ha fatto la sua comparsa nel 1934. Ebbene, Gardiner ha pubblicato la prima edizione della sua "Egyptian Grammar" sette anni prima, nel 1927. Quindi il*

Nostro Autore (qui lofregio delle lettere maiuscole: se lo merita) ha avuto tutto il tempo di escogitare la sua BURLA e di darla in pasto a quanti ci avrebbero creduto. Tutto quadra: ora sappiamo per certo che il "papiro Tulli" è una colossale BUFALA, paragonabile, direi, alla burla degli studenti livornesi con le teste di Modigliani, al mostro di Loch Ness e a quante altre stupidaggini circolano fra i cultori delle cosiddette "scienze alternative". Concludendo, a beneficio di quanti vogliano controllare, pubblico qui sotto l'elenco della frasi del "papiro Tulli" copiate dalla Grammatica del Gardiner, citando, caso per caso, il paragrafo della grammatica e la fonte originale, così come ivi indicata.

Riga 1: non ha la testa, § 115 (P. Ram)
Riga 2: il (loro) cuore diventa smarrito a causa di questo, § 316 (Eb. 102,5)
Riga 3: questo annuncio (meglio: per annunciare questo fatto), § 299 (Sh.S. 157)
Riga 3: in un papiro, § 111 (Pr. 2,5)
Riga 4: e dopo che alcuni giorni furono passati dopo questi fatti, § 327 (West. 12,9)
Riga 4-5: ecco, numerosi... più di ogni cosa, §145 (Bersh.i, 7)
Riga 5: verso il limite dei quattro pilastri del cielo, pag. 90 (dalla stele poetica di Tutmosi III)
Riga 6: questo esercito del re vede, § 323 (Hamm. 110, 5-6)
Riga 7: in mezzo a loro, § 120, seconda parte dell'esempio (Sh. S. 131)
Riga 7: ciò accadde dopo cena, § 158 (Mill. 1,11)
Riga 7: essi salirono in alto, § 392 (Peas. B1,4)
Riga 8: pesci e uccelli, § 121 (Sh.S. 50-1)
Riga 9: da quando fu fondato questo paese §155 (Urk.IV, 95)
Riga 10: contiene un marchiano errore che l'abate Drioton mai avrebbe fatto: nel gruppo che identifica Ra, il segno diacritico precede l'ideogramma! L'ipotesi della burla è coerente anche dal punto di vista cronologico: il "papiro di Tulli" ha fatto la sua comparsa nel 1934; Gardiner ha pubblicato la prima edizione della sua Egyptian Grammar nel 1927, sette anni prima. Quindi l'anonimo burlone ha avuto tutto il tempo di escogitare la sua bufala e di darla in pasto a quanti ci avrebbero creduto. Il papiro è dunque risultato essere una complessa ed ottimamente realizzata burla sopravvissuta decenni e da aver giocato anche esperti del settore, nonché ufologi improvvisatisi esperti di egittologia".

Franco Brassino da Egittologia.net

Ma chi è l'autore? Secondo alcuni, l'autore della burla (e probabilmente lo ha fatto per scherzo o per vedere cosa sarebbe accaduto... un esperimento sociale), potrebbe essere stato lo stesso De Rachewiltz poiché, sul suo articolo rilasciato su Doubt (*Doubt*, Vol.2, N.41, 1953, pag. 214-215.) egli, dopo la traduzione da lui eseguita, cita proprio Gardiner, nonché l'autore dell'Egyptian Grammar; libro utilizzato per comporre (come visto dalla risposta di Brassino) il papiro-bufala.

Se era uno scherzo, un esperimento sociale o qualcosa di simile, De Rachewiltz ci è riuscito in pieno: davvero "un genio", come lo definisce il risolutore dell'enigma dal momento che, ancora oggi, c'è gente che (malgrado tutti i post e i siti che evidenziano le bufale) crede davvero a questo racconto e, addirittura, lo spaccia per vero!

10. Moai

Ci troviamo a Rapa Nui, la "Grande isola/roccia"; l'Isola di Pasqua. Essa è un isola all'interno dell'Oceano Pacifico meridionale e, attualmente, appartenente al Cile.

I primi coloni dell'isola furono alcuni polineasiani e, l'esploratore norvegese Thor Heyerdahl sosteneva che una popolazione bianca proveniente dal Sud America avesse colonizzato la Polinesia, dimostrando così che si poteva navigare dal Perù alle Isole Marchesi (Polinesia Francese) con una semplice zattera.

Ma veniamo a noi senza dilungarci in troppi dettagli che poco interessano alla nostra trattazione.

I Moai, gli attori di questa storia, sono semplici statue che si trovano su quest'isola; appunto, Rapa Nui, le quali, nella maggior parte dei casi, sono statue monolitiche (composte da una sola gigantesca roccia scolpita) di tufo vulcanico. Alcune di queste statue sembrerebbero possedere sulla testa un tozzo cilindro (chiamato dai locali pukao) ricavato da un altro tipo di tufo rossastro mentre altre sembrerebbero non averlo... un aggiunta che è stata esplicata come una sorta di copricapo o un acconciatura che, un tempo, era diffusa fra i maschi.

Queste statue hanno una diversa altezza: alcune raggiungono in maniera scarsa i 2,5 metri mentre altre raggiungono facilmente (e sovente sembrerebbero anche superare) i 10 metri di altezza con un peso totale di 70/80 tonnellate. Spesso sono visibili solo le teste delle statue ma, sovente, da quanto venne detto pochi anni fa durante delle operazioni di scavo, queste teste terminano in un lungo corpo interrato.

Le statue sono quindi anche finemente decorate; per esempio, dietro di esse, vi sarebbero incisi dei simboli chiamati "rongorongo", un sistema di glifi tipico di Rapa Nui ancora non decifrato tra i quali figura anche l'immagine di una "Falce", detta "Vaka"; simboli, questi ultimi, che indicherebbero, secondo alcune ipotesi, l'identità dell'artista o di un gruppo di persone che possedeva l'opera e la utilizzava come totem.

Queste altissime statue sembrerebbero scolpite direttamente nelle cave in cui si otteneva il materiale: esse venivano lavorate con la faccia in su e poi venivano staccate e trasportate sino alla costa dove, un secondo gruppo di operai, pensava a delle ultimazioni e a delle rifiniture; un viaggio che, come minimo, durava all'incirca un anno e che non ha lasciato testimonianze dal momento che non sono mai state trovate tracce di documenti antichi che esplicassero i sistemi utilizzati per produrre questi megaliti. Secondo alcuni, i Moai sarebbero stati trasportati in posizione eretta di modo da fargli raggiungere la loro posizione finale "camminando", come in una sorta di parata celebrativa o religiosa ma, in realtà, lo stesso Thor menzionato all'inizio di questo capitolo, nel corso di una spedizione effettuata nel 1986 con l'aiuto dell'ingegnere ceco Pavel Pavel dimostrò, insieme a quest'ultimo, come fosse possibile (e spesso anche semplice) spostare le strutture ultimate con l'uso di corde e pali.

L'aspetto dei Moai è quasi omologo: labbra serrate, mento lungo e alto, atteggiamento ieratico e severo; inoltre, gli occhi (che attualmente, per via dei fenomeni meteorologici, sono scavati) dovevano avere una pupilla di ossidiana circondata da una sclera di corallo bianco

Un Moai completo

In totale, l'intera isola di Pasqua ospita ben 1000 Moai e, la quasi totalità di questi ultimi, è stata costruita con l'ausilio di tufo basaltico del cratere di Rano Raraku, all'interno del quale fanno capolino altre

400 statue incomplete poiché, a quanto sembra, questa zona fu abbandonata all'improvviso probabilmente per il termine delle scorte alimentari.

Si pensa, infatti, che la costruzione di queste statue abbia portato la gente del luogo ad utilizzare un quantitativo ingente di alberi, i quali venivano abbattuti senza pietà per poter ottenere il materiale da utilizzare in fase di costruzione o di posizionamento delle statue. Questo continuo disboscamento avrebbe quindi portato l'Isola di Pasqua ad essere interamente spogliata di tutte le sue riserve floreali. Il fatto di non avere più legna per cacciare, pescare o cucinare... e il fatto di non avere più alberi da frutto o di bacche, avrebbe portato la gente del luogo a effettuare una conversione al cannibalismo, il quale avrebbe portato la popolazione alla decimazione; una decimazione che, sua volta, portò all'estinzione di tutte le persone che vivevano in questa terra.

Le statue, secondo alcune fonti, sarebbero state edificate dai polinesiani nel 1000 dopo Cristo e, il significato più comune che ancora è tramandato dagli attuali "discendenti" Maori, è quello di "monolita portatore di benessere e di prosperità la dove volgono lo sguardo", il centro dell'isola; un luogo non scelto a caso dal momento che questa zona era la sede in cui i polinesiani vivevano e compivano le loro attività giornaliere.

Altre idee sembrerebbero però definire i Moai come elementi totemici e di protezione della popolazione costruttrice ma, anche e soprattutto, come elementi edificati a sfondo religioso.

Vi è però un altra leggenda inerente a questi monoliti infatti, le antiche storie dell'isola parlano di un capo clan in cerca di una nuova casa; il posto che scelse fu Rapa Nui. Alla sua morte, l'isola venne divisa tra i suoi figli. Ognniqualvolta un capo di uno dei clan moriva, un Moai veniva posto sulla tomba dei capi. Gli isolani stessi pensavano che queste statue avrebbero catturato i "mana", dei poteri sovrannaturali che fuoriuscivano dal corpo in decomposizione del capo e credevano inoltre che, mantenendo i mana dei capi sull'isola si sarebbero verificati eventi benevoli come la pioggia e la crescita delle coltivazioni. Una leggenda, quella rappresentata qui che, ovviamente, per via della trasmissione orale, potrebbe aver subito dei mutamenti!

Inserisco questo capitolo all'interno di questo libro dal momento che, molto spesso, questi Moai subiscono numerose interpretazioni sbagliate e che spesso e sovente hanno a che fare con l'ufologia e gli antichi astronauti; elementi che, vista l'analisi del monumento, non centrano nulla.

11. Teschi di cristallo

E' un argomento piuttosto difficile quello che andremo ad analizzare: i teschi di cristallo.

Questi artefatti non sono divenuti molto famosi solo per via del mistero che si portano dietro ma anche per via della proiezione al cinema il mitico film di Spielberg "Indiana Jones e il regno del teschio di cristallo". La trama la sappiamo tutti: ambientato nel 1957, un anziano Indiana Jones fronteggia agenti dell'Unione Sovietica alla ricerca di un teschio di cristallo.

Ma tornando a noi, quella dei teschi di cristallo è solo una leggenda? Una bufala? O qualcosa di vero c'è?

Il teschio di cristallo non è altro che la rappresentazione di un teschio umano ricavato da dei blocchi di cristallo di quarzo (in teoria, uno per teschio); artefatti che poi, nel corso del tempo, sarebbero stati considerati come dei "Reperti archeologici mesoamericani precolombiani".

Anche se la definizione data dai primi scopritori è questa, nessuno degli esemplari che vennero presi in considerazione dagli studi scientifici è stato autenticato come di origine precolombiana: essi sarebbero stati realizzati a metà dell'ottocento o in periodi successivi ma quasi certamente in Europa.

Ovviamente, nel corso del tempo, questa bufala che vedeva delle antiche civiltà capaci di realizzare questi artefatti, venne ampliata ancora di più e potenziata mediante l'uso della letteratura popolare, la quale lasciò intendere perfettamente il contrario di ciò che è stato detto fino ad ora; tant'è che ancora oggi, alcuni popoli mesoamericani e i nativi americani hanno e continuano a trasmettere interessanti leggende nei confronti di questi ultimi.

Questi teschi di cristallo, nel corso del tempo, furono in grado anche di aumentare la loro fama e, al giorno d'oggi, esistono dei movimenti New Age che attribuiscono a questi ultimi dei fenomeni paranormali assolutamente non verificati dalla scienza odierna.

Per quanto riguarda la storia, i primi teschi di cristallo vennero ritrovati nell'ottocento; provenienti da scavi mai documentati, il che sembrerebbe strano dal momento che ogni archeologo che si rispetti deve realizzare un grande numero di documenti prima di poter lasciare il sito. Salvo questo piccolo paradosso, i Teschi di Cristallo sarebbero anche contenuti in alcuni musei (tra cui il British Museum) e alcune istituzioni (come la Smithsonian Institution); al primo è giunto nel 1897 e al secondo venne donato nel 1992. Vi sono quindi, oltre a questi due, dei teschi posseduti da privati, ad esempio il teschio Mitchell-Hedges, famoso per via della sua mandibola mobile che, secondo il racconto del proprietario, sarebbe stato ritrovato negli anni venti del XX secolo in una spedizione a Lubaantùn... ma di questa spedizione non c'è traccia, caso contrario per quanto riguarda gli acquisti: la ricercatrice Jane Maclaren Walsh ha effettivamente scoperto che Hedges acquistò un teschio di cristallo negli anni quaranta del XX secolo e non fece alcuna spedizione di ricerca...

Vi sono quindi altri due teschi: Max e Sha Na Ra; il primo, di proprietà dei coniugi Parks, sarebbe stato ritrovato in Guatemala, ancora una volta negli anni venti del XX secolo (non vi sono documentazioni o prove a sostegno di questa affermazione) mentre, per quanto riguarda Sha Na Ra, sarebbe stato ritrovato in Messico da un certo Nick Nocerino, il quale si autodefinirà un esperto in teschi di cristallo anche se, a dirla tutta, non rivelerà mai il luogo in cui ritrovò l'artefatto, giustificandosi dicendo: "questioni di sicurezza per il personale coinvolto, a causa della situazione politica messicana". Ovviamente, Nocerino non sottoporrà ad analisi scientifiche di laboratorio o indipendenti i suoi teschi di cristallo, contribuendo così a far sfumare la teoria dell'"Esperto di teschi di cristallo" e dell'autenticità dei suoi reperti.

Negli anni ottanta, come per magia, compariranno altri teschi di cristallo che non rappresenterebbero altro che degli artefatti falsi utilizzati per rimanere sulla cresta dell'onda, dal momento che in quegli anni l'interesse per questi teschi era ormai alle stelle. Dal Texas a Los Angeles nacquero quindi questi nuovi reperti, i quali vennero coperti da un fitto mistero dal momento che, i proprietari di questi ultimi, erano soliti dipingere il loro ritrovamento a tinte fosche... ma anche le loro ricerche: viaggi avventurosi, ritrovamenti pericolosi e addirittura "Poteri Taumaturgici!" (prodigi e miracoli) che non vennero mai studiati dal momento che i proprietari "non si fidavano a lasciare i teschi in mano agli scienziati". La storia, come tu sai, caro lettore... può essere interpretata in maniera molto diversa.

Non tutti i proprietari dei teschi vietarono lo studio dell'artefatto; alcuni decisero di consegnarlo a dei laboratori per effettuare delle ricerche ma, quello che ne uscì, non era altro che fuffa: quasi sicuramente, gli effetti del teschio non erano altro che effetti psicologici di auto-suggestione che il proprietario si auto-rivolgeva, convincendosi quindi di capacità che in realtà il teschio stesso non aveva.

Nacquero quindi veri e propri cultori del teschio di cristallo, i quali diranno e ribadiranno che dei teschi si parlava anche nelle tradizioni Maya e di altre culture native americane ma, in realtà, queste asserzioni così prive di documentazione storica non furono altro che bufale, messe in giro per aumentare ancora di più la fama di questi oggetti e il prestigio di chi ne possedeva uno.

Tornando al primo teschio di cui abbiamo parlato, il Mitchell-Hedges, acquistato negli anni quaranta del XX secolo, venne affidato (nel 1970) al laboratorio della Hewlett-Packard, una famosa industria di tecnologia ancora attiva (HP). Questo nuovo progetto di ricerca, guidato da Frank Dorland, portò a dei nuovi risultati che vennero pubblicati in un articolo chiamato "History or Hokum?" [Storia o non-senso?] (l'Articolo integrale e in lingua originale è stato recuperato da hparchive.com).

> *"Let the doors squeak, the shutters rattle, the curtains shake, the cats run, the dogs whimper, the bats flutter, the mists swirl and the moon blaze. Ignore the eavy footsteps in the hall, the creaking stairs, the labored reathing beyond the door. Listen, instead, to a tale of true mystery involving prehistoric cults, lost civilizations, the*
> *"granddaddy of all crystal skulls;' and some scientific sleuthing by members of the HP crystal lab at Santa Clara Division.*
> *Centerpiece of this tantalizing tale is a clear quartz crystal sculpture the size and shape of a human skull estimated to be as much as 120 centuries old. Known as the Mitchell-Hedges Skull, after the name of its discoverer, it is an object of fantastic sculptural perfection. No other quartz crystal sculpture*

approaches its quality; even the British Museum's crystal skull, discovered in Mexico in 1889, is classed as a "rough cut" in comparison.

The now-elderly owner, Anna Mitchell-Hedges, discovered the mysterious skull in 1927 on an expedition with her explorer father to the ruins of a Mayan Temple in British Honduras. The two-part sculpture-head and deached jaw-lay under a collapsed altar. Since then, it has alternately been under study or in safe keeping, most recently in a house on the slopes of Mount Tamalpais to the north of San Francisco. Here, in the temporary custody of a free-lance art conservator and restorer named Frank Dorland, it came to the attention of Dick Garvin, writer and supervisor of the Hewlett-Packard advertising account at the San Francisco office of Lennen & Newell. In a coauthored new book titled "The world of the twilight believers;' Garvin discussed the otherworldly aspects of thenskull in one of the chapters on far-out phenomena. Then he arranged for Dorland to bring the skull to the HP Santa Clara lab in order to test certain theories and speculations about its composition. The lab, of course, is exactly the right place for testing quartz crystal. That is one of its day-to-day occupations. Its major mission, according to Jim Pruett, components manager for the Frequency Standards team, is the production of precision quartz oscillator crystals used in HP oscillators and quartz crystal thermometers. The lab purchases raw one-pound Brazilian crystals and, with the aid of many skills, converts them into gold-plated wafers that vibrate at a precise frequency. For the Mitchell-Hedges skull the lab performed two significant tests. Submerging the sculpture in a bath of index-matching fluid, and viewing it under polarized light, the lab people first determined that it was almost certainly a single crystal of quartz, rather than a composite of three crystals as Dorland had suspected. Next, they probed the lower-jaw question. Was it originally an integral part of the crystal? The orientation of its X-Y axis and the "veils" revealed by the polarized light showed that it had indeed come from the same crystal. These findings raise again many of the same questions that have followed the skull-shaped rock crystal since its discovery-or rediscovery-in the ruins of Lubaantun. Where did it come from? Is it phony or for real? Some experts assign its origin to various Central American civilizations including the Aztecs, Mixtecs or the Olmecs. Dorland suggests it may have come from Egypt, Tibet or China, and may have been roughed out as much as 12,000 years ago. How then did it come to British Honduras? Dorland believes the skull originally was used in prehistoric religious ceremonies. At that time it resembled the British Museum work, its jaw attached, its workmanship less finished. Later, sea-going Phoenicians brought it to Central America, perhaps even by way of the lost city of Atlantis. Mayan or Aztec craftsmen then detached the jaw so that it could be animated and made to serve as an oracle, dispensing judgments from atop a trick alter. This fateful role was enhanced by the prismatic qualities of the skull; flames or light placed *under or behind the skull are projected eerily through the eye sockets. If it is phony, it's a very artistic one. Quartz crystal is an extremely hard material- hard in the sense that a diamond is hard, and hard to work with. The size and clarity of the II pound, 7-ounce Mitchell-Hedges skull made it a rarity. The workmanship is exquisite, a compound of patient hand crafting (using sand and water to smoothly abrade the rock) and technical precision requiring an estimated 300 man-years of effort. "One of our guys kidded that he might be able to duplicate it if you gave him a year and $100,000;' said Jim Pruett. 'There's no way of proving its age. A lot of the occult aura-tales of mystery and evil-that have sprung up around it could easily come from its eyes. By shifting a light source or when an observer moves his view even slightly, an infinite variety of refraction patterns can be seen. They could be quite hypnotic. "I look on it as a very beautiful work of art irrespective of its age or authenticity. There's no denying that!'"*

In questo articolo viene detto che il teschio venne scolpito in un solo blocco di materiale e, inoltre, viene messo in evidenza anche il sistema di lavorazione che viene ritenuto comunque compatibile con un origine precolombiana del manufatto. L'articolo viene concluso dicendo che il pezzo è molto bello e molto fine ma che non vi è modo di riuscire a datarlo. Non risponde inoltre a verità l'idea secondo la quale "gli scienziati affermarono alla fine della analisi che il teschio sembrava essere stato scolpito con un moderno laser o con ceselli di precisione", sistemi che nasceranno soltanto negli anni novanta.

A questo punto, nel 1996, i teschi del British Museum e dello Smithsonian vennero sottoposti ad alcune analisi sotto il patrocinio dello stesso British, rivelando che gli artefatti erano stati realizzati con degli strumenti che erano già disponibili in Europa nel corso della seconda metà dell'Ottocento, deglassando questi oggetti a dei falsi.

In quest'ultima occasione anche i teschi Max e Sha Na Ra vennero analizzati ma, il British Museum, dal momento che può studiare ma non può dare informazioni ai privati nei confronti dei loro oggetti, non emesse alcun verdetto.

Ancora, altri fenomeni particolari intorno a questi teschi sono da ritrovare in primis nei confronti del teschio inglese, intorno al quale si erano catalizzati dei racconti e delle leggende secondo le quali "qualcuno avrebbe visto il teschio muoversi all'interno della teca"; una leggenda metropolitana alla quale ne seguì subito un altra, quella del "teschio rimosso dalla teca e nascosto al pubblico"... semplicemente, non è vero: il teschio si trova nella prima sala dell'ala sinistra sul lato sinistro della parete dove si trova la porta di ingresso.

Un ultima cosa da dire è che questo teschio, quello del British, quando venne analizzato, rivelò una probabile origine tedesca per via del metodo di lavorazione mentre, per quanto riguarda la roccia cristallina utilizzata per crearlo, non è altro che di origine Brasiliana. Svolte quindi delle ricerche documentali negli scritti relativi alle collezioni del museo, si è giunti a identificare l'antiquario francese Eugène Boban come l'organizzatore di questo traffico di falsi.

Il discorso dei teschi di cristallo potrebbe quindi andare avanti: secondo alcune leggende avrebbero capacita particolari; sarebbero in grado di curare o, addirittura, di fare del male... mentre altre si ricollegano alla fine del mondo! Ebbene sì, nel mondo esisterebbero tredici teschi di cristallo che conterrebbero tutte le conoscenze del mondo; essi, una volta avvicinati e allineati nel modo corretto, sarebbero in grado di consentire al genere umano di sopravvivere anche quando il mondo, in realtà, dovrebbe finire.

Ancora, alcuni sensitivi, dicono che alcuni teschi possederebbero una strana aura e, altri, affermano di aver visto una nube di luce intorno a questo artefatto. Ovviamente sono tutte storie e racconti che non hanno alcun fondo di verità... solo persuasione e diffusione di concetti sbagliati a persone sbagliate.

12. Cerchi nel grano

A tutti è capitato di vedere in notiziari, telefilm o anche al telegiornale delle riprese aeree di un grande o piccolo spazio di terreno coltivato a grano e di vedere, all'interno di esso, una sorta di geroglifico; di carattere difficilmente comprensibile o di difficile esecuzione. Questi fenomeni sono stati molto presenti negli anni settanta del XX secolo, per poi subire un netto calo con gli anni successivi… sino ad arrivare a non sentirne più parlare.

I cerchi nel grano hanno dato filo da torcere a numerosi scienziati ma… siamo così sicuri che siano fenomeni istigati da forze superiori come delle entità aliene?

I cerchi nel grano, il cui termine inglese "Crop Circles" è più utilizzato mentre il termine scientifico, agroglifi, risulta ai più particolarmente ostico, sono aree di campi seminati a cereali o di coltivazioni simili (quasi sempre a spiga), in cui le piante appaiono appiattite in modo uniforme e, se viste dall'alto, possono rivelare dei disegni o dei simboli che, per ovvie ragioni, non derivano da alcuna conoscenza umana. Il più delle volte però non sono altro che simboli geometrici casuali e quasi sempre precisi e ben proporzionati in tutte le loro forme.

Questi fenomeni che, come abbiamo detto, hanno avuto il loro successo in un arco di tempo ben delimitato (anni settanta del ventesimo secolo) sono apparsi per lo più in Inghilterra, tant'è che in questo stesso periodo nacquero degli studi proprio per analizzare le figure che comparivano sui campi di modo da trovare una qualche interpretazione logica. Di grande importanza è un testo del 1678; un pamphlet (libro di poche pagine) chiamato "The Mowing-Devil", "Il diavolo mietitore"; ma sarà davvero coerente con la questione qui affrontata?

I cerchi nel grano finirono letteralmente sotto i riflettori solo durante gli anni settanta/ottanta con i primi tre cerchi posti in un area delimitata all'interno dell'Inghilterra. Il fenomeno iniziò ad essere discusso in maniera prolissa, tant'è che molto spesso, alcune testate giornalistiche (ex. Wiltshire Times, giornale che nel 1980 coniò il termine "Crops circles") sponsorizzavano i vari ritrovamenti e, paradossalmente, più le notizie giravano, più i cerchi nel grano si moltiplicavano.

Spesso e sovente alcuni ricercatori tentarono di cercare risposte guardando al passato: scartabellando giornali e libri antichi si cercavano risposte relative ad eventuali comparse di questi glifi negli antichi campi coltivati dell'Inghilterra. Spesso si incappava in un pamphlet del 1678 già citato, il "Diavolo Mietitore" che, a primo acchito, sembrava essere coerente con la ricerca ma... dopo un attenta analisi, si scoprì che non vi erano correlazioni con i cerchi nel grano: il libretto del 1678 non era altro che un semplice testo atto a diffondere una moralità fondata sul ricco e sul povero; una delle trattazioni classiche di quell'epoca.

Ancora oggi, alcuni studiosi cercano disperatamente di trovare qualche informazione sui cerchi nel grano derivanti da libri o testi del passato ma, ancora, non si è riuscito a trovare nulla che riesca a rispondere alla domanda "Ci sono stati fenomeni simili anche nel passato?". Ovviamente, queste informazioni, non sono mai state ritrovate e non potranno nemmeno essere ritrovate in un futuro prossimo o anche remoto semplicemente perché gli alieni non hanno mai fatto cerchi nel grano: tutti i cerchi fino ad ora documentati sono stati creati e realizzati da esseri umani; mai... nemmeno una volta, i cerchi nel grano sono stati realizzati da alieni o entità celesti.

La storia dei primi cerchi nel grano, difatti, è molto interessante: il fenomeno si era già diffuso ma non ancora a larga scala quando, nel 1991, due anziani inglesi (Doug Bower e Dave Chorley) affermarono che, dopo aver letto del caso australiano di Tully del 19 gennaio 1966, avevano iniziato a creare dei cerchi nel grano per far credere che fossero atterrati dei dischi volanti; inoltre, fecero anche delle dimostrazioni con l'ausilio di strumenti classici (armati di assi, funi e cavi elettrici), di modo da mostrare ai giornalisti che li intervistarono come fosse semplice crearne uno in poco tempo (circa un ora) e con una attrezzatura primitiva.

Il primo cerchio di Bower e Chorley risalirebbe dunque al 1978 ma, quest'ultimo, non fu una burla di grandissimo successo; solo due anni dopo i due riprovarono creando un nuovo cerchio in una zona ancora più visibile della precedente: ottennero l'attenzione della stampa.

Ovviamente, la notizia girò il mondo e il numero di cerchi iniziò a diffondersi in maniera quasi estrema e, proprio per questo, si fece notare che non potevano essere solo loro due a creare i cerchi nel grano. Si fece quindi presente alla stampa un fenomeno psicologico umano: l'imitazione. Bower e Chorley furono gli iniziatori di questa pratica ma poi, nel corso del tempo, altre persone, pensandola una cosa divertente, si armarono di pedane e di torce ed andarono a fabbricare altri cerchi, espandendo quindi il fenomeno non solo in Inghilterra ma anche in America, Australia, Italia e così via.

A questo punto non posso fare altro che consigliare al lettore un sito interessante che non farebbe altro che avvalorare questa tesi: http://www.circlemakers.org/index.html .

Con il passare del tempo, le strutture e le forme dei cerchi, oltre a divenire più grandi, diventavano anche sempre più complesse. Se agli inizi della pratica il cerchio nel grano era semplice, allora negli anni duemila arrivavano le prime forme geometriche mentre, per quanto riguarda gli anni successivi, si ebbe addirittura l'arrivo di frattali molto sviluppati e simmetrici. Un esempio classico è quello del 2006, anno in cui venne riprodotto anche il logo della Mozilla Firefox su un campo di grano come metodo pubblicitario e, non solo... ma i realizzatori di cerchi nel grano mostravano anche il modo in cui venivano realizzati, creando veri e propri spettacoli!

La realizzazione dei cerchi nel grano è comunque fattibile da parte di ogni persona dal momento che non necessita di una tecnologia sofisticata e, inoltre, un utente è in grado di creare forme precise e complesse anche in breve tempo. Già nel 1991 Bower e Chorley annunciarono che i cerchi non erano altro che una burla architettata da questi ultimi a partire dal 1978 e, proprio per questo, nel 1992, ricevettero il premio IGNobel, il quale viene assegnato annualmente a dieci ricercatori-autori di ricerche "strane, divertenti, e perfino assurde" che "prima fanno ridere e poi danno da pensare". Infine, Richard Taylor, direttore dell'Istituto di Scienze dei Materiali dell'Università dell'Oregon, nel 2011 ha pubblicato un articolo sul Physics World Journal proponendo la teoria secondo la quale una buona parte dei cerchi del grano sia stata realizzata mediante l'ausilio di generatori di microonde portatili (magnetron) e di un sistema GPS.

Ovviamente, vi sono delle teorie a parte che parlerebbero di altre ipotesi nei confronti della creazione di questi disegni: coloro che infatti non accettano l'evidenza, quindi l'origine umana di questi cerchi, propongono ipotesi alternative alquanto improbabili. Ne vediamo alcune di seguito.

Le prime e le più classiche sono le teorie ufologiche; teorie secondo le quali delle astronavi aliene scenderebbero sulla terra e atterrerebbero sui campi per motivazioni sconosciute all'uomo. Altri ipotizzano che i disegni sarebbero stati prodotti dalla cimatica, lo studio delle strutture geometriche che vengono a crearsi mediante la sollecitazione di una membrana elastica tesa con delle vibrazioni o suoni: i disegni, secondo quest'ultima idea, sarebbero prodotti da delle particolari frequenze sonore che sarebbero in grado di creare pittogrammi simili a Mandala, anche se questi ultimi (in realtà) non sarebbero strutture geometriche cimatiche.

Geometrie cimatiche

O, ancora, ipotesi di complottismo: un satellite artificiale di proprietà del Pentagono e del suo progetto "Star Wars"[1] in costante orbita attorno alla Terra, utilizzando delle emissioni energetiche modello microonde o Maser[2] creerebbe involontariamente dei disegni. Ovviamente però non vi è alcuna prova: solo un certo Levengood e un altro ricercatore, Haselhoff, hanno provato invano a potenziare questa tesi dicendo che le sementi del grano toccate da questo SDI[3] avrebbero avuto una capacità di crescita migliorata ma... ovviamente, non fu altro che una bufala sin da subito messa a tacere.

E infine, l'ipotesi religiosa di alcuni gruppi New Age: essi pensano addirittura che non siano altro che dei segni o delle comunicazioni in codice mandate da un entità superiore per segnalare una sorta di "evoluzione spirituale" da parte dell'umanità. Anche in questo caso, nessuna prova certa è in grado di rafforzare questa teoria, se non quella di messaggi mandati dalla Terra "Gaia" per segnalare all'essere umano di "non distruggere l'ecosistema", e qui... la scelta del grano, bene primario dell'uomo, potrebbe non essere casuale.

Concludiamo quindi con il ricordare che l'ultimo avvistamento di questi Cerchi in Italia fu nel 2019 nella zona di Casette di Rinaldo: una forma geometrica di base circolare a lunghezza 10 metri venne ritrovata tra Campocavallo e Padiglione; alcuni residenti di via Jesi che confinano col terreno raccontarono che la notte tra venerdì e sabato i cani abbaiarono in maniera insistente mentre, una signora, uscita dalla sua abitazione verso le due, vide che in lontananza, nel campo, vi era un forte fascio di luce con dei rumori strani.

Ovviamente, nessun alieno ma solo una perdita ingente di granturco. Ormai, certe pratiche sono passate di moda e, sicuramente, al contadino di quel campo, nel vedere quella bravata non sarà piaciuto per niente.

1: Strategic Defense Initiative (SDI), (Iniziativa di difesa strategica) comunemente nota come Scudo spaziale (in Italia) o Guerre stellari

2: Acronimo inglese di Microwave Amplification by Stimulated Emission of Radiation, ovvero Amplificazione di microonde tramite emissione stimolata di radiazioni

3: Strategic Defense Initiative (SDI)

13. Aerei di Bogotà

Bogotà, la quale conta 9 milioni di abitanti, è la capitale della Colombia e del dipartimento di Cundinamarca. La sua fondazione fu celebrata il 6 agosto del 1538 dallo spagnolo Gonzalo Jiménez de Quesada, il quale realizzò anche la fondazione giuridica l'anno dopo, nel 1539. La città venne battezzata Santa Fè, un nome che mantenne sino al 1819.

Bogotà fu quindi sede del governo del vicereame della nuova Granada mentre, nel 1785, subì delle devastazioni da parte di un terremoto. Importante è anche citare il famosissimo esploratore-geografo Alexander von Humboldt, il quale visitò la città nel 1800 fino al 1804, denominandola "Atenas Sudamericana" per via della presenza di numerose istituzioni culturali e scientifiche, tra le quali vi figurava anche un osservatorio astronomico fondato da José Celestino Mutis.

Questo è il luogo; il palco sul quale vediamo degli attori molto particolari ma anche molto antichi che ho già precedentemente analizzato in un vecchio articolo ma che, a mio avviso, meritano di essere rivisti con una spiegazione più prolissa.

Da quanto la storia e le documentazioni ufficiali ci riferiscono, il volo (che oltretutto, sotto l'aspetto biologico, è visto come la massima espressione della mobilità e del movimento) è stato inizialmente studiato da Leonardo da Vinci, il quale aveva studiato e analizzato il volo degli uccelli per comprendere al meglio come essi facevano a solcare i cieli e a planare nell'aria. Ovviamente, il genio italiano, dopo aver tirato alcune sue conclusioni, creò un prototipo di ali plananti (chiamate Ornitottero) che vennero testati da un suo amico che, poco dopo, a quanto si dice, morì; questo perché le ali sviluppate da Leonardo non funzionarono come avrebbero dovuto. Il primo Ornitottero funzionante, infatti, verrà costruito in Francia nel 1870 mediante un modello di Gustave Trouvé, il quale fu in grado di volare per una distanza di ben settanta metri grazie alla propulsione di alcune cariche di polvere da sparo che facevano muovere dei tubi sotto pressione e che consentivano, a loro volta, il movimento delle ali. Nel 1890, grazie a Lawrence Hargrave, si avranno i primi ornitotteri a vapore e ad aria complessa e infine, nel 1930, Erich von Holst creò un ornitottero mediante l'uso di elastici in gomma, per portare alcuni modelli di uccelli per teatri ad un livello di sviluppo e di realismo più elevato. Sempre nello stesso anno, l'ornitottero conoscerà un miglioramento dal momento che alcuni ricercatori tedeschi ne svilupparono uno dotato di motore a pistoni; un passaggio obbligato che avrebbe consentito poi, nel 1942, la creazione (da parte di Adalbert Schmid) di un nuovo ornitottero; questa volta sia a guida umana che motorizzato.

Bisognerà attendere però i fratelli Wright per avere un primo prototipo di aereo con un motore, il quale, al contrario dei prototipi precedentemente creati tra cui quelli citati in precedenza, aveva una differenza: l'aviatore poteva decidere dove dirigersi.

Tornando però alla questione centrale dell'articolo: ci troviamo nel 1954 e, il governo colombiano, decide di inviare una parte dei suoi tesori (artefatti dorati) nei musei degli Stati Uniti. In questa collezione di oggetti dorati era presente però un piccolo artefatto di minuscole dimensioni che, quando fu visto per la prima volta da alcuni occhi esperti di aviazione, fu direttamente classificato come prototipo di macchina volante; una sorta di aereo. Vi è però un "ma": l'oggetto in questione avrebbe avuto circa 1000 anni e quindi sarebbe stato realizzato non dalla popolazione inca ma da una che l'avrebbe preceduta!

Oggetto in questione

Questo oggetto, il quale mostra visibilmente una cabina di

pilotaggio, un corpo, delle ali e un timone, sarebbe stato ritrovato all'interno di una grotta situata nei pressi della Colombia e, insieme ad esso, vi sarebbero stati altri aeroplani molto simili di forma e dimensioni. Effettivamente la forma era variabile, esistevano/esistono diversi modelli e lo stesso vale per le dimensioni; l'unica cosa che non cambiava era il materiale in cui questi ultimi erano stati creati: oro.

Ebbene, le notizie nei confronti di questo ritrovamento furono paradossalmente poche e non se ne parlò molto: si faceva difficoltà a capire cosa fossero dal momento che, fino a quando non ci fu l'occasione di inviare questi oggetti negli USA, nessuno sapeva e nessuno aveva mai provato ad ipotizzare che cosa avrebbero potuto rappresentare in un passato ormai remoto. Probabilmente non fu questo l'unico fenomeno che contribuì a questo "poco interesse" nei confronti di questi oggetti, bensì, un altro motivo che avrebbe potuto eclissare (in qualche modo) questi oggetti, erano appunto le loro dimensioni, le quali permettevano agli oggetti di risultare come poco importanti o, addirittura, inutili anche per la popolazione che gli aveva creati.

Questo oggetto facente parte della collezione colombiana venne preso da alcuni ricercatori, tra i quali troviamo eminenti archeologi e scienziati che decisero, una volta per tutte, di sfatare questo mito. Insieme all'aereo contenuto nella collezione della Colombia che era stato inviato negli Stati Uniti recuperarono altri elementi simili dalle casse dello Stato e li compararono, questo per capire cosa fossero e che ruolo avessero avuto nel passato.

Alcune analisi condotte su questi elementi riportarono ad una datazione di manifattura degli oggetti, la quale sarebbe stata precedente ai 1000 anni menzionati prima e, in più, le analisi svolte sul metodo di lavorazione, avrebbero perfino spostato il luogo di creazione, tant'è che dalla Colombia si passò ad ipotizzare che questi artefatti sarebbero stati creati nel medio Oriente.

Le ricerche vennero sospese e non si seppe più nulla: i giornali e i mass media smisero di parlarne perché, per qualche strana ragione, era un argomento che interessava poco alle persone o, ancora, non era stato trattato nel modo corretto.

Dopo qualche anno, un ricercatore, decise di tirar fuori nuovamente l'argomento: la datazione e la civiltà costruttrice, quindi l'origine dei reperti, venne ancora una volta messa in discussione. Per quanto riguarda la datazione si ipotizzò per una data che andava dal 500 all'800 dopo Cristo e, per quanto riguarda la civiltà costruttrice, si pensò che sarebbero potuti essere costruiti da una cultura precedente al popolo Inca.

L'interesse nei confronti di questi oggetti iniziò a risalire rapidamente e, proprio per questo, vennero create nuove sezioni di ricerca: realizzati quindi dei calchi degli oggetti e posti in una galleria del vento, si cercò così di validare l'ipotesi della capacità del volo. I risultati dell'esperimento vennero trasmessi su di un programma pseudoscientifico (di cui sconsiglio la visione) denominato "Ancient Alien" (Titolo italiano: Antichi Misteri). Quello che segue, è un audio-script realizzato su di un video caricato su YouTube (e ora sparito per non si sa quale ragione) in cui vi si trova la compartecipazione del presentatore del programma e lo YouTuber che ci fa da commentatore.

Il modello proposto nel video mediante l'uso di un programma computerizzato che simula una galleria nel vento mostra che, effettivamente, il reperto sarebbe stato in grado di volare.

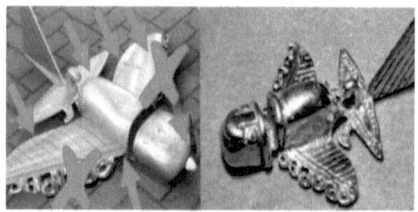

Modello utilizzato e Modello originale.

Da notare le forme più sinuose e meno spigolose; l'eliminazione dei riccioli, l'appiattimento delle incisioni e la definizione massiva dei bordi.

Ancient Aliens: *"Non abbiamo aggiunto un centimetro o rimosso un pollice, ma solo essenzialmente usato un formato più grande. Voglio dire, questo è sensazionale."*

Commentatore: *"No, non è stato aggiunto un centimetro o rimosso un pollice, a meno che non conti la rimozione totale dei riccioli grandi sulla parte anteriore delle ali che avrebbero reso il modello del tutto inutile per il volo. Il*

fatto che è stata aggiunta la curvatura alle ali, alette, un carrello di atterraggio e, una cosa come il motore!"
Audio-script

Nel corso del tempo, grazie al programma, l'interesse per questi oggetti diventò enorme, tant'è che molte più persone decisero di studiare i modelli o, almeno, di guardare qualche immagine ad essi relative. Arrivarono quindi più studiosi e più ricercatori che, nell'analizzare i modelli, si accorsero che avevano una base completamente diversa da quella che era stata ipotizzata in precedenza.

Ancora una volta, un gran numero di modelli di questi aerei (realizzati da dei fisici e da degli aeronauti) vennero posti nella galleria del vento e, questa volta, il risultato fu completamente diverso. L'aria prodotta durante il test entrava nelle varie strozzature del modello e nei vari ghirigori, rallentandone il moto e portando così il modello a cadere. Venne quindi scartata l'ipotesi degli antichi aeroplani ma, comunque, bisognava ottenere delle risposte, non si poteva rimandare ancora.

Guardando meglio la collezione colombiana nel suo insieme, ci si accorse che tutte quelle miniature non erano altro che statuine rappresentati animali... ergo, anche i leggendari aerei di Bogotà dovevano appartenere a questa categoria statuaria; infatti, la risposta all'enigma fu semplice e chiara: gli oggetti in questione non erano altro che pesci stilizzati (con tanto di bocca e occhi).

Confronto

I pesci in questione, ovviamente, erano di diverse tipologie e, questo indizio, dava la possibilità di capire il perché di quelle grandi differenze tra aereo e aereo.

Quello a cui i primi ricercatori sono andati in contro nell'attribuire un origine aerospaziale a semplici rappresentazioni di pesci non è altro che un fenomeno chiamato pareidolia, del quale ho parlato diffusamente alla fine del capitolo sui geroglifici di Abydos.

14. Sfinge di Giza

In questo articolo affronteremo un argomento molto interessante ma anche molto vasto dal momento che l'alone di mistero che gira intorno alla Grande Sfinge di Giza è molto spesso e richiede un po' di tempo per essere esaminato in maniera completa ed anche efficace.

Iniziamo con il dire che la nostra analisi incomincia con una piccola panoramica sulla necropoli di Giza, luogo in cui si trova questa grandiosa statua. La Necropoli è un complesso di antichi monumenti della civiltà egizia situato all'interno della piana omonima; essa costituiva una delle necropoli di Menfi, capitale dell'Antico Regno. All'interno del sito archeologico si trovano le tre piramidi perfette, ovvero quelle di Cheope, Chefren e di Micerino e la Sfinge, protagonista indiscusso di questo articolo. Tutti e quattro gli elementi qui menzionati sarebbero quindi attorniati da altri edifici di stazza più piccola come, per esempio, le piramidi delle regine, dei templi funerari, delle rampe processionali, dei templi a valle e dei cimiteri risalenti a varie epoche diverse.

Veniamo dunque al punto: eclissando totalmente le piramidi che, in un certo senso, elidono da questa nostra trattazione, andiamo subito ad identificare la Sfinge, una statua colossale e NON monolitica raffigurante una creatura mitologica con un corpo di leone e una testa d'uomo (specificatamente andro-sfinge o Sfinge andricefala). La posizione di quest'ultima sarebbe quindi sdraiata, con uno sguardo fisso dinnanzi a se forse atto a incutere timore in coloro che la guardavano dal basso e con la coda accasciata su di un lato.

Essa sorgerebbe dunque nella parte orientale del complesso e, il tutto, sarebbe quindi rivolto verso est. Il materiale in cui venne costruita è la pietra calcarea mentre, le sue dimensioni, sono 2022 X 7350 X 1930 centimetri.

Ma chi rappresenterebbe la Sfinge?

Con questa domanda retorica che mi pongo e che pongo al lettore voglio inaugurare questo articolo dal momento che, da questo momento in poi, quello che racconterò non sarà una semplice storia lineare, bensì un racconto particolarmente intricato fatto di ipotesi, teorie e supposizioni di varia natura.

La Sfinge di Giza non rappresenterebbe altro che una creatura mitologica che, in teoria, secondo il parere di alcuni egittologi dovrebbe rappresentare il faraone Chefren, edificatore della prima piramide. Eppure, già da una semplice domanda come quella posta in precedenza, si riscontrano subito un grande numero di ostacoli: alcuni studiosi e sostenitori di quella che è l'archeologia misteriosa non sarebbero così certi del legame statua-Chefren proposto dagli egittologi poiché, sul volto della Sfinge, vennero applicate più e più volte delle maschere virtuali di forme geometriche di diversa natura per cercare di comprendere al meglio chi sarebbe mai potuto essere rappresentato e, una di queste, ha messo in luce che alcuni tratti di questa Sfinge sembrerebbero essere di origine nubiana, la zona di Kush a sud dell'Egitto; un area geografica che, in molteplici casi, ha dimostrato la sua ostilità nei confronti della Valle del Nilo. Ebbene, se davvero la persona rappresentata fosse stata kushita, allora il soggetto della statua non sarebbe mai potuto essere Chefren. Ovviamente, alcuni ricercatori, per smentire questa teoria riguardante l'origine dell'uomo raffigurato, hanno utilizzato dei programmi informatici per captare e sottolineare le uguaglianze Chefren e la Sfinge stessa. Sarà quindi il professor Lehner a confutare i ritratti del faraone e della Sfinge, dimostrando così un evidente somiglianza tra i due... una tesi che, in seguito, subirà una smentita da parte dal detective Frank Domingo della polizia di New York, il quale dimostrerà una cosa paradossale, ovvero che il volto della Sfinge è molto più simile a Cheope che a Chefren.

Tornando a ciò che stavamo dicendo prima della trattazione nei confronti dell'uomo rappresentato sulla creatura, passiamo a dare un occhiata alla realizzazione. Secondo le fonti ufficiali e, oserei dire, corrette, il monumento sarebbe stato ricavato da un affioramento di roccia durante la costruzione delle Piramidi di Giza, quindi all'incirca nel 2500 avanti Cristo, al tempo del faraone Chefren, figlio di Cheope. Secondo altre teorie comunque "ufficiali", la Sfinge avrebbe visto l'inizio dei lavori sotto il faraone Cheope per poi proseguire, dopo la sua morte, sotto il regno di Chefren, il quale avrebbe fatto apporre il suo viso sopra di essa (stando alla rilevazione di Lehner).

La Grande Sfinge fu quindi realizzata scolpendo la pietra viva mentre, alcune parti, sarebbero state costruite, saldate o, ancora, riparate aggiungendo dei blocchi di roccia tagliati.

La struttura geologica fu quindi analizzata a metà degli anni ottanta del ventesimo secolo durante dei lavori tenuti da Lehner e Hawass: il ricercatore/geologo che effettuò gli studi fu un certo K. Gauri, dell'università di Louisville il quale, alla fine delle rilevazioni, rivelò che il monumento è composto da tre strati rocciosi diversi: il primo, lo strato inferiore, è di pietra calcarea dura ma molto fragile, la cui origine doveva essere certamente più antica della struttura stessa; il secondo, lo strato mediano, ovvero il nucleo della Sfinge, è di pessima qualità e infine, il terzo strato (il collo e la testa), è formato da pietra calcarea dura.

Vediamo quindi nuovamente la testa della statua: la testa si presenta con un nemes (copricapo) che discende sulle spalle del leone e senza il naso, il quale non fu distrutto in epoca napoleonica, ma nel 1378, in epoca mamelucca, per opera dello Shaykh sufi Muḥammad Ṣā'im al-Dahr, appartenente alla khanqa di Saʿīd al-Suʿadā'.

A questo punto mi sembra corretto ricordare al lettore che vi sono state numerose tesi sulla Sfinge e, una di queste, è quella che vedrebbe la struttura del volto completamente diversa: guardando la Sfinge si nota un volto quasi schiacciato, con caratteristiche nubiane e con pochissime (se non del tutto assenti) caratterizzazioni somatiche. Una

delle teorie (derivata sempre e comunque dalla pseudo-scienza) sarebbe quella che vedrebbe come volto della Sfinge non un faraone ma il muso di un canide, più precisamente Anubi, il quale sarebbe stato posto dinnanzi alla necropoli proprio perché egli sarebbe stato adorato anche con il suo epiteto di "Protettore delle Necropoli".

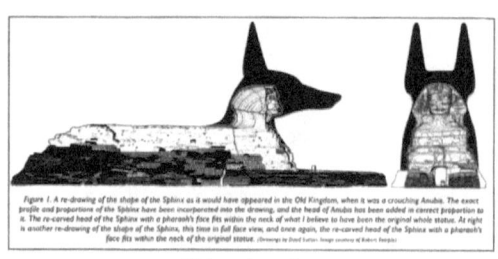

Visione ipotetica

La teoria poi spiegherebbe anche il motivo del perché oggi vediamo un volto umano: il muso prominente della divinità sarebbe stato costruito in maniera troppo sporgente (o sarebbe stato troppo pesante) e sarebbe caduto tra le sabbie; visto il danno, gli egiziani avrebbero quindi provveduto a sistemare il problema colmando la lacuna eseguendo il ritratto del faraone in carica, appunto, Chefren. Ma questa teoria vedrebbe quindi una realizzazione pregressa della struttura; ergo, sarebbe stata costruita ancora prima del 2500 avanti Cristo. Ma alla datazione ci arriveremo poi.

Rispetto al corpo, la testa della Sfinge è di dimensioni ridotte e, secondo l'Egittologia, il motivo non è da attribuire alla precedente tesi, bensì alla scarsa quantità di pietra calcarea dura o all'esigenza posteriore di allungare il corpo per via delle crepe... rendendolo così fuori misura.

Per quanto riguarda l'esistenza o meno di passaggi nascosti, si sono viste numerose teorie: secondo alcune leggende popolari esisterebbero alcuni lunghi corridoi all'interno della struttura che porterebbero all'interno di una biblioteca della conoscenza [La "Stanza dei Registri"], all'interno della quale sarebbero custoditi numerosi papiri che parlerebbero di tutta la conoscenza dell'essere umano (dell'egizio) e degli Atlantidei[1] i quali, a loro volta, sarebbero stati dettati o scritti dal dio Toth, divinità della conoscenza.

Ora come ora si conosce l'esistenza di un solo varco, lungo circa cinque metri e senza uscita, posto appena dietro alla testa del monumento; esso venne scavato nel 1837 da John Shae Perring e Howard Vyse durante la ricerca di una stanza segreta (appunto, la già citata biblioteca). L'ipotesi che vedrebbe l'esistenza di questi varchi non avrebbe quindi assolutamente alcun riferimento scientifico anche se, le ultime rilevazioni, hanno evidenziato la presenza di altri tre cunicoli[2]: il primo anteriore, dietro la Stele del Sogno di Tuthmosis IV; il secondo sul lato nord, già evidenziato in una foto scattata da Emile Baraize (egittologo francese) e il terzo, un tunnel di quindici metri di profondità che sarebbe stato trovato da Hawass in questi ultimi anni. Ovviamente, questi tunnel, potrebbero essere stati fatti in tempi successivi alla costruzione, magari da archeologi o egittologi improvvisati che, nel sentire le leggende, hanno provato a compiere delle ricerche per raggiungere questa leggendaria Stanza dei Registri.

Ma veniamo alle ipotesi riguardanti la data di costruzione della Sfinge: esse sembrerebbero classificarla come una struttura nata nel 12.000 o nel 10.000 avanti Cristo, una datazione che venne emessa prendendo in considerazione i segni dell'erosione presenti sul corpo della statua, questi ultimi molto simili a quelli lasciati da una lunga esposizione alla pioggia (le ultime piogge torrenziali a Giza risalirebbero all'ultima glaciazione); ipotesi però in contrasto con le analisi di alcuni climatologi (Kuper e Kropelin), i quali affermarono che, analizzando i sedimenti circostanti al radiocarbonio, le ultime piogge tropicali potrebbero esser avvenute tra il 3500 avanti Cristo e il 1500.

Vi è poi la teoria della "Costellazione del Leone": viste le precessioni terrestri, nel 10.500 a.C., (calcolo eseguito con il programma SkyGlobe), la Sfinge sarebbe dovuta trovarsi di fronte alla costellazione del Leone (il primo giorno di primavera al sorgere del sole), animale che la costruzione avrebbe dovuto rappresentare nella sua completezza. Il volto del faraone sarebbe stato posto in seguito ad un erosione che avrebbe rovinato il muso leonino.

Ancora, la Stele di Restauro, porrebbe la costruzione della Sfinge in anni precedenti al regno di Chefren, dal momento che secondo alcune fonti ufficiali, su questo importante documento, viene nominato "Cheope", padre di Chefren, come importante restauratore della statua stessa: come può Cheope aver compiuto un restauro su un monumento che durante il suo regno non era ancora stato edificato? Vi è però da dire che è opinione comune definire la "Stele di restauro" come qualcosa di non attendibile e, addirittura, scritto dopo il regno di Chefren.

Altre ipotesi abbastanza irriverenti sono quelle scaturite da un americano, Edgar Cayce, un parapsicologo denominato "Profeta dormiente" dal momento che attirò verso di sé moltissimi seguaci ai quali disse che disponeva di poteri mistici, tra cui anche quello di rivivere delle vite passate mediante i sogni: uno di questi fu quello che lo vedrebbe in Egitto nel 10.500 a.C. dove avrebbe visto i sopravvissuti di Atlantide costruire la Grande Piramide e la Sfinge. Fu quindi lui a far partire la leggenda popolare della Stanza dei Registri situata all'interno della Sfinge; una stanza che nemmeno con la tecnologia moderna è stata ancora trovata... certo, qualche galleria... ma non la stanza (la quale, paradossalmente, per via della stazza, dovrebbe essere più facile da ritrovare). Alla fine degli anni settanta, grazie al contributo finanziario della Fondazione Edgar Cayce, furono effettuate delle ricerche per misurare la resistività del terreno intorno alla Sfinge: il risultato mostrò che davanti al monumento e nelle zampe posteriori risultavano delle anomalie, le quali potevano essere causate da cavità sotterranee; la zona venne quindi trivellata ma queste analisi distruttive e approfondite non rivelarono cavità artificiali e, le anomalie, furono spiegate come causa naturale della pietra calcarea utilizzata.

Infine vi è un ipotesi astronomica, la quale vedrebbe ancora una volta la costruzione della Sfinge intorno al 10.500; quest'ultima teoria sarebbe stata quindi basata sullo studio astronomico e sull'allineamento delle piramidi: certo è il fatto che le piramidi sono orientate secondo i punti cardinali mentre la Sfinge verso Est, quindi, alcune ricerche vennero incentrate proprio su questa particolarità di orientamento e, mediante alcuni studi, ricostruirono alcuni allineamenti astronomici passati; il risultato fu ancora una data molto vicina al 10.500 a.C.

> "La Sfinge rivolgendosi verso est, scorge l'alba ogni giorno, mentre soltanto due volte l'anno vede nascere il sole in modo diretto; certamente è stata pensata come un monumento solare. Considerando il suo nome divino Horemakhet, la Sfinge incarnerebbe non solo il dio Horus sotto forma di Sole all'alba ma anche al tramonto, proteggendo così la necropoli di Giza. Se nel corso dei secoli il monumento ha sempre guardato verso il sole, non è stato così per le stelle sullo sfondo, che si sono spostate a causa della precessione degli equinozi. Grazie ai calcoli elaborati al computer è stato possibile ricostruire su che sfondo di stelle sorgesse il sole nei diversi secoli, ed è interessante notare che nel 10500 a.C. era proprio la costellazione del Leone. I sostenitori di questa teoria ipotizzarono che gli antichi egizi, osservando questa costellazione, in cui si vuole vedere un

leone sdraiato di lato, l'associassero alla Sfinge."

Ovviamente, l'ipotesi ha delle lacune: non sappiamo se gli egizi conoscessero davvero la costellazione del Leone e, in più, non si sa se effettivamente nel 10.500 a.C. potesse effettivamente esistere una civiltà in grado di eseguire l'opera. Tuttavia, dopo la datazione del sito di Gobekli Tepe in Anatolia, risalente ad almeno il 10.000 a.C., costruito con estrema perizia e capacità organizzativa da un popolo di presunti cacciatori-raccoglitori e senza che si siano rinvenuti arnesi di altro materiale che non fosse litico, tale obiezione non viene più proposta.

Anche in questo caso per validare le teorie intorno a questo monumento (tra cui figura anche l'ipotesi secondo la quale la Sfinge e le piramidi sarebbero state sommerse dai mari) si dovrà aspettare l'arrivo di nuove notizie e scoperte: soltanto delle evoluzioni negli studi e nelle ricerche potranno portarci alla verità.

1: Alcuni hanno ipotizzato che Atlantide fosse una colonia egizia: lo stesso Platone dice di essere entrato a conoscenza della terra di Atlantide grazie agli egiziani
2: Dr. Zahi Hawass about the newest secrets of the Great Sphinx!, su YouTube

15. Mica

In questo breve articolo non parliamo di un oggetto costruito da civiltà antiche, non parliamo di elementi particolari che avrebbero scosso l'archeologia a tal punto da pensare a interventi di un popolo di altre galassie... parliamo di una pietra che ha avuto un uso particolare. Certamente l'uso di questa pietra venne evidenziato in strutture antiche tra cui la "Piramide del Sole" a Teotihuacan e in un tempio li vicino, il "Tempio della Mica", all'interno dei quali venne ritrovato un grande uso di questo materiale, soprattutto sotto la pavimentazione e come rivestimento per i soffitti... e stiamo parlando di un materiale che dovrebbe (in teoria) arrivare dal Brasile, quindi a più di 3.000 chilometri di distanza!

Le miche sono un gruppo di minerali appartenenti a quelli che sono i fillosilicati, silicati caratterizzati da una struttura a strati a simmetria tetraedrica in cui ogni tetraedro tende a legarsi con altri tre tramite ponti a ossigeno. I membri di questa famiglia, generalmente, presentano un aspetto lamellare, scaglioso e sovente con delle sfaldature molto ben definite e evidenti. Proprio per questo motivo le miche sono caratterizzati da una struttura a strati sfaldata in maniera squisita.

Questi minerali, generalmente cristallizzano nel sistema cristallino [raggruppamento di più classi di simmetria aventi caratteristiche simili N.d.A.] monoclino, con tendenza quindi a formare cristalli con una forma esagonale.

Saltando quindi evidenze chimiche di natura complessa e che potrebbero portare ad una grande confusione nel lettore, passiamo subito al termine, l'etimologia della parola "Mica", la quale (fortunatamente) ci dà un aiuto nel capire le caratteristiche di questo minerale. Mica, infatti, deriva dal latino "micare", ovvero "brillare", questo perché la famiglia delle miche ha minerali che brillano alla luce del sole; oppure, il termine potrebbe derivare da "mica", briciola, poiché queste pietre si sbriciolano facilmente.

Abbiamo quindi due punti fissi che potremmo già prendere in considerazione prima di proseguire nella descrizione dell'oggetto: in primo luogo, perché utilizzare una pietra fragile per costruire una grande struttura e, in secondo luogo, perché utilizzare una pietra brillante come rivestimento per i soffitti o per i pavimenti in un luogo buio in cui non può brillare? Se dovessimo simulare l'uso di questa pietra potremmo ottenere due risultati, ovvero: la fragilità della pietra (che, da come abbiamo visto, venne estratta a 3000 chilometri da Teotihuacan) renderebbe difficili le procedure di costruzione mentre, la sua lucentezza verrebbe comunque oscurata dal luogo in cui venne posizionata.

Ma andando avanti, si scopre che la famiglia delle miche viene utilizzata anche come ottimo isolante TERMICO ed elettrico; la muscovite, per esempio, ha molti utilizzi nell'industria come isolante anche se, ultimamente, si stanno preferendo i materiali sintetici.

Analizziamo (e cerchiamo di rispondere) alle domande che girano intorno a questo elemento.

Andando online e cercando "Uso della mica a Teotihuacan" troviamo articoli che descrivono l'uso della mica in particolari piramidi o templi poiché questo materiale è in grado di isolare l'elettricità; *ergo*, in antichità l'elettricità era già conosciuta (vedi l'altro caso, "le lampade di Dendera") e la mica venne utilizzata come isolante per i templi dal momento che all'interno di essi l'elettricità veniva utilizzata in maniera massiva. Questa però non è l'unica interpretazione: altre ipotesi nei confronti di questo materiale dicono che la mica veniva utilizzata per incanalare l'energia dei sacerdoti attraverso un buco sommitale del tempio o delle piramidi, di modo che quest'ultima potesse raggiungere il cielo, e quindi le divinità adorate in loco.

Ovviamente queste riportate sopra sono ipotesi pseudoscientifiche e non del tutto approvate dal momento che non vi sono prove che la mica fosse utilizzata per questo. Prove più convincenti riguardano le altre due sfaccettature di questo materiale: la capacità di isolamento della temperatura e l'estetica. Per quanto riguarda il primo caso, questo materiale potrebbe essere stato adottato dai costruttori di queste piramidi e di questi templi perché conoscevano le capacità di isolamento della temperatura... effettivamente, come potevano conoscere la sua resistività elettrica se quest'ultima non era ancora stata scoperta? Effettivamente la questione potrebbe essere chiarita in questo modo: entrando in delle ipotetiche cave, i "minatori" hanno notato un certo cambiamento di temperatura che poi, mediante processi logici, avrebbero potuto imputare al minerale che li circondava (ma queste sono supposizioni). Ebbene, si sa che per entrare in certi stati di trance o di alterazione della percezione e della coscienza bisogna adottare degli accorgimenti specifici tra cui la manipolazione della temperatura dell'ambiente[1]: se un ambiente è troppo freddo o troppo caldo, secondo alcuni studi e teorie, non si riuscirebbe a fare "il passo" del cambio di coscienza. La mica avrebbe quindi avuto questo ruolo, ovvero: posta in ambienti dedicati alla religiosità di culto e alla spiritualità, avrebbe permesso a quest'ultimo di ottenere una determinata temperatura che poi, volente o nolente, avrebbe aiutato il sacerdote a scendere in un determinato stato di trance.

L'ultima ipotesi fattibile è quella dell'estetica: potrebbero aver utilizzato la mica come rivestimento semplicemente perché aveva un estetica particolare? La realtà è che si tratta davvero di un bel minerale curioso, sia per il suo colore che per la forma alquanto particolare[2]... del resto la questione è soggettiva; ma, effettivamente, se dovessi imbattermi in essa e dovessi costruire qualcosa come un tempio, certamente la userei proprio per via di questa sua spettacolarità e di questa sua unicità. Infatti, pur essendo un materiale che oggi viene utilizzato come isolante, al tempo poteva essere utilizzato semplicemente perché era "bello" o "unico". Le persone che non conoscevano le potenzialità di questo materiale avrebbero potuto utilizzarlo per costruire queste piramidi e questi templi lasciando in maniera del tutto involontaria quello che oggi è "Il mistero della mica a Teotihuacan".

Per quanto riguarda invece il giacimento di mica a 3.000 chilometri di distanza nutro un certo scetticismo dal momento che di mica, a Teotihuacan, non se ne trova solo nei templi e nelle piramidi ma praticamente ovunque... proprio come se fosse un elemento da costruzione. E' più facile pensare che all'interno di Teotihuacan stesso ci fosse stato (in passato) un giacimento di mica che poi venne completamente svuotato dagli abitanti del luogo per erigere le loro costruzioni.

La bufala della mica ottenne una grandissima diffusione in internet e anche in televisione dove, diversi programmi televisivi, la evidenziavano come: "un materiale unico nel suo genere, dal momento che la mica di Teotihuacan è rara". Anche questa affermazione è in realtà errata e pare andar contro l'affermazione precedente che parla di un giacimento a 3.000 chilometri da questa località. Insomma o la mica è stata presa da Teotihuacan ed è rara, oppure è stata presa a 3.000 chilometri di distanza al di fuori di Teotihuacan e non è rara, dal momento che in Brasile vi sono ancora delle "cave di mica muscovite"... e la mica muscovite non è comunque così speciale come si tende a far credere, dal momento che è proprio quella tipologia di mica la più utilizzata come isolante industriale.

1: Per la trattazione di questo tema consiglierei il mio precedente libro "ControCorrente: Quando scienza e pseudo-scienza si incontrano"

2: Per questioni di stampa non ho potuto allegare l'immagine della Mica a questo capitolo. Consiglio quindi di cercare sul mio blog l'articolo relativo a questo materiale per vedere l'immagine a colori

16. Robot sulla tavoletta di Narmer

Narmer è stato un sovrano egizio appartenente alla prima dinastia. Egli, spesso e sovente, è associato al faraone Menes, un personaggio semi-leggendario che, a sua volta, avrebbe provveduto alla prima unificazione dell'Alto e del Basso Egitto.

Narmer, re guerriero, unificò l'Egitto intorno al 3000 a.C. e, la sua esistenza, è attestata dalla presenza di una tavoletta per trucco di grandiosa rilevanza storica; la "Tavoletta di Narmer", scoperta a Ierancopoli nel 1898 dagli archeologi britannici James E. Quibell e Frederick W. Green in quello che chiamarono "Deposito principale del Tempio di Horus". Loro stessi saranno in grado, durante la stessa stagione di scavi, di ritrovare anche due altri importanti artefatti storici, le teste di mazza di Narmer e Scorpione.

La paletta che descriveremo poi, sembrerebbe anche confermare che il sovrano Narmer regnò su tutto l'Egitto, essendo questi rappresentato con la corona del Basso Egitto su del primo lato e, sul secondo, con la corona rossa del Basso Egitto. È possibile, ma non probabile, che anche il semi-mitico Re Scorpione si debba identificare con lo stesso Narmer; inoltre, sia Erodoto che Diodoro Siculo concordano nell'attribuire a questo re la fondazione della città che, in seguito, sarà conosciuta come Menfi, e che all'epoca della fondazione era denominata Muro Bianco (in egizio, "Men-Nefer"). Sempre a questo faraone verrà attribuita (da parte di Claudio Eliano, filosofo e scrittore romano) la fondazione del culto del toro Api. Notizia finale nei confronti di questo faraone leggendario è quella che ci giunge dall'Israele, luogo in cui nel 1994 venne ritrovato un contenitore per il vino sul quale era apposto un serekht (proto-cartiglio) con iscritto il suo nome.

Ma veniamo alla tavoletta di Narmer.

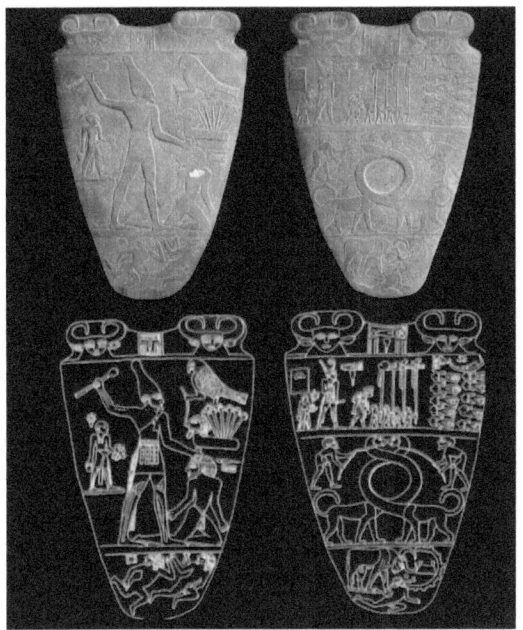
Tavoletta di Narmer

La tavoletta di Narmer è composta da due parti fronte e retro; iniziando dal retro possiamo vedere ben quattro registri, uno superiore, uno inferiore e due centrali che proseguono in verticale uno sotto l'altro: il primo registro riporta (come sul registro specchiato del retro della tavola) due immagini Hathoriche: due volti di donna con due corna tra le quali vi è un serekht, all'interno del quale si può ammirare il nome del faraone inscritto in caratteri geroglifici; nel secondo registro vediamo un porta-sandali (protagonista di questo racconto), seguito da Narmer con la corona rossa del Basso Egitto, il geroglifico indicante il suo nome e degli uomini riportanti delle insegne totemiche che descriverebbero i loro nomos (province, cantoni o governatorati) di provenienza; tutta questa parata arriverebbe dunque dinnanzi ad una pila di nemici uccisi dal faraone stesso. Il terzo registro raffigura quindi due animali mitologici che vengono tirati per il collo: essi potrebbero simboleggiare "Le due signore" dell'Egitto, quindi le due terre finalmente unite (il Sema-Tawy) oppure potrebbero essere state inserite per formare un buco centrale in cui inserire del trucco da cospargersi poi sul volto. L'ultimo registro vede quindi un toro (il faraone stesso diventato divinità) attaccare un nemico.

Questo lato della tavola non lascia dubbi ed è facilmente interpretabile; caso contrario per il secondo lato della tavola, il quale, da quanto ho capito, di problemi di interpretazione ne ha dati. Penso infatti di essere il primo a portare da un sito spagnolo (ritrovato per caso) un nuovo "OOPART" finalmente tradotto e spiegato in italiano... peccato che come la stragrande maggioranza degli elementi trattati in questa serie non ci siano grandi misteri ma solo errori umani di interpretazione.

Incominciamo quindi dal primo registro, nel quale sono presenti i soliti volti Hathorici; passiamo quindi al terzo e ultimo registro, nel quale sono presenti due nemici uccisi dal sovrano. Saliamo nuovamente di un registro e concentriamoci quindi sul secondo, il quale riempie una grande parte della tavola. All'estrema destra osserviamo una particolarità che può avere più interpretazioni, le quali verranno esplicate di seguito:

A- Un falcone poggia gli artigli su delle canne di papiro innestate in un lago sacro dal quale fuoriesce la testa di un nemico; a questa testa sarebbe quindi stata attaccata una corda che risalirebbe e verrebbe stretta fra le dita di una mano "Ka" che uscirebbe dal corpo del falcone. Questa immagine, in questa interpretazione, potrebbe essere risolta come in una specie di rebus (cosa che gli egizi erano soliti fare).

B- Un falcone poggia una zampa su delle frecce incastrate nella schiena di un nemico e, con l'altra zampa solleverebbe la testa dell'uomo.

Anche se mi sono soffermato un poco su questo punto, non è quello che interessa realmente a questo articolo. Questa digressione è stata fatta per semplice scopo didattico e per una semplice ragione di completezza dell'articolo stesso.

Passiamo quindi al centro del registro dove il faraone, con la corona bianca dell'Alto Egitto, la barba posticcia e i piedi nudi, solleva una mazza al cielo nell'atto di colpire il nemico dinnanzi a lui, il quale viene tenuto dai capelli. Anche qui, nulla di strano.

Arrivando quindi all'estrema sinistra della tavola, troviamo un essere che, sul sito spagnolo a cui mi riferivo prima, viene inteso come un "robot". Il sito da cui ho preso spunto per la trattazione di questo "fanta-OOPART" descrive l'uomo dicendo che "ha una testa completamente spoglia", delle "orecchie particolarmente grandi", delle "gambe che mostrano delle righe verticali" (intese come cavi elettrici), delle "ginocchia troppo ben definite", un "contenitore sconosciuto" nella mano destra e "due walkie-talkie nella mano sinistra dei quali è possibile vedere il tastierino numerico e l'antenna di trasmissione". Perché definisco questo artefatto un "fanta-OOPART"? Semplicemente perché quest'uomo ha voluto mettere online qualcosa di assolutamente falso e che prima di quel momento non rientrava nemmeno nel campo degli "Oggetti fuori dal posto".

Sostanzialmente, "l'essere robotico" descritto da questa persona non è altro che un semplice porta-sandali, una professione molto ambita nell'antico Egitto dal momento che permetteva agli esseri umani di entrare in contatto con un oggetto di proprietà del faraone, ovvero l'Horus incarnato e terreno; una divinità... ergo, quelli che ha in mano non sono walkie-talkie ma semplici sandali; quei sandali che dovevano stare ai piedi del faraone dal momento che ha i piedi nudi (elemento che ho sottolineato anche in precedenza).

Per quanto riguarda il resto della descrizione possiamo vedere un semplice uomo pelato e DEPILATO, dal momento che tutti coloro che avevano il compito di servire una divinità dovevano radersi completamente ogni tre giorni. Questa frase spiegherebbe anche le linee visibili sulle gambe dell'uomo; i muscoli, dettagli che sono presenti in tutte le raffigurazioni egizie sia scolpite che disegnate, tant'è che anche lo stesso Narmer riporta sulle sue gambe le stesse righe e, addirittura, lo stesso stile di ginocchio!

Vengono poi le orecchie di dimensione "leggermente più grossa rispetto a quello che dovrebbero essere"... in questo caso si è davanti ad una semplice deformazione logistica.

Segue infine il cestello dal contenuto sconosciuto; probabilmente dell'acqua dal momento che ci ritroviamo comunque in una scena in cui il faraone non uccide per piacere... ma uccide gli oppositori e i nemici (dell'Egitto) per mantenere la Maat; l'ordine cosmico e la rettitudine... ci troviamo quindi davanti ad una tavola celebrativoreligiosa e, l'acqua, simbolo di purezza, entra nel contesto a pennello.

Quindi nessun robot o cyberman, solo un grande errore di interpretazione che è stato fatto passare per un vero e proprio OOPART.

17. Statuette di Acàmbaro

Acàmbaro è una città messicana situata nella parte sud-orientale dello stato del Guanajuato. I primi abitati della zona sarebbero appartenuti ad un antica popolazione mesoamericana, i Chupìcuaro. Sarà però nel 1944 che questa città inizierà ad acquistare importanza.

Durante uno scavo svoltosi nel luglio del 1944, diretto da Waldemar Julsrud, vennero scoperte delle statuette particolari fatte di ceramica, le quali sarebbero state poi classificate come OOPART. Esse sembrerebbero rappresentare degli animali di grandissime dimensioni o, per meglio dire, dinosauri.

Statuette di Acàmbaro

Com'è possibile che degli esseri umani siano riusciti a ricreare delle statuette di ceramica raffiguranti dei dinosauri se, secondo le odierne ipotesi della scienza, l'essere umano non avrebbe mai convissuto con questi ultimi? E, ancora, come avrebbero fatto gli esseri umani a realizzare statue così precise dei dinosauri se, appunto, secondo la logica, non avrebbero mai potuto vederli?

La teoria presente nella Bibbia, secondo alcuni creazionisti che ritengono queste statuette una prova schiacciante della coesistenza fra dinosauri ed esseri umani, sarebbe quindi supportata ma, paradossalmente, verrebbe smentita la teoria dell'evoluzione nata con Darwin. Secondo Dennis Swift, uno di questi sostenitori, Julsrud era un venditore di ferramenta che trovò le statuine e quindi, per non fare il lavoro sporco, avrebbe pagato un contadino messicano per recuperare tutte le statuette (32.000 figure), le quali non solo rappresentavano i dinosauri ma anche i popoli di tutto il mondo, tra cui gli egiziani, i sumeri e alcuni caucasici barbuti.

Queste statuette inizieranno ad attrarre testate giornalistiche e ricercatori solo nel momento in cui lo stesso Julsrud affermò che quello che aveva trovato non era altro che un insieme di figure che rappresentavano in maniera perfetta l'estetica dei dinosauri. Fonti di informazione iniziarono quindi a dare spazio alla storia e, il ritrovamento, diventò qualcosa di una certa "unicità", acquistando così un gran quantitativo di pubblico. Sarà però un astuto professionista, l'archeologo Charles C. DiPeso che lavorava per un'organizzazione antropologica dedita alla conservazione della cultura dei nativi americani chiamata "Amerind Foundation", che diede un senso al ritrovamento. Il ricercatore esaminò quindi i reperti e stabilì che non si trattava di oggetti antichi e autentici, bensì il risultato di una produzione fatta da alcuni agricoltori locali (moderni).

I risultati vennero quindi pubblicati sulla rivista "Antichità americana" ma, la sua tesi e il modo in cui DiPeso aveva analizzato le statuette non vennero altresì condivisi dai sostenitori di queste ultime. Alcune persone che credevano davvero nell'autenticità delle statuette si mossero quindi contro il risultato ottenuto dal ricercatore: uno di questi fu Earle Stanley Gardner, uno scrittore di fiction e creatore del personaggio Perry Mason. Lo scrittore, per sostenere il ritrovamento di Julsrud, disse che "le 32.000 figure non potevano essere state prodotte da una singola persona o da un gruppo di persone". Seguirono quindi altri scrittori come David Lewis, Don Patton e Robert Bakker, i quali, per fornire man forte a Julsrud, inserirono le statuette all'interno dei loro racconti come "Atlas Rising" o "Dinosaur Heresies".

Venendo quindi ai sostenitori, essi condividono l'opinione secondo la quale queste statuette sarebbero state create dall'esperienza di prima mano sui dinosauri e sulle culture rappresentate e, in seguito, lo stesso Don Patton fornirà delle "prove al C-14" secondo le quali queste statuette avrebbero dai 1500 ai 6500 anni. I laboratori che produssero queste datazioni affermarono però che i risultati delle analisi non erano conclusivi.

Rimanendo sulla questione dei laboratori che analizzarono i reperti, Swift aggiunse che questi ultimi, una volta saputo cosa stessero analizzando, ritrattarono le loro datazioni originali per mantenere l'agenda della comunità scientifica e insabbiare la conoscenza "reale". Sarà però Dennis Swift stesso a dire che "l'area che circondava le figure era chiaramente un antico strato", e poi continuerà dicendo che "se le figure fossero state una bufala, ci sarebbero prove di strati interrotti". Questa di Swift è quella che può essere considerata la linea di difesa più diffusa nei confronti delle teorie che si aggirano attorno a questo OOPART.

DiPeso, ancora una volta, si ritroverà a guardare le statuette e, da questa nuova osservazione, egli dirà che "Non mostravano alcun segno tipico degli oggetti sotterrati per almeno 1500 anni: se fossero artefatti autentici, essi sarebbero graffiati e rovinati"; in più dirà anche che le persone inesperte che Julsrud ha assoldato per estrarre le statuette avrebbero potuto romperle accidentalmente.

Ovviamente il "mistero delle 32.000 figure" non era altro che una bufala: lo stesso Julsrud non avrebbe quindi pagato dei contadini per fare estrarre loro le figure, bensì per crearle da zero. Le ceramiche sono quasi sempre scoperte come frammenti e da nessuna parte sono state scoperte 32.000 ceramiche senza difetti.

In più, per concludere il mistero, bisogna dire che il signor Don Patton non avrebbe mai potuto ottenere delle datazioni su materiale inorganico mediante il radiocarbonio dal momento che, quest'ultimo, può essere utilizzato solo ed esclusivamente per datare elementi organici.

18. Pietre di Ica

Le pietre di Ica sono una collezione di pietre di andesite che recano alcune incisioni sulla loro superficie. Esse, sembrerebbero essere rivolte verso temi molto particolari come, per esempio, i dinosauri e la tecnologia avanzata.

La stranezza nei confronti di questa collezione di pietra di proprietà di un medico peruviano (Javier Cabrera Darquea) arriva quando ci si addentra nella loro analisi e, soprattutto, quando si dice che sono state ritrovate in una grotta dall'ubicazione sconosciuta nei pressi di Ica, in Perù.

Collezione di pietre di Ica

Questo capitolo inizia proprio ad Ica, luogo in cui vive un medico, Cabrera, il quale sembrerebbe custodire nel suo "Museo delle meraviglie" personale oltre 20.000 pietre di andesite di diverse forme, dimensioni e colori, alcune delle quali con un peso specifico di circa duecento chili. Tutte le pietre, come abbiamo precedentemente accennato, sembrerebbero essere incise da elaborati disegni e forme geometriche che, nel loro insieme, dipingono una visione che sembrerebbe rappresentare tecnologie perdute e/o sconosciute; senza quindi dimenticare le pietre che sembrano riportare immagini di dinosauri attaccati da alcuni uomini e medici chirurgici che approntano delle miracolose cure (con tanto di circolazione sanguigna esterna) su pazienti di chissà quale periodo storico.

> *"Ho incontrato Cabrera nel 1991 e ho esaminato le pietre trovate a Ica. Sopra di esse gli uomini preistorici avevano disegnato degli indigeni che volavano su uno pterodattilo ed osservavano con un cannocchiale uno stegosauro, il che mi stupiva non poco, visto che ufficialmente i dinosauri si sono estinti molto prima della comparsa dell'uomo sulla Terra. E c'erano anche figure di animali bizzarri, sconosciuti, e rappresentazioni dettagliate di chirurgia moderna, come un'operazione a cuore aperto la cui conoscenza non era possibile nell'antichità; in una pietra era poi descritta nientemeno che la deriva dei continenti... Nessun uomo preistorico poteva essere al corrente di simili informazioni sia del passato che del futuro. Nelle pietre più grandi c'era tutta la mitologia e l'astronomia, basata su un calendario di tredici mesi, di un popolo vissuto 230 milioni di anni fa, nell'era Mesozoica. Questa antica popolazione discendeva da una razza extraterrestre che aveva visitato la Terra 400 milioni di anni fa. Tutto questo si ricava dallo studio delle pietre [...] In molte di queste pietre si vedono i progenitori dell'homo sapiens, esseri prima anfibi, poi rettili ed infine mammiferi, comunque anteriore alle scimmie. Cabrera è convinto che questi esseri siano stati manipolati geneticamente da una razza proveniente dalle Plejadi, che aveva una base esplorativa su Venere. Questi alieni seguivano un ben preciso piano scientifico. Sfortunatamente le loro creature vennero annientate dallo stesso cataclisma che ha sepolto sotto tonnellate di roccia le pietre di Ica"*
> Brad Steiger, giornalista americano, quando visitò Cabrera nel 1991

Il medico di Ica, a questo punto, avrebbe anche sottoposto alcuni reperti a delle analisi, le quali sarebbero state dirette da un geologo americano chiamato Ryan Drum, il quale dichiarò come segue:

> *"Ho studiato le rocce a 30 e 60 ingrandimenti con uno microscopio elettronico e non ho trovato, nelle incisioni, tracce di manipolazioni. Se le pietre sono genuine, allora hanno un incredibile valore; se sono uno scherzo, per il loro numero, la mole e l'accuratezza dei dettagli dovremmo studiare antropologicamente il loro autore..."*

E dopo Drum un altro personaggio, Joseph Blumrich, ex-esperto della NASA che pensa che la Terra sia invasa da alieni ribadisce...

> *"Sono rimasto profondamente impressionato da ciò che ho visto. E sono molto felice di avere trovato un'evidenza così diretta di ciò in cui credo. Non ho alcun di dubbio sull'autenticità di queste pietre."*

Ma per quanto riguarda Cabrera? Egli disse di aver raccolto 20.000 pietre ma, proseguendo nella sua trattazione, ci si accorge che secondo quest'ultimo le pietre sarebbero ancora di più, circa 50.000. Nella sua intervista dice che vorrebbe convocare una commissione di studio e, addirittura, richiama l'attenzione del governo peruviano...

> *"[...] É necessario che si crei una commissione di studio e che il governo peruviano istituisca un sistema di vigilanza permanente per proteggere questa ricchezza nazionale [...]"*

Le incisioni sulle pietre di Cabrera vennero quindi giudicate fuori dal comune; addirittura vennero ritrovate delle pietre (205) che riportavano la metamorfosi di un pesce che, sempre secondo il dottore, sarebbe estinto da tempi immemorabili mentre, altre pietre, vedevano la realizzazione di mappe, uomini con dei telescopi e molto altro...

Tutte queste pietre portarono quindi a pensare che, probabilmente, la realizzazione di queste ultime sarebbe dovuta essere precedente alla comparsa dell'*Homo sapiens*. In seguito il tranello cadde e venne rivelata la verità: Cabrera dichiarò che Basilio Uschuya, un agricoltore locale, portò le pietre alla sua attenzione dopo averle trovate in una grotta; a seguito di questa rivelazione, la polizia peruviana arrestò Uschuya nel 1967 con l'accusa di vendere reperti archeologici appartenenti al governo peruviano... solo in seguito il malcapitato ammise di averle fabbricate lui stesso, dichiarando che "creare queste pietre è più facile che lavorare la terra".

A seguito di questo smascheramento, Federico Kauffmann Doig, un archeologo peruviano, disse:

> *"A livello scientifico il problema delle pietre di Ica non andrebbe neppure discusso. Mi limiterò a dire che già nel 1967 venne rintracciato uno degli autori di queste pietre: si chiama Basilio Uchuya e ha confessato di essere l'autore delle incisioni sulle pietre laviche. Non credo che l'argomento meriti più indagini di quante non ne siano state già fatte"*

Subito seguito da Viviano Domenici, responsabile della sezione scientifica del Corriere della Sera:

> *"Gli esseri raffigurati sulle pietre fanno cose strabilianti: trapiantano cuori, fegati e cervelli con coltellacci da cucina poco consoni al loro altissimo livello tecnologico, ma del tutto uguali a quelli che i contadini peruviani, i falsari, usano ogni giorno. La stessa incongruenza la si riscontra nelle cavezze che imbrigliano gli animali fantastici, che sono identiche a quelle dei moderni asinelli. Anche nella strumentazione astronomica gli extraterrestri di Ica rivelano poca fantasia e rimirano il cielo stellato con cannocchiali che sembrano usciti da un film di pirati. Quanto ai dinosauri e alla deriva dei continenti, queste immagini sono copiate di sana pianta dai libri di scuola..."*

Infatti, nel 1973, Uschuya confermò nuovamente (in un intervista con Erich von Däniken) il fatto di aver contraffatto le pietre, dicendo addirittura di aver usato come fonte di ispirazione dei fumetti, dei libri di testo e delle riviste.

Le notizie e l'interesse nei confronti di queste pietre però non svanì. Nel corso del 1977, un altro studioso francese, Robert Charroux, avrebbe commentato dicendo:

> *"Ho esaminato le pietre false incise da Uchuya e la differenza è palese, il tratto è pesante e grossolano. Non è possibile confondere questi disegni così maldestri con le magistrali incisioni autentiche. Vorrei sapere poi come ha fatto Basilio a realizzare, dal 1960 al 1967, ben 11.000 pietre. Esiste poi una collezione analoga, in Colombia. L'archeologo dilettante Jaime Gutierrez Lega ha raccolto un centinaio di piccole pietre, la più interessante delle quali, ribattezzata il disco genetico, è larga 22 centimetri e riporta, finemente incisa, quella che Gutierrez ritiene la struttura microscopica dei geni e dei cromosomi [...]"*

Ma ancora, sempre nello stesso anno, nel documentario della BBC "Pathway to the Gods" si vedrà lo stesso Uschuya mentre realizza una di queste pietre davanti alle telecamere della televisione londinese... e lo farà con l'ausilio di un trapano da dentista e dello sterco di vacca, il quale venne utilizzato per cuocervi all'interno le pietre di modo da donagli una patina di antichità.

Le Pietre di Ica catturarono comunque l'interesse popolare quando

Cabrera abbandonò la sua carriera medica ed aprì, nel 1996, un museo dove sono esposte migliaia di pietre.

L'ultima novità però giungerà nel 1998, anno in cui l'investigatore spagnolo Vincente Paris dichiarò, dopo quattro anni di investigazioni basate sull'ausilio di microfotografie, che le pietre erano (e sono) una completa bufala, tant'è che riuscì a trovare tracce di pittura moderna e carta vetrata all'interno delle incisioni.

19. Meccanismo di Antikythera

Anticitera (o "Cerigotto"), luogo da cui prende il nome il macchinario, è un isola greca situata a sud del Peloponneso.

Al contrario dell'isola, sulla quale non si può dire molto se non scendendo in concetti geografici che, al suddetto capitolo, poco interessano... sul meccanismo ritrovato in loco si possono dire numerose cose.

La macchina di Antikythera (o Anticitera) è il più antico calcolatore meccanico conosciuto e datato fra il 150 e il 100 a.C. o, secondo ipotesi più recenti, al 250 a.C.. Esso non sarebbe altro che un *proto-planetario*[1], il quale veniva mosso da ruote dentate che avrebbero permesso di calcolare il sorgere del sole, le fasi lunari e i movimenti dei cinque pianeti allora conosciuti, per non dimenticare gli equinozi, i mesi, i giorni della settimana e, secondo un articolo rilasciato su una rivista scientifica molto famosa ("*Nature*") anche le date dei giochi olimpici.

Esso venne ritrovato nel 1900 grazie ad una segnalazione di un gruppo di pescatori di spugne che, a causa di una tempesta, persero la rotta e, proprio per questo, furono costretti a rifugiarsi a Cerigotto. A largo di quest'isola, alla profondità di circa quarantatré metri, il gruppo di pescatori scoprì il relitto di una nave naufragata nel secondo quarto del I secolo avanti Cristo, all'interno della quale verranno poi ritrovati, oltre al meccanismo, anche statue di bronzo e marmo.

Nel 1902 i reperti ritrovati nel relitto vennero analizzati da un archeologo chiamato Valerios Stais, il quale notò che un blocco di pietra che era stato riesumato durante la spedizione possedeva un ingranaggio inglobato al suo interno. L'interesse si fece grande e venne spinto ad analizzare il pezzo in maniera più approfondita, scoprendo così che quella pietra non era altro che un meccanismo molto incrostato e corroso. Era composto da una serie di ruote dentate piene di iscrizioni (ora tradotte) che in origine dovevano far parte di un meccanismo a orologeria molto elaborato.

Fermiamoci un attimo e apriamo una parentesi sulle iscrizioni. La traduzione, anche se ha richiesto ben dieci anni di lavoro, non ha ancora portato a pubblicazioni ufficiali; ciò che si sa è che su questi ingranaggi vi erano circa 3.500 caratteri di testo alcuni dei quali non più grandi di 1,2 millimetri.

> *"Ora abbiamo dei testi che possiamo leggere esattamente in greco antico. Quello che avevamo prima era come ascoltare una radio piena di interferenze [...] Sono un sacco di dettagli utili perché conosciamo molto poco dell'astronomia greca di quel periodo e essenzialmente niente della loro tecnologia, eccetto quello che vediamo qui [...] Perciò questi piccolissimi testi valgono molto per noi."*
> Membro del team di ricerca Alexander Jones, professore di storia della scienza antica all'Università di New York

Alcuni studiosi pensarono che il meccanismo fosse troppo complesso per appartenere al relitto, quindi si pensò che quello di Anticitera non fu altro che un astrolabio o un planetario. Le polemiche andarono quindi avanti per molto tempo sino al 1951, anno in cui Derek de Solla Price esaminò il congegno e ne scoprì il funzionamento originario che avrebbe poi descritto in "Derek J. de Solla Price, *Gears from the Greeks. The Antikythera Mechanism: A Calendar Computer from* ca. 80 B. C*, in *Transactions of the American Philosophical Society (New Series)*, n. 64, 1974".

Il meccanismo risultò quindi come un antico calcolatore per il calendario lunare e solare, le cui ruote dentate potevano riprodurre un rapporto, vicino a quello necessario, per ricostruire il moto della Luna in rapporto al Sole (la prima compie 254 rivoluzioni siderali ogni 19 anni solari). La complessità del congegno è quindi dettata dalla compresenza di una ventina di ruote dentate e un differenziale che permetteva di ottenere una rotazione a velocità pari alla somma o alla differenza di due rotazioni date. Sostanzialmente, il suo scopo non era altro che quello di mostrare non solo i mesi lunari siderali ma anche le lunazioni, le quali venivano ottenute a partire da un semplice calcolo matematico: moto solare "meno" moto lunare siderale.

Price conclude dicendo che effettivamente l'oggetto non è di un elevatissima tecnologia ma, paradossalmente, di un elevato ingegno che, nella Grecia del II secolo avanti Cristo, poteva tranquillamente esistere: il meccanismo non fa altro che basare il suo funzionamento su semplici leggi matematiche e astronomiche che già, al tempo, erano ben conosciute.

Lo stesso Alexander Jones, professore di storia della scienza antica all'Università di New York, prosegue dicendo:

> "Non era uno strumento di ricerca, qualcosa che un astronomo userebbe per fare dei calcoli, né un astrologo lo userebbe per fare previsioni. Era qualcosa che useremmo per insegnare il cosmo e il nostro posto nel cosmo. [...] È come un manuale di astronomia per come lo intendevano all'epoca, che collegava i movimenti del cielo e dei pianeti con le vite degli antichi Greci e il loro ambiente. Lo vedrei più come un dispositivo istruttivo per i filosofi"

Spesso e sovente, il meccanismo qui citato viene anche bombardato da una serie di articoli bufala che sembrerebbero accostarlo anche al mondo di "Atlantide" ma, ovviamente, come abbiamo visto e analizzato in questo articolo, non vi è nessun collegamento con una civiltà straordinariamente evoluta e nemmeno con Atlantide stessa, la quale dovrebbe essere intesa più come una leggenda (probabilmente).

Una presentazione completa e aggiornata del meccanismo di Anticitera si trova nel libro dello storico Alexander Jones *"La macchina del cosmo. La meraviglia scientifica del meccanismo di Anticitera*" edito da Hoepli.

1: Strumento ottico utilizzato per riprodurre in modo estremamente realistico la volta celeste

20. Pietre Dropa

Le pietre Dropa, anche chiamate con il nome "Dischi Dropa", sono dei dischi di litio di granito (in totale 716) con un alta concentrazione di cobalto e di altre sostanze metalliche. Questi dischi, inoltre, avrebbero la particolarità di essere incisi sulla loro superficie, la quale riprodurrebbe strani simboli.

La storia della scoperta di questi artefatti è abbastanza intrigante: essi sarebbero stati ritrovati nel 1938 da una spedizione di archeologi cinesi sulle montagne di Bayan-Kara-Ula, un sito posto tra la Cina e il Tibet. Questi manufatti, a loro volta, sarebbero stati rinvenuti in una caverna contenente anche un piccolo quantitativo di scheletri, le cui tombe furono ritrovate in un intricato *network* di gallerie interconnesse e ordinatamente allineate la cui origine sarebbe da imputare ad una razza particolare caratterizzata da una bassa statura, la quale sarebbe quindi in uno strano rapporto con il teschio, considerando che quest'ultimo sarebbe dovuto essere (stando alle descrizioni) straordinariamente più grande e fuori misura rispetto al corpo.

La prima spedizione di archeologi che raggiunse questo luogo pensò che le grotte non fossero altro che tane di scimmie ma, Chi Pu Thei, il dirigente dell'equipe e professore di archeologia, rivelò il fatto di non aver mai sentito di una specie di scimmia capace di inumare i defunti. Il gruppo di scavo decise quindi di dissotterrare i morti per cercare dettagli sfuggenti che avrebbero potuto dare una mano nella comprensione della situazione e, mentre veniva svolta questa procedura, venne ritrovato un disco di pietra in fondo ad una fossa; l'oggetto misterioso venne quindi fatto passare di mano in mano e venne rigirato più volte ma, più lo si guardava, meno lo si comprendeva.

Un ispezione più accurata del reperto mostrò agli archeologi la presenza di scanalature: sottili incisioni e segni che sembravano voler dire qualcosa: ogni disco venne quindi inteso come una sorta di libro scritto su pietra ma, all'epoca della scoperta, non vi erano dizionari o studi svolti su quel misterioso tipo di scrittura mai visto prima.

I 716 dischi vennero raccolti e vennero archiviati ma, nel 1947, l'archeologo Karyl Robin-Evans ricevette da un altro professore, un certo Lolladoff, un disco di pietra la cui provenienza era ignota, "forse" del Nepal. L'oggetto portato dal signor Lolladoff sembrava quindi essere stato creato da una tribù chiamata Dzopa, la quale ne avrebbe fatto uso all'interno di alcune cerimonie religiose.

Il disco presentato a Evans avrebbe avuto quindi un raggio di 12 centimetri e uno spessore pari a cinque e, posto su di una bilancia, l'uomo notò che questo disco aveva la capacità di diminuire o di aumentare di peso in poche ore.

L'archeologo si mise quindi in viaggio verso le montagne della Cina alla ricerca disperata della civiltà creatrice ma, per prima cosa, passò attraverso Lhasa, nel Tibet, luogo in cui venne accolto dal quattordicesimo Dalai Lama ancora dodicenne.

Arrivato a Bayan-Kara-Ula, situata in un territorio impervio lungo il confine cino-tibetano, Evans si accorse di trovarsi in un luogo particolare che era in grado di incutere timore nei tibetani. I suoi stessi accompagnatori stentarono nel proseguire oltre una determinata soglia, dal momento che riservavano nei confronti di quella terra un grande sentimento di paura e inquietudine. Questo comportamento così strano spiegò, in un certo senso, il perché delle poche esplorazioni e ricerche svolte in quel luogo. Robin-Evans lasciò andar via la quasi totalità dei suoi accompagnatori e, proseguendo nel percorso, riuscì comunque a raggiungere la sua meta e a guadagnarsi la confidenza della gente Dzopa, un passo che gli permise di ascoltare, direttamente dalla bocca del capo tribù, la storia del popolo locale, il cui pianeta natale si trovava nel sistema di Sirio.

Lurgan-La, questo il nome del capo tribù, spiegò che due missioni erano state inviate sulla nostra Terra…

> *"[…] la prima più di 20.000 anni fa, la seconda nel 1014 prima di Cristo. Durante quest'ultima visita alcune astronavi precipitarono e i sopravvissuti non furono in grado di lasciare la Terra […]"*

Foto scattata da Robin-Evans una volta giunto nel luogo in cui vi era la tribù Dzopa.

...gli Dzopa sarebbero i discendenti di queste popolazioni celesti.

Inizialmente, per capire al meglio questo racconto, bisognerebbe capire se la popolazione dei "Dropa" e degli "Dzopa" fossero realmente la stessa cosa dal momento che entrambe vengono censite sulle incisioni dei dischi... oppure, le due fazioni avrebbero potuto essere di due nuclei diversi. Effettivamente, "Dropa" sarebbe stata la corretta sillabazione del termine "Dzopa" o "Tsopa", il quale sarebbe stato il termine indicante la pronuncia più esatta per identificare quella determinata tribù. Evans decise quindi di scrivere, all'interno del suo resoconto pubblicato solo nel 1978 (quattro anni dopo la sua morte), il termine "Dzopa".

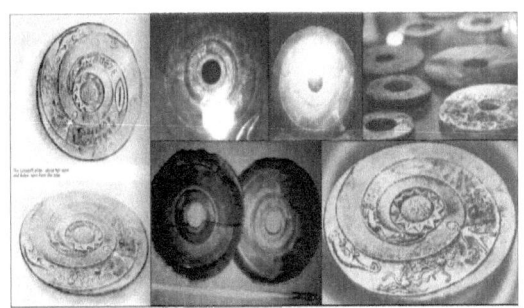

Dischi Dropa

Il mistero dei dischi di pietra venne preso in considerazione seriamente solo alla fine degli anni cinquanta da un certo Vyacheslav Zaitsev, membro dell'Istituto delle Letterature dell'Accademia delle Scienze dell'URSS ma, solo nel 1962, il mistero passò nuovamente nelle mani di archeologi cinesi: il primo fortunato ad incappare in questo enigma fu Tsum Um Nui, il quale ritenne di aver svelato il mistero. Egli diede ai dischi un significato molto simile alla storia raccontata dal capo religioso degli Dzopa: i simboli incisi sui dischi sarebbero niente meno che la storia degli abitanti di un altro mondo bloccati nella zona montagnosa di Bayan-Kara-Ula, dando così ai dischi un interpretazione che potrebbe essere associata ad una sorta di diario. Ebbene, le intenzioni pacifiche e benevole di questa popolazione non sarebbero state comprese dagli esseri umani, i quali avrebbero inseguito e ucciso numerosi rappresentati della "volta celeste". Quella che segue è una delle tante possibili traduzioni dei testi iscritti sui dischi qui menzionati:

> *"...i Dzopa sbucarono dalle nubi con i loro aeroplani. Gli uomini, le donne e i bambini si nascosero nelle grotte per dieci volte. Quando alla fine capirono i segni del linguaggio dei Dropa, realizzarono che i nuovi arrivati avevano intenzioni pacifiche..."*

Sostanzialmente, una volta arrivata sulla Terra, questa popolazione non sarebbe più stata in grado di creare un nuovo veicolo capace di riportarli sul loro pianeta.

Il rapporto sulla traduzione dei dischi venne pubblicato nel 1964, ma le teorie di Tsum Um Nui non furono ben accolte dai suoi colleghi; un atteggiamento che indispettì il professore, il quale decise di trasferirsi in Giappone in cui morì qualche tempo dopo.

Le ricerche ovviamente non si fermarono e, l'Unione Sovietica, decise di contattare la Cina per farsi spedire i dischi di modo da studiarli, cosa che questi ultimi fecero. Giunti a destinazione, i dischi vennero sottoposti a numerose analisi chimiche e, da queste ultime, i sovietici rimasero di stucco nel vedere che, al loro interno, vi era una concentrazione molto elevata di cobalto e altri metalli particolari che, in realtà, non sarebbero dovuti esserci. Il dottor Viatcheslav Saizev scrisse sulla rivista sovietica "Sputnik" un resoconto e, in più, analizzò un secondo esperimento; quello del grammofono: egli dice di aver posto i dischi su di un grammofono il quale, una volta acceso, avrebbe fatto vibrare i dischi, facendo pensare al professore che questi fossero stati attraversati da una scarica elettrica... proprio come se "essi facessero parte di un circuito elettrico". I sovietici e i cinesi interpretarono questa prova come un evidenza fondamentale, ovvero: i dischi, sin dal momento della loro creazione, dovevano avere qualcosa a che fare con l'elettricità. Questa prova però sembrava non trovare alcun collegamento con le scritture incise nel disco e nemmeno con le leggende del luogo, le quali parlavano di uomini bassi, giallognoli, senza capelli e che "erano discesi dalle nubi molto tempo prima".

Aprendo quindi una parentesi nei confronti di questa leggenda vi è da dire che, secondo gli abitanti locali che inseguirono questi umanoidi per sterminarli, essi avevano delle grandi e nodose teste su piccoli corpi... una descrizione che pare mettere in luce la mostruosità di queste creature che, oltretutto, sarebbe anche coincidente con le caratteristiche dei corpi trovati nella grotta da parte dell'equipe guidata da Chi Fu Thei nel 1938! All'interno delle grotte, oltretutto, sarebbero state rinvenute anche pitture murali che indicavano il sorgere del Sole, della Luna, alcune stelle non identificate e la Terra. I dischi, il contenuto e le pitture delle grotte (delle quali mancano fotografie) furono datati a circa 10.000 anni prima di Cristo.

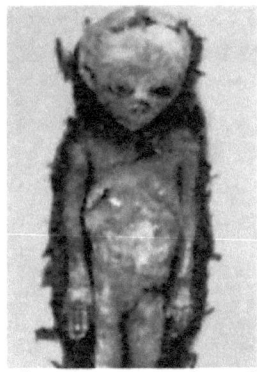

Esempio di creatura trovata a Bayan-Kara-Ula

Ancora, nel 1974 un ingegnere austriaco, un certo Ernst Wegerer, si imbatté in due dischi nel Museo Banpo di Xian e li fotografò... in seguito, Erich von Daniken, sostenitore delle tesi sulla paleoastronautica e autore di numerosi libri tra cui "Chariots of The Gods" edito dalla Penguin Random House, seppe dei dischi e delle foto di Wegerer e divulgò il ritrovamento su uno dei suoi libri, ma senza ottenere un grande successo. Sarà quindi Hartwig Hausdorf a cambiare la situazione; infatti, nel marzo del 1994, assieme a Peter Krassa, un amico di von Daniken, partì per la Cina, luogo dal quale trasse un gran numero di informazioni che gli permetteranno di dichiarare che

> *"Nello Xian visitammo il Museo Banpo, cercando i dischi che Wegerer aveva fotografato venti anni prima. Ma il nostro ottimismo non venne ripagato. Non riuscivamo a trovare in nessun posto alcuna traccia dei dischi. Wegerer si era forse inventato l'intera storia? Non ci sembrava possibile. Chiedemmo alle nostre guide e al professor Wang Zhijun, direttore del museo. All'inizio negarono l'esistenza dei dischi! Dopo avergli esibito le foto dei dischi per un'ora, Thijun disse che uno dei suoi predecessori aveva dato a Wegerer il permesso di fotografarli, che i dischi esistevano, o come minimo erano esistiti. Poco dopo aver concesso a Wegerer di fotografarli, il direttore era stato costretto a dimettersi e di lui non si seppe più nulla. Krassa, compatriota di Wegerer, aveva tutte e quattro le fotografie. Il direttore Zhijun ci mostrò – dopo aver capito che non ce ne saremmo andati senza ottenere quello che volevamo – un libro di archeologia in cui erano riprodotte le foto dei dischi. Più tardi ci portò in un edificio vicino, dove gli artefatti del museo venivano puliti e catalogati. Su una sedia stava una copia ingrandita di un disco di pietra. Alluse che pochi anni prima arrivarono indicazioni 'dall'alto', dai suoi superiori, che tutte le tracce dei dischi dovevano essere fatte sparire e che si doveva dire che tutto quell'argomento era una grossa montatura."*

Uno dei sotto-misteri in cui Hausforf si imbatté fu lo stesso Tsum Um Nui, il quale non solo non era cinese ma, probabilmente, non sarebbe mai esistito. Sarà però un amico asiatico a digli che Tsum Um Nui non era totalmente un cinese ma un misto cinese e giapponese: "Ovviamente... il tipo era giapponese!", realizzò Hausdorf, il che spiega come il professore sia potuto rientrare in Giappone raggiunta la pensione.

Prima di dare delle conclusioni, facciamo ancora qualche rapido cenno sui dischi. Essi sembrano presentare analogie con altri reperti discoidali: abbiamo accennato ad inizio articolo del disco del professor

Lolladoff, ritrovato presumibilmente in Nepal e risalente a circa 4000 anni fa, il quale mostrerebbe delle anomalie ovvero, la capacità di perdere peso e, se percosso, avrebbe la capacità di generare un suono vibrante e acuto; inoltre, sulla sua superficie, sono presenti incisioni che sembrerebbero raffigurare degli umanoidi macrocefali che molti hanno accostato a quello del filmato dell'autopsia reso noto da Santilli, una bufala ormai acclarata (tant'è che fu uno dei suoi creatori ad affermarlo e a provarlo).

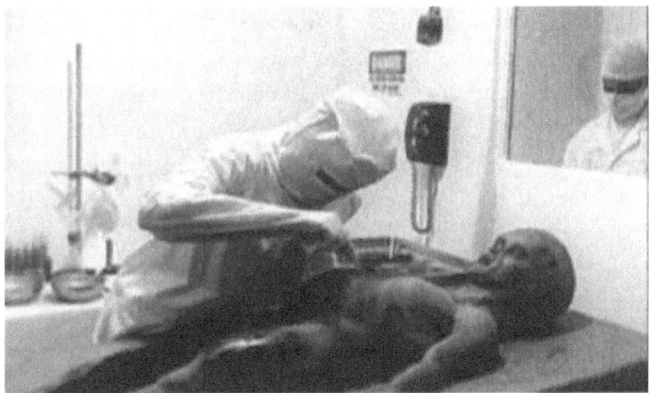

Fotogramma del filmato dell'autopsia

Vengono quindi nominate astronavi spaziali che sarebbero stati ritratti su numerosi dischi, alcune analogie presenti sul disco di Festos ritrovato nell'isola di Creta in Grecia e tanto altro.

Disco di Festos

Cerchiamo quindi di fare un punto della situazione e di capire se tutto quello che abbiamo detto è un altra bufala archeologica o no...

La risposta è semplice: questi dischi non appartengono ad alieni e non appartengono ad antiche tribù; non sono oggetti tecnologici e non hanno a che fare con l'elettricità... semplicemente, in origine, questi dischi NON sono mai esistiti. Essi vennero creati per la prima volta in un libro chiamato "Sungods in Exile" pubblicato nel 1978 dallo stesso Karyl Robin-Evans, personaggio che ormai conosciamo molto bene: egli, su questo libro, parla di una sua spedizione in Tibet svolta nel 1947 e, da qui, sarebbe venuto a conoscenza del popolo Dropa e delle loro leggende... peccato che questo viaggio non fu mai compiuto o, almeno, non con questo obbiettivo. Sin dal 1995 venne smascherata la bufala: lo scrittore David Gamon confessò al Fortean Times di aver scritto "Sungods in Exile" per scherzo e per mettere alla berlina la pseudoscienza di Erich von Däniken. Lo stesso "Karyl Robin-Evans" non sarebbe mai esistito poiché non sarebbe stato altro che uno pseudonimo fantasioso utilizzato come amo da lenza per tutti coloro che ci avrebbero creduto. Lo stesso Gamon dirà poi di aver pianificato tutto, dalla storia, alla falsificazione delle foto e delle prove stesse anche se, in realtà, non dirà di aver preso ispirazione da un altro libro pubblicato nel 1973, il quale portava il nome di "Les disques de Biem-Kara" scritto dal francese Daniel Piret.

Ma la questione andrà avanti e, su di essa, verrà gettato nuovamente un alone di mistero. Un altro autore, Hartwig Hausdorf, al quale probabilmente era piaciuto lo scherzo ideato da Gamon, riprese il filo del discorso e ne allungò il brodo scrivendo, nel 1998, "The Chinese Roswell", introducendo così un nuovo personaggio nella storia, il mitico (se non leggendario) Tsum Um Nui della Bejing Academy, nonché traduttore dei dischi. Il professore, ovviamente, fu inventato di sana pianta.

E per quanto riguarda i dischi? Essi sarebbero presenti in vari musei in tutta la Cina ma, tuttavia, contattando ogni singolo museo, si scoprirà che nessuno di essi ne ha mai posseduto uno. Per quanto riguarda invece le foto, esse non ritraggono dei dischi di litio granito ma dei dischi di giada chiamati "Bi", dal cinese " 璧 ", i quali non sarebbero altro che manufatti a forma di disco con un buco centrale utilizzati per scopi cerimoniali.

Ennesimo caso chiuso: non era altro che un vecchio, vecchissimo esperimento sociale che ha fatto cadere nel tranello un bel po' di persone.

Esempio di Disco successivo alla dinastia Zhou (presenta superfici intagliate)

21. Puma Punku

All'inizio del XX secolo un ingegnere tedesco di nome Arthur Posnansky dedicò parte delle sue ricerche alle rovine di Tiwanaky, un villaggio indio molto antico situato sull'altipiano boliviano. Egli incentrò però i suoi studi su di una zona del villaggio ben precisa, una zona del sito in cui alcune pietre sembravano essere disposte in verticale. Da queste prime osservazioni, Posnansky pensò che in quella zona, molti anni (se non secoli) prima ci sarebbe stato un osservatorio astronomico.

Alle prime deduzioni del tedesco seguì quindi un italiano, Gianpaolo Dionisi Piomarta e, insieme a lui, numerosi altri studiosi di varia nazionalità che, dopo alcune analisi e rilevamenti, scoprirono un nuovo sito presente a poche centinaia di metri dal luogo preso in considerazione dall'ingegnere. Il nuovo sito, Puma Punku, o anche Pumapunku, avrebbe mostrato agli archeologi alcune particolarità non indifferenti come, per esempio, dei blocchi di pietra che potevano raggiungere benissimo le 130 tonnellate l'una (una, secondo *Ancient Aliens*, raggiungerebbe addirittura le 800 tonnellate). L'italiano capì subito che si trovava in mezzo ad un sito composto da resti abitativi ma, nel corso delle sue rilevazioni, capì anche che quelle pietre non erano completamente normali dal momento che, la loro stessa forma, suggerì il fatto che esse sarebbero potute essere utilizzate come un moderno sistema modulare: le pietre sarebbero state fissate mediante l'uso di cambrette di metallo in maniera quasi completamente omologa a quella che venne rinvenuta dagli archeologi nel sito di Delfi.

All'interno del sistema modulare di Pumapunku vennero quindi ritrovati anche dei blocchi che, per via della loro forma, vennero chiamati "Blocchi H", i quali, oltretutto, mostrerebbero un grado di precisione molto elevato sia nell'intaglio degli angoli retti che nelle misure, le quali sarebbero state omologhe per ogni singolo blocco; inoltre, questi particolari blocchi, possiederebbero delle speciali scanalature non parallele che, ipoteticamente, sarebbero state utilizzate come proto-incastri, gli stessi che oggi vengono definiti "a coda di rondine".

Blocchi H

Purtroppo, nessuno sa chi abbia progettato Puma Punku (costruito circa 14.000 anni fa) ma, quello che si conosce, è che è ricco di sofisticati blocchi ad incastro costruiti da una civiltà scomparsa improvvisamente e in circostanze misteriose.

Le lastre di PumaPunku sarebbero state create in due materiali: il granito e la diorite, la seconda delle quali non è altro che una roccia estremamente dura e che fu determinante nella creazione di nuovi interrogativi: le pietre di Pumapunku costruite in questo materiale vennero lavorate con una precisione millimetrica; addirittura, alcune di esse, presenterebbero delle incisioni o delle perforazioni di altissima precisione, tante delle quali di solo 6 millimetri di altezza e/o profondità!

Panoramica di Puma Punku

Il complesso assume così un certo fascino, il quale diventerebbe ancora più intricato se si dovessero menzionare le ipotesi di Erich von Däniken e della serie televisiva "Ancient Aliens" che, in questa serie di capitoli purtroppo o per fortuna, mi ritrovo spesso a dover nominare.

> *"Pumapunku è considerato come una prova per la teoria degli Antichi Astronauti, probabilmente dovremmo iniziare a guardare a in questo modo. Dopo tutto, quello che si dice è che fu costruita direttamente da extraterrestri... Pumapunku è l'unico sito sul pianeta Terra che, a mio parere, è stato costruito direttamente dagli extraterrestri... Una delle cose più intriganti è che le pietre che sono state utilizzate non erano arenaria, ma di granito e diorite. L'unica pietra che è più dura della diorite è il diamante, quindi l'unico modo in cui questo avrebbero potuto essere lavorate con gli strumenti è con i diamanti".*
> Ancient Aliens

Peccato però che in realtà le pietre non siano di questo materiale. E' vero, caro lettore, inizialmente ho scritto una frase che sembrava essere affine alla descrizione fatta dal programma ma, se avessi già detto la verità, non ci sarebbe stato il gusto di raccontare la versione "sbagliata" della storia la quale, secondo i sostenitori dell'archeologia misteriosa, non sarebbe altro che la versione "vera".

Comunque, il materiale utilizzato per edificare questo sito non sarebbe stato altro che l'andesite e l'arenaria rossa, due materiali facilmente lavorabili anche con i più banali e primitivi strumenti di lavoro, tant'è che la stessa andesite (la più difficile da lavorare tra le due) rientra nel punto cinque della scala di Mohs[1]; essendo quindi l'andesite al punto cinque, essa avrebbe ben altre quattro classi di materiali che potrebbero essere d'aiuto nella sua lavorazione (tra cui il diamante, sito al decimo posto). È vera però una cosa, per creare questo sito non sarebbero bastati gli strumenti in pietra... infatti vennero utilizzati degli scalpelli metallici facilmente ottenibili dal momento che la cultura pre-incas era molto abile a lavorare i metalli e, addirittura, a creare leghe di nichel, rame e arsenico.

Un altro errore fatto da *Ancient Aliens* sarebbe quello che abbiamo visto praticamente ad inizio articolo: non esisterebbero infatti blocchi di 800 tonnellate poiché il più pesante è di solo 130 tonnellate, ben 670 tonnellate in meno di quanto previsto dal programma televisivo.

Ancient Aliens e Erich von Däniken (oltretutto scrittore affermato e autore di molti testi sull'argomento) avrebbero anche detto che:

> "*Una delle cose incredibili qui a Pumapunku è la precisione dei blocchi. Si può vedere come questo blocco di granito che è stato tagliato in molti e precisi angoli di 90 gradi [...] Come questi enormi blocchi di granito siano stati spostati dalle loro cave e portati qui a Pumapunku è inspiegabile perché avrebbe richiesto un certo tipo di tecnologia. Levitazione; anti-gravità, enormi veicoli di sollevamento... qualcosa che solo gli antichi alieni avrebbero avuto* "
> Ancient Aliens

Ovviamente, anche in questo caso, gli alieni non c'entrano nulla, bensì solo un po' di ingegno dal momento che, per creare degli angoli di novanta gradi, è sufficiente utilizzare una squadra o qualcosa di simile. Per quanto riguarda invece la seconda affermazione, molte pietre vennero spostate con l'ausilio di corde e di rulli mentre, alcune altre, furono dotate di scanalature di diversi centimetri di larghezza per poter svolgere al loro interno delle funi; in più vennero costruiti dei luoghi[2] che permettevano di aiutare l'essere umano a posizionare le pietre nel miglior modo possibile e da renderle così più facilmente spostabili.

Per quanto riguarda invece il parere degli archeologi, questi ultimi conoscono bene Pumapunku e, infatti, non è per niente vero che "gli archeologi sono sconcertati da Pumapunku" [cit. E. von Däniken].

1: Un criterio empirico utilizzato per la valutazione della durezza dei materiali che va da uno a cinque in cui, un ipotetico elemento X, è in grado di scalfire quello che lo precede ed ha la capacità di essere scalfito da quello che lo segue
2: chiamate "Maniglie di sollevamento"

22. Nanospirali degli Urali

Se dovessimo parlare di Nanotecnologia ricadremmo in un grosso calderone fatto di elementi scientifici ancora poco sviluppati: si parla infatti di tecnologie su scala microscopica nell'ordine dei nanometri; milionesimi di millimetri... pare però che alcuni geologi russi siano riusciti a ritrovare, all'interno di frammenti di roccia provenienti dai monti Urali, microscopiche spire metalliche risalenti a circa 100.000 anni fa; una cosa fondamentalmente paradossale se non si mettono in mezzo quelle che possiamo definire "visite aliene" svoltesi nel passato.

Il ritrovamento di queste spire è da datare al 1992, l'anno in cui alcuni geologi russi si ritrovarono a svolgere delle ricognizioni alla ricerca di metalli sui monti Urali. Le microscopiche spirali, di dimensione mai superiore ai 3 cm e mai inferiore agli 0.003 mm, trovate soprattutto nel fiume Balbanju, destarono subito profondi sospetti in alcuni scienziati, i quali decisero di analizzare tutte queste spire che, al tempo, ammontavano a qualche centinaio. Venne sin da subito scoperto che queste ultime erano state realizzate in rame puro e, la loro struttura, era nella quasi totalità liscia (se non leggermente forata in tungsteno con nuclei di Molibdeno).

La costruzione di questi elementi è, sulla Terra, possibile sin dagli anni sessanta del secolo scorso ma, il fattore curioso, è che questi oggetti sono stati ritrovati in strati geologici che vennero datati fra i 20.000 e i 318.000 anni fa! I sostenitori dell'ufologia dissero quindi che questa non era altro che l'ennesima prova del fatto che gli alieni, in passato, vennero sulla nostra Terra ma, al contrario, gli scettici, sostennero invece che i risultati delle analisi erano frutto di interpretazioni e da misurazioni errate o, addirittura, falsificate.

Solo nell'anno 1995 venne organizzata una seconda spedizione sotto la paternità di un giornalista e ricercatore chiamato Valerie Ouvarov e della geologa Elena Matveyeva, la quale riportò alla luce altre spirali ritrovate sempre nello stesso fiume ma, questa volta, sotto dei sedimenti risalenti a circa 100.000 anni fa. Le analisi vennero eseguite quindi in altri laboratori e i risultati che ne uscirono furono sempre gli stessi.

La Matveyeva compì rigorosi test sulle nanospirali nell'Istituto Centrale per la Ricerca Scientifica Geologica e lo Studio di Metalli Nobili e non Ferrosi (ZNIGRI) di Mosca, utilizzando anche il microscopio elettronico: il 29 novembre 1996 la ricercatrice rilasciò la seguente perizia:

> «*Il limo nel quale erano inglobate le spirali si distingue come deposito di detriti di ghiaia e ciottoli stondati del terzo livello, creati dall'erosione dei sedimenti di strati poligenici e di accumulazione. La datazione di questi depositi si può far risalire a 100.000 anni fa (Pleistocene Superiore). [...] Le nuove formazioni cristalline, presenti sulla superficie di questi aggregati filiformi in tungsteno puro, mostrano le caratteristiche insolite dei depositi alluvionali del Pleistocene Superiore. L'età di questi sedimenti e le condizioni in cui sono state eseguite le analisi fanno escludere quasi del tutto l'ipotesi che la formazione dei cristalli di tungsteno sia da mettere in relazione con il lancio di razzi dalla vicina stazione spaziale di Pleseck.*»
> Elena Matveyeva

I campioni, in seguito, vennero quindi studiati da un altra società; la *Russian Academy of Sciences di Syktyvka* di Mosca e da altre due società, una a San Pietroburgo e l'altra a Helsinki, le quali dissero che la costruzione di questi elementi era stata basata sulla regola della Sezione Aurea, il Numero d'Oro, la quale (in campo matematico) identifica il rapporto fra due grandezze diseguali di cui la maggiore è medio proporzionale tra la minore e la loro somma:

$$(X+Y)/X = X/B$$

Tutti gli esami eseguiti sulle misteriose spirali le collocano in un periodo che va dai 20.000 ai 300.000 anni fa: allora come si deve affrontare l'enigma? Premettendo che ancora oggi gli studi sono in corso e che le informazioni che si ritrovano in rete (testi, foto e media vari) sono sempre e praticamente gli stessi e, inoltre, per quanto riguarda le foto, si ritrovano sempre in bassa risoluzione, non si può fornire un quadro generale e totale che riesca a spiegare in maniera puntigliosa il ritrovamento di queste spire.

Alcune delle teorie dicono che il dottor Valerie Ouvarov avrebbe elaborato una tesi che sottolineerebbe l'origine umana delle spire, le quali, a loro volta, sarebbero state utilizzate come componenti elettronici un tempo costituenti una gigantesca antenna ricetrasmittente. Questo venne compreso anche dagli elementi in cui queste ultime erano state costruite, ovvero Rame, Tungsteno e il Wolframio (dove T. e W. non sono altro che due parole diverse per identificare lo stesso elemento). Le spire, a questo punto, non sarebbero altro che solenoidi, delle bobine formate da materiale conduttore che vengono utilizzati in campo elettromagnetico per creare degli induttori [componente elettrico che genera un campo magnetico al passaggio di corrente elettrica].

Un altra teoria vedrebbe quindi le spirali come prodotti formati in seguito di un attività bellica dal momento che, il materiale presente al loro interno, il Tungsteno, sottoposto ad un grande sforzo, è in grado di deformarsi formando così delle specie di spire dovute dallo slittamento di una parte dei cristalli formanti questo materiale.

Concludo dicendo che questi strumenti vennero mandati in un laboratorio in Inghilterra per essere analizzati e… ciò che ne uscì fuori, fu la notizia secondo la quale queste spirali sarebbero state realizzate durante gli anni sessanta: non si conosce però la tecnica di analisi e si pensa che quest'ultima notizia abbia ancora meno fondamento delle informazioni originali.

Il caso è quindi ancora aperto? Non si può definire con certezza, anche perché le ricerche (da quanto mi è parso di capire) si sono interrotte temporaneamente.

23. Statuetta di Nampa

Nampa è una città degli Stati Uniti d'America sita nella contea di Canyon, nell'Idaho. L'origine del nome di questo luogo lascerebbe quindi spazio a dei dubbi anche se, in realtà, secondo le teorie più diffuse, "Nampa" era il termine che avrebbe identificato il "mocassino" all'interno della civiltà dei nativi americani Shoshoni.

Nampa nacque negli anni '80 del 1800 quando, la Oregon Short Line Railroad, costruì una linea da Granger, in Wyoming, a Huntington, in Oregon, che passava attraverso Nampa. La città sarebbe quindi nata come centro agrario grazie a Alexander e Hannah Duffes, i due fondatori e, la sua crescita, avrebbe proseguito ininterrotta sino al 1890.

Questo è il palcoscenico che, in questa storia, vedrà alcuni attori spostarsi da una parte all'altra per ritrovare, analizzare e descrivere un pezzo molto interessante ma anche particolare.

Il nostro racconto inizia nel 1889, anno in cui venne iniziato lo cavo di un pozzo che, a novanta metri di profondità, portò i suoi realizzatori a scoprire un artefatto sotterraneo che sembrava tanto una statuetta di creta raffigurante una figura umana probabilmente femminile. Questa figura, descritta come appartenente all'età plio-preistorica (circa 2 milioni di anni fa), è alta solo quattro centimetri: essa sembrerebbe racchiudere una notevole perfezione delle forme e un vivido realismo, il quale, per ovvie ragioni, sarebbe riscontrabile solo nelle parti effettivamente complete dal momento che è stata recuperata solo parzialmente. Essa venne rinvenuta in uno strato sigillato di basalto all'interno del quale vennero ritrovate anche alcune sferette di argilla.

Gli archeologi americani che entrarono in contatto con questo ritrovamento scoprirono che questa statuetta aveva delle similitudini con un altro reperto, questa volta ritrovato in Europa e datato nell'era paleolitica superiore. G.F. Wright (1838-1921), un geologo e professore scrisse:

> "L'immagine è circa un pollice e mezzo; è notevole la perfezione con cui viene rappresentata la forma umana... forse una figura femminile, ha i lineamenti sono state rifiniti in modo eccelso. Il professor F.W. Putnam [antropologo americano N.d.A.], ha invece immediatamente diretto l'attenzione al carattere delle incrostazioni di ferro sulla superficie per verificare la considerevole età del reperto. Notando che vi erano zone di anidro di ferro su di esso, provò che l'oggetto è autentico"

Sembra quindi una storia normale che potrebbe essere vera; insomma: si scava un pozzo, si ritrova un reperto e si conferma la sua autenticità e la sua antichità... sembra un *modus operandi* perfetto; purtroppo però, per chi non lo avesse notato, stiamo parlando di una statuetta che sarebbe stata costruita ben due milioni di anni fa, nell'era plio-pleistocenica (l'ultima era glaciale) durante la quale, in teoria, l'uomo non era presente.

Comunque, viene concluso dicendo che "la genuinità della scoperta non è mai sta messa in dubbio ed è probabile che il reperto sia veramente antico". Peccato che così non è... analizziamo la questione per gradi.

Il primo punto fondamentale della trattazione è quello della presenza di una statua che venne ritrovata praticamente integra; una cosa impossibile dal momento che, essendo fatta di argilla, essa avrebbe dovuto disintegrarsi sotto la pressione effettuata dalla pompa di perforazione usata per scavare il pozzo: ponendo però il caso che la statuetta sia vera e che, per miracolo, non si sia rotta, proseguiamo con l'analisi...

La statuetta sarebbe stata portata dai lavoranti al pozzo all'archeologo George Frederick Wright nel 1889 il quale, a sua volta, avrebbe descritto il ritrovamento nel suo libro "L'immagine di Nampa" pubblicato solo qualche anno dopo, nel 1892 e riproposto da Michael Cremo nei suoi stessi libri; il quale, a sua volta, non menzionò mai (ma probabilmente lesse) l'articolo di J.W. Powell scritto nel 1893 sul Popular Science Monthly, un testo che descrive qualcosa di molto interessante e che ora riassumerò qui.

Siamo nel 1889 e lo scrittore andò a Boise, una città in Idaho molto vicina a Nampa. Egli si fermò quindi in un albergo e, qualche tempo dopo, fu chiamato da alcuni signori che gli mostrarono la statuetta trovata in un pozzo che loro stessi stavano scavando... un pozzo che, più o meno, doveva raggiungere un centinaio di metri di profondità. La statuetta, ovviamente, è quella che abbiamo descritto precedentemente e la sua estetica non cambia: una piccola immagine di un uomo o una donna in argilla grande circa quattro centimetri che, alla vista, pareva estremamente fragile (P.S. dire che essa "racchiude una notevole perfezione delle forme e un vivido realismo" è quasi una blasfemia). Lo scrittore, a questo punto della storia, farà un giro presso gli abitanti del luogo e, quasi immediatamente, noterà che alcuni bambini giocavano sulle strade con figurine identiche a quella che era stata ritrovata nel pozzo! La statuetta di Nampa dell'era pleistocenica non era altro che un oggetto costruito dai nativi americani locali adibito a giocattolo o come elemento di decorazione: non stiamo quindi parlando di "eoni fa", bensì della fine del diciannovesimo e l'inizio del ventesimo secolo.

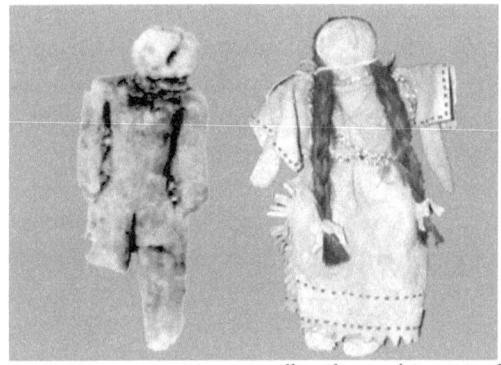

La misteriosa statuetta a sinistra e quella utilizzata dai nativi a destra

Le persone che "tirarono fuori dal pozzo la statuetta" e che "cercarono di venderla a Powell" rivelarono la burla poco dopo ma, alla fine, dissero lo stesso che "sarebbe stato facile trovare dei creduloni disposti ad accettare di comprare oggetti particolari e di dubbia provenienza". Questo OOPART, se ancora si può definire così, non è altro che un antica trovata di marketing che... non funzionò come avrebbe dovuto.

24. Geode di Coso

Il Geode di Coso è un reperto archeologico che venne scoperto da tre ricercatori di pietre rare il 13 febbraio del 1961 in California o, più precisamente, in Olancha. Gli scopritori di questo oggetto furono Wallace Lane, Virginia Maxey e Mike Mikesell, i cui nomi vengono riconosciuti solo e soltanto per aver compiuto questo ritrovamento.

Attualmente, l'oggetto, è andato perduto dopo essere rimasto per molti anni nella casa di Lane e, proprio per questo motivo, è stato impossibile proseguire le analisi e cercare dei nuovi risultati che avrebbero permesso di capirlo più a fondo. Lane stesso tentò di vendere questo reperto per circa 25.000 dollari ma, per via dell'elevato prezzo, non trovò alcun acquirente disposto a concludere l'affare.

La scoperta del contenuto di questa pietra argillosa verrà solo in seguito a questo tentativo di vendita, quando Mikesell, tentando di tagliare la pietra, si accorse che conteneva un oggetto di ceramica e metallo, il quale sarebbe stato accoppiato ad un chiodo e una rondella. Maxey, un altro degli scopritori, portò quindi la pietra da un geologo di sua conoscenza per poter comprendere i tempi di conglobazione che quell'oggetto dovette subire per trovarsi esattamente al centro di quell'ammasso argilloso. Ciò che ne venne fuori fu qualcosa di davvero incredibile: la pietra aveva circa 500.000 anni... ovviamente, non si sa da chi venne svolta l'analisi dal momento che Maxey stessa non volle rivelarlo anche se, in seguito, ella stessa dirà che "probabilmente" il suo conoscente aveva sbagliato qualcosa nelle analisi: secondo lei era solo un ammasso di argilla o un oggetto di pochi decenni incrostato da del fango successivamente seccato dal sole.

La storia dell'oggetto aumentò di popolarità fino a quando Ron Calais, un creazionista, lo studiò con l'ausilio di foto e di scansioni a raggi X. Egli, al termine delle analisi, divulgò le sue scoperte e, poco più tardi, la stampa iniziò a montare un sacco di elementi che, in realtà, non erano mai stati scoperti: venne dato un peso troppo elevato al creazionismo e, addirittura, quel geode venne preso come prova definitiva della giovinezza della Terra, la quale avrebbe avuto soltanto poche migliaia di anni essendo creata secondo i metodi descritti nella Bibbia. La datazione dei 500.000 anni venne quindi ripresa da un altro creazionista, Rene Noorbergen, il quale affermò che quell'oggetto doveva appartenere a tempi precedenti al Diluvio Universale. Questa tesi fu così forte e definitiva che fece cambiare idea anche alla stessa Maxey che cambiò, per la seconda volta, la sua versione:

> *"Potrebbe essere uno strumento antico come Mu e Atlantide. Forse un mezzo di comunicazione o un ricercatore direzionale o qualche strumento fatto per utilizzare principi energetici a noi sconosciuti"*

Vennero quindi ipotizzate altre teorie: Paul J. Willis [editore] avanzò l'ipotesi che si trattasse di una candela di automobile: egli fu in grado di identificarne alcune parti ma non riuscì a capire se le parti presenti all'interno di quella pietra fossero presenti anche all'interno delle candele odierne. Egli affermò dunque che "l'oggetto sarebbe stato simile ad una candela ma avrebbe visto la sua realizzazione in epoche antiche mediante civiltà sconosciute". Sarà quindi Leonard Nimoy nel programma televisivo "*In Search Of*" a ipotizzare altre proposte come, per esempio, quella dell'antenna, del superconduttore o del condensatore... elementi che, ad ogni modo, sarebbero stati creati da antiche civiltà.

Un importante svolta sul campo del creazionismo si avrà con Donald Chittick, uno dei promotori dell'insegnamento creazionistico nelle scuole, il quale, a sua volta, dirà esplicitamente che:

> *"[...]una candela è prova di una civiltà avanzata. È difficile avere date certe per questi reperti. Tuttavia, si pensa solitamente che i geodi richiedono molto tempo per formarsi. [...] Prove di una tecnologia avanzata, come le candele elettriche, non dovrebbero, secondo gli evoluzionisti, trovarsi nelle rocce antiche"*

...negando però l'ipotesi dei 500.000 anni poiché incompatibile con la sua versione. Ovviamente non si può ipotizzare la nascita e l'uso di un oggetto senza stimare anche una data di provenienza; infatti, lo stesso Chittick dirà che...

> "[...] sia probabilmente risalente a subito dopo il Diluvio universale [3400 a.C. N.d.A.]. Non ho molta documentazione e non lo dico al pubblico. Tuttavia questo prova che allora avessero motori a combustione interna e persino motori jet"

Analizzare questo mistero però è sempre stato difficile, soprattutto quando l'oggetto in questione sparì. Dalle foto risulta però che l'oggetto non venne trovato in un geode, bensì in una roccia argillosa con una durezza di 3 sulla scala Mohs, purtroppo incompatibile con un guscio duro di un geode.

Le prime ricerche vennero quindi svolte su di una candela contemporanea all'epoca della scoperta ma, effettivamente, il punto di partenza delle analisi non fu di grande aiuto.

Alcune ricerche storiche sembrerebbero però ipotizzare la presenza di una miniera dei primi del XX secolo la quale avrebbe trovato luogo proprio nella zona d'interesse in cui venne ritrovata la pietra: l'uso di macchinari con motore a combustione interna sarebbe stata una buonissima fonte di aiuto per i ricercatori e gli storici del luogo visto che, negli anni venti, non era altro che una tecnologia molto poco diffusa (ma comunque esistente).

Visto che, probabilmente, la soluzione era molto vicina, gli storici chiesero un parere alla *Spark Plug Collectors of America*, un'associazione di collezionisti di candele elettriche ai quali vennero inviate delle foto e delle scansioni a raggi X.

Solo il 9 settembre del 1999 il presidente dell'associazione Chad Windham chiamò Pierre Stromberg della "Pacific Northwest Skeptics" (l'associazione che curava la ricerca), chiedendo se si trattasse di uno scherzo, dato che "Stromberg" era anche una marca di candele per auto. Windham avrebbe quindi spiegato che quella intrappolata nella roccia non fu altro che una comune candela elettrica; una Champion del 1920 montata su motori Ford "T" o "A".

Solo pochi giorni dopo, altri tre soci, in maniera del tutto indipendente, giunsero alla stessa conclusione.

Le componenti e le scansioni del Geode raffiguravano in maniera precisa la candela Champion menzionata da Windham, tant'è che i "misteriosi anelli di rame" presenti nel geode non erano altro che delle guarnizioni montate sulle candele per compensare le espansioni termiche del metallo. L'unica reale differenza fra il geode e la candela Champion fu quella della mancanza del dado di chiusura che sarebbe dovuto essere presente alla base, un dettaglio che, insieme allo stato di corrosione della candela, rese molto difficili le interpretazioni.

Geode di Coso e candela Champion del 1920

25. Tazza di Wilburton

"Mentre stavo lavorando nel Municipal Electric Plant in Thomas, Okla nel 1912, venne alla luce un pezzo di solido carbone che era troppo grande per l'uso. Lo ruppi con un martello da fabbro. Questa ciotola di ferro cadde dal centro, lasciando il calco, o la matrice della stessa nel pezzo di carbone. Jim Stall (un dipendente della compagnia) era presente alla rottura del pezzo di carbone e vide la ciotola uscire da esso. Rintracciai l'origine del carbone e scoprì che esso veniva dalle Wilburton's Oklahoma Mines"

Questo il resoconto fatto da un certo Frank J. Kennard in data 27 novembre del 1948 a Jullia L. Eldred.

Cosa è successo e, a cosa si riferisce tutto questo?

L'11 giugno del 1891 venne riportata una notizia incredibile: il ritrovamento di un manufatto moderno ritrovato all'interno di un blocco di carbone che, secondo l'Illinois State Geological Survey si era formato tra i 260 e i 320 milioni di anni fa, proprio durante il periodo carbonifero.

La tazza e il documento allegato, nel quale è evidente la firma di Kenwood

Il blocco di carbone venne quindi ritirato e, al suo interno, si scoprì che vi era una grande pentola di ferro che, ad occhio e croce, sarebbe dovuta essere di origine moderna. Ovviamente l'artefatto scosse alcuni ricercatori e studiosi e, questo ritrovamento, fece molta strada: ancora oggi si troverebbe al *Creation Evidence Museum* sito in Glen Rose, Texas.

Questo è il momento in cui potremmo tranquillamente riallacciarci alla prima citazione di questo articolo, quella fatta da Frank J. Kenwood a Sulphur Springs in Arkansas nel '48, la quale venne poi allegata al reperto contenuto nel museo; infatti, il giorno 10 gennaio del 1949, quindi quasi due mesi dopo lo scritto di Kenwood, un altro ricercatore, Frank L. Marsh della Andrews University, ricevette una fotografia dell'oggetto inviata da Robert Nordling che scrisse:

> *"Ho visitato il museo di un amico nel sud del Missouri. Tra le sue curiosità, la coppa di ferro era raffigurata sull'istantanea allegata"*

Secondo i ricercatori dell'Oklahoma Geological Survey, ed in particolare secondo uno dei suoi professori, Robert O. Fay, la miniera di carbone di Wilburton avrebbe all'incirca un età che girerebbe intorno ai 312 milioni di anni. Sostanzialmente la tazza non sarebbe "Fuori Posto" come dice il nome della categoria che la racchiude ma, in teoria, non dovrebbe proprio esistere dal momento che, secondo le teorie ufficiali, sarebbe dovuta essere costruita in un periodo in cui l'essere umano non esisteva.

Peccato che le questioni intorno a questa tazza sono molto confuse e di un quantitativo davvero insoddisfacente; inoltre, le uniche fonti che si trovano in rete o sui libri sono scritte male o sono scarne di informazioni. Per fortuna ci sono stati però dei ricercatori che hanno documentato i loro lavori e, proprio con questi documenti o, per meglio dire, con queste tracce, si riesce a fare un po' di luce lungo il percorso.

Rimettendo in ordine le idee e chiedendo dunque al lettore di dimenticare quanto detto finora nei confronti di questa tazza: essa sarebbe stata rinvenuta nel 1912 in una miniera nell'Oklahoma omonima da parte di un certo Frank J. Kenwood, il quale affermerebbe di averla trovata in un blocco di carbone. La classificazione della tazza come "Oggetto fuori dal posto" si baserebbe dunque su aneddoti e racconti nati durante la fine degli anni sessanta, quindi molto tempo dopo. Questi aneddoti, completamente falsi e senza alcun fondamento di verità, sarebbero quindi stati edificati contro un muro di paglia, dal momento che la tazza di Wilburton non era altro che l'ennesimo tentativo (privo di qualsiasi validità scientifica) utilizzato esclusivamente per fare propaganda creazionista sulle origini della Terra; tant'è che le stime effettuate nei confronti dell'età della tazza non sembrerebbero avere alcun riscontro scientifico.

26. Linee di Nazca

Uno dei temi che sta conoscendo una rapida crescita verso l'alto all'interno dei trends di ricerca sul web sono le "Linee di Nazca", geoglifi presenti all'interno del deserto di Nazca, un altipiano di circa ottanta chilometri di estensione e che confina con le città di Nazca e Palpa (Perù).

I geoglifi di Nazca, nel corso del tempo, avrebbero conosciuto una grande popolarità che, come abbiamo già detto, per qualche oscuro motivo sembrerebbe stare risalendo molto velocemente. Questi geoglifi sarebbero stati tracciati tra il 300 a.C. e il 500 d.C., un periodo che, sotto alcuni aspetti, potrebbe essere interpretato come "sufficiente" alla realizzazione delle figure mentre, per altri, "molto breve". Queste figure sarebbero state tracciate da un popolo molto ben conosciuto, i Nazca, la cui apparizione è da ritrovare nell'epoca preincaica nella regione di Ica, luogo in cui venne ritrovato un altro OOPART, quello delle "Pietre di Ica"; un altra bufala.

Le linee, da un attenta analisi, sembrerebbero essere state tracciate rimuovendo delle pietre contenenti ossidi di ferro ritrovate sulla superficie del deserto, lasciando così un contrasto particolare dettato dal pietrisco sottostante di un altra tonalità cromatica. Ovviamente, i disegni di questa civiltà rimasero intatti per molto tempo anche grazie al clima stabile della zona in cui vennero realizzate anche se, in realtà, più e più volte, vi sono stati tentativi volontari o meno di danneggiare questo sito attualmente "Patrimonio dell'umanità".

Questi disegni possono essere quindi classificati in due grandi categorie diverse, quella delle figure e quella dei disegni geometrici, la prima cronologicamente precedente alla seconda. Questa datazione così generale è però difficile da confermare mediante l'uso di strumenti scientifici come il carbonio-14 dal momento che, quest'ultimo, durante i suoi primi utilizzi, non diede esattamente i risultati che ci si aspettavano, etichettandoli così come "Insoddisfacenti". Per le datazione delle figure si utilizzarono quindi metodi diversi dal radiocarbonio (il quale, oltretutto, non può funzionare su materiale inorganico) come, per esempio, il vasellame e le ceramiche in sito.

Nel deserto di Nazca si contano, in tutto, tredici mila linee più cento spirali, triangoli e altre figure geometriche di varia natura e, inoltre, anche ottocento disegni raffiguranti animali. Linee profonde pochi centimetri ma facilmente apprezzabili se ci si pone su un altura o su un aerostato, proprio per il motivo esplicato prima legato al cambiamento di cromatura. Tra le figure più grandi (200 metri di estensione o più) si ritrovano: una lucertola, un colibrì, un ragno, una scimmia e un condor; immagini davvero magnifiche e, sotto alcuni aspetti, impressionanti.

Ma quando furono scoperte? Le linee di Nazca vennero rinvenute nel 1939 ma, secondo alcuni, questa data è però da ritenere sbagliata dal momento che, molto tempo prima, addirittura nel 1547, il sito fu visitato da un certo Pedro Cieza de Leòn, conquistador spagnolo.

Il metodo di disegno di queste linee, nel corso del tempo, ha conosciuto un gran numero di revisioni e di aggiustamenti ma, in linea teorica, se ne possono ritrovare alcuni che, plausibilmente, potrebbero essere stati quelli effettivamente utilizzati dalla popolazione creatrice. Le linee, perfette in ogni loro punto e che, almeno in teoria, non si intersecano mai fra di loro (dando così origine a figure molto proporzionate) sarebbero state realizzate creando un disegno in scala ridotta, il quale sarebbe poi stato coperto da una griglia di tot. centimetri e che sarebbe stata riprodotta, in scala più grande con l'uso di un reticolato di corde, nella zona desertica in cui si intendevano disegnare queste immagini [scala dimensionale]: lo stesso metodo che venne adottato dall'artista che realizzò i volti dei presidenti sul monte Rushmore, Gutzon Berglum.

Vi è però un ma; come potevano sapere i direttori dei lavori che gli operai stavano svolgendo il loro lavoro nella maniera corretta? "Ovviamente volando su di astronavi spaziali", dicono i sostenitori dell'archeologia misteriosa prima di proseguire con altre informazioni infondate, ovvero: "[...] in tutta la zona, non vi sono colline o monti che permettano di visionare il lavoro dall'alto!"

Ovviamente i già citati si sbagliavano, questo per il semplice motivo che intorno alle figure vi è una grandissima disponibilità di punti elevati che avrebbero permesso un adeguato controllo del lavoro svolto; in più, bisogna mettere in gioco anche un altro fattore, quello dello sbianchimento della roccia sottostante che, in realtà, quando queste linee vennero disegnate, doveva essere di un giallo brillante: proprio come le impronte degli pneumatici moderni che viaggiano all'interno del sito. Questo dettaglio avrebbe reso le linee ancor più evidenti e ancor più facili da vedere.

Ma veniamo alle interpretazioni. Secondo lo stesso Erich von Daniken, nome che in questo libro compare assiduamente, non sarebbe stato altro che un luogo di sbarco per gli alieni e per le loro astronavi: esse sarebbero state tracciate per facilitare il loro atterraggio come se fossero dei fari... scartò in seguito l'ipotesi poiché si renderà conto ("da solo") che il terreno era troppo fragile per supportare un atterraggio... peccato però che le linee sono davvero troppo strette e sottili per essere viste dallo spazio e, infatti, stando ad alcune prove, già a 700 metri di altezza sarebbe impossibile riconoscerle (per capirci, poco meno del Burj Khalifa che raggiungerebbe gli 828 metri).

Teorie invece più terrene e meno "celesti" sono quella di Mejia e Kosok, i quali ipotizzarono i centri di culto; infatti, Toribio Meija Xespe, archeologo peruviano, identificò, nei pressi di queste linee, dei sentieri cerimoniali chiamati "Seques". Questa teoria avrà quindi altri due riscontri positivi: uno nel 1939 mediante Paul Kosok, archeologo americano, che ideò la teoria secondo la quale non solo i geoglifi fossero dei "templi all'aperto", bensì tutta la piana e, un altro, nel 1947 da parte di Hans Horkheimer, il quale disse che erano sì qualcosa di inerente ai culti ma, questa volta, dedicati agli "antenati".

Altre ipotesi furono quelle del calendario astronomico ipotizzato dall'archeologa tedesca Maria Reiche, la quale disse che ogni figura poteva essere associata con una corrispettiva costellazione: la scimmia con l'Orsa Maggiore ed il Delfino e il ragno con la Costellazione di Orione... la tesi conobbe però una affermazione da parte di una ricercatrice di Chicago, Phyllis Pitluga, ma un contrasto da parte di un inglese, un archeoastronomo, Gerald Hawkins che, nel 1967, disse di non notare alcuna correlazione tra "linee" e "cielo".

Hawkins, a sua volta, si interessò di queste linee e le studierà anche con l'aiuto di uno zoologo, Tony Morrison il quale, nel suo libro "Pathways to the Gods" citò un brano di Luis de Monzon scritto nel 1586:

> *"I vecchi indiani dicono [...] di possedere la conoscenza dei loro antenati e che, molto anticamente, cioè prima del regno degli Incas, giunse un altro popolo chiamato Viracocha; non erano numerosi, furono seguiti dagli indios che vennero su loro consiglio e adesso gli Indios dicono che essi dovevano essere dei santi. Essi costruirono per loro i sentieri che vediamo oggi."*

Morrison ritenne quindi di aver scoperto la chiave per risolvere il mistero: il ritorno di Viracocha (Quetzalcoatl) era molto atteso e quindi, gli antichi indios, disegnarono delle figure per cercare di accoglierlo come delle sorta di segnali.

Seguì quindi l'ipotesi del culto dell'acqua, il quale fu niente meno che il primo studio serio svolto su questi disegni: esso è dovuto all'equipe di archeologi di Markus Reindell e di Johnny Isla, i quali fecero ben 650 scavi dai quali riuscirono a scoprire la storia della cultura dei Nazca: scoprirono, infatti, che i segni erano legati all'acqua... era l'approvvigionamento idrico la chiave di tutto.

Gli scavi portarono alla luce anche delle piccole cavità in cui vennero trovate delle offerte religiose tra cui vi figuravano prodotti agricoli e animali soprattutto marini: una sorta di danza della pioggia statica in cui il fine era quello di procurare acqua. Durante gli scavi, inoltre, vennero anche ritrovati dei giacimenti in cui vennero rinvenuti numerosi paletti, corde e studi di figure che, come abbiamo detto nell'incipit di questo articolo, furono gli effettivi strumenti di cui la civiltà Nazca si servì per tracciare i mitici disegni.

Investigando però tra le varie linee di Nazca, oltre alla balena, alla scimmia, all'alligatore o alle conchiglie, si può intravedere un disegno con una forma anomala: un astronauta.

Esso venne interpretato come un simbolo di un effettivo passaggio degli alieni sulla Terra: come avrebbero fatto altrimenti i Nazca a realizzare un immagine del genere? Essa sembrerebbe raffigurare un essere con un casco e una tuta spaziale ma, in realtà, dal momento che ci troviamo in un luogo sacro in cui vennero ritrovate delle offerte e dove, infine, vennero ritrovati degli oggetti rituali per onorare il culto dell'acqua, la verità è ben diversa. Sarà ancora Maria Reiche a proporre la sua idea, la quale risiederebbe nell'identificazione del personaggio come uno sciamano o un sacerdote: idea piuttosto corretta che venne accettata dalla comunità scientifica sin da subito.

Un altro mistero risolto.

27. Tubi di Baigong

In questo capitolo analizzeremo un nuovo oggetto fuori posto, i tubi di Baigong (白公山鐵管).

Ci troviamo in Cina, un luogo che più volte nel corso del tempo ha sorpreso tutti con i suoi ritrovamenti; quello di cui parleremo in questo capitolo è però diverso da quelli a cui solitamente siamo abituati. Da sempre, l'antica Cina, ha conosciuto una buona evoluzione tecnologica; fu proprio questo dettaglio a far tornare alla ribalta (nel 2002) il discorso relativo ad un fantastico ritrovamento che, in teoria, non sarebbe mai dovuto esistere.

Ci troviamo presso il Monte Baigong, sito ad una distanza di circa 40 km da Delingha (Qinghai) dove, la gente del luogo, dice di conoscere questi tubi molto bene, tant'è che sarebbero entrate a far parte di un grande corpus di leggende metropolitane che sarebbero legate, a loro volta, alle storie di Alieni e di antichi astronauti che si sarebbero stabiliti (ancor prima dell'arrivo dell'uomo) in questa zona dove, sin da subito, avrebbero iniziato ad edificare e a costruire edifici e strutture di matrice aliena. La prima notizia nei confronti di questi tubi è da datare al 1998, data in cui un gruppo di scienziati americani sconosciuti alla ricerca di tracce fossili e di resti di dinosauri si trovava proprio alle pendici del monte Baigong, luogo in cui venne fatto il ritrovamento. La scoperta venne quindi segnalata al governo locale di Delingha che, a sua volta, ignorò la scoperta almeno sino a quando un nuovo rapporto, quello di Ye Zhou, apparve su un giornale chiamato Henan Dahe Bao... ma per questo bisognerà aspettare qualche anno dal momento che sarà un evoluzione che si avrà solo nel 2002.

Tubi di Baigong

La notizia farà il giro del mondo e, un funzionario del posto chiamato Quin Jianven discuterà le caratteristiche di questo rinvenimento con alcuni giornalisti di una testata locale, la Xinhua News Agency quando, il 16 giugno, si decise di promuovere il ritrovamento come attrazione turistica, mantenendo inalterata l'idea dell'origine aliena. Sempre nello stesso anno, il Governo di Delingha decise di effettuare una spedizione scientifica per indagare e fare ricerche nei confronti di questi strani tubi; purtroppo però gli esiti di questa spedizione lasceranno molto a desiderare... vedrà la luce soltanto una breve nota generica riportata poi su Nexus, la quale sarebbe stata poi corredata di qualche foto e con alcuni dati di localizzazione del sito. Saranno poi delle analisi condotte in una fonderia sotto il ricercatore Liu Shaolin che approveranno l'origine aliena dei reperti, la cui composizione avrebbe presentato almeno uno (se non di più) elementi ignoti. Questi reperti verranno quindi datati ad un periodo di tempo compreso tra i 140 e i 150 mila anni fa: il dettaglio inquietante è che la regione fu occupata dagli esseri umani soltanto da 30 mila anni fa.

Ai piedi del monte si troverebbero quindi delle caverne all'interno delle quali furono condotte alcune spedizioni: sarà grazie a queste ultime che verrà portato alla luce un tubo del diametro di quaranta centimetri che pendeva dall'alto mentre, sul pavimento sito in quella stessa zona, vi sarebbe stato un altro tubo dello stesso diametro che penetrava, come una sorta di continuazione, all'interno del terreno. All'ingresso della grotta stessa sarebbero stati ritrovati altri tubi con un diametro che variava tra i 10 e i 40 centimetri.

La caverna che abbiamo preso in considerazione in questa seconda parte del racconto si troverebbe a circa 80 metri dal lago Toson, sulla cui spiaggia vi sarebbero altri tubi dello stesso tipo di quelli che si ritrovano all'interno della grotta ma, in realtà, sembrerebbero essere disposti in direzione sud-ovest e avrebbero un diametro di circa 20 millimetri anche se, il più grosso, sembrerebbe essere quello da 40 millimetri ritrovato sempre nella stessa zona. Altri tubi, a questo punto, sarebbero stati ritrovati addirittura nel lago Toson stesso. La composizione di questi ultimi sarebbe quindi prevalentemente ferrea ma possiederebbero anche un 30% di diossido di silicio e una percentuale di lega sconosciuta, il tutto con un livello di datazione che, molto facilmente, potrebbe piazzarli a circa 150 mila anni fa. Il mistero si infittisce ancora di più quando si nomina la presenza di una struttura piramidale alta sessanta metri posta in cima alla montagna.

Ovviamente, ad alcuni scettici, l'idea di confermare l'ipotesi aliena non andava giù... allora qual'è la verità di questi tubi?

Riprendendo la storia dal punto di inizio sappiamo che i tubi vennero ritrovati da un gruppo di scienziati americani alla ricerca di fossili... scienziati che, oltretutto, non conosciamo. Loro avrebbero quindi segnalato il ritrovamento al governo locale che avrebbe ignorato il tutto fino a che, nel 2002, non riemerse la questione. Sarà quindi un resoconto di un certo Mossa e di un certo Schumacher a far ribaltare la situazione: essi scrissero una ricerca denominata "Ricerca sedimentaria sui calchi dell'albero fossile in Luisiana" in cui vi sarebbero descritte alcune analisi fatte nei confronti di alcune strutture cilindriche ritrovate nel terreno e che, datate alla termo-luminescienza, avrebbero restituito una datazione che sarebbe stata compresa fra i 75 e i 95.000 anni fa. Cilindri interrati la cui composizione chimica sarebbe stata variabile a seconda del luogo e del suolo in cui essi si trovavano. Mossa e Schumacher scoprirono quindi che quelli che avevano analizzato non erano altro che dei calchi fossili di radici di alberi formatesi attraverso un processo chiamato pedogenesi[1] e un altro processo chiamato diagenesi[2]. Il risultato di tutto questo processo fu la creazione di tubi simil-metallici come quelli ritrovati in una riserva Navajo, nello Utah e in Luisiana vicino a Citronelle, tutti molto simili a quelli ritrovati a Baigong. Gli scienziati cinesi stessi verranno alla stessa conclusione solo qualche tempo dopo ma in maniera del tutto indipendente, tant'è che il loro studio si basò sull'utilizzo della spettroscopia ad emissione atomica, la quale gli avrebbe consentito di concentrarsi sull'identificazione dei componenti chimici dei frammenti dei misteriosi tubi i quali, a loro volta, avrebbero contenuto una percentuale di materia organica facilmente riconducibile a organismi vegetali (il materiale sconosciuto a cui si accennava poco fa?): vennero infatti ritrovati, mediante l'uso di un microscopio, gli anelli di accrescimento degli alberi... un dettaglio ricorrente in tutti i campioni analizzati.

E per quanto riguarda la piramide? Niente altro che una bufala fatta girare in rete.

Il fenomeno dei tubi, quindi... non sarebbe altro che un fenomeno naturale.

1: Insieme di processi fisici, chimici e biologici che portano alla formazione di un suolo
2: Cambiamento chimico-fisico subito da un sedimento dopo la sua deposizione iniziale e durante e dopo la sua trasformazione in roccia coerente

28. Karahunj

A Karahundj ci sono due cose molto interessanti che vale la pena analizzare: dei petroglifi e un circolo calendariale di 3.500 anni più vecchio di quello di Stonehenge in Inghilterra.

Alieni di Karahunj

Per quanto riguarda i primi, purtroppo non abbiamo un grande quantitativo di informazioni: il luogo esiste ed è visitato quotidianamente ma, le relazioni che farebbero pensare che tali petroglifi rappresenterebbero "alieni" sono davvero molto poche, il che farebbe pensare ad errate interpretazioni di coloro che avrebbero scritto le notizie dal momento che, per davvero, si fa fatica a trovare tali informazioni anche scrivendo nel browser di ricerca "Petroglifi alieni a Karahundj"… senza parlare dei libri che sembrerebbero non nominarli mai, nemmeno testi di autori esperti nel tema come il famosissimo Von Daniken.

Per quanto riguarda invece il circolo calendariale, la superficie totale ricoperta da questa struttura sarebbe di 7 ettari e sarebbe situato nei pressi di Sisian. In questa zona, oltre che questi monoliti, sarebbero state ritrovate circa duecentoventi tombe di pietra di dimensioni molto estese. Gli archeologi che visitarono il sito dissero sin da subito che il ritrovamento non poteva essere altro che "un tempio dotato di un grande osservatorio" che, probabilmente, sarebbe stato dedicato al Dio Ari Dom, l'equivalente del Dio falcone Horus[1]. Il sito sarebbe quindi stato datato intorno al 7600/4500 a.C.

La questione però non è sorprendente: abbiamo il circolo calendariale di Stonehenge, quello di Nabta Playa e un nuovo sito sempre nei pressi di Stonehenge... quindi, perché se per questi ultimi sono stati ritrovati delle risposte, questo dovrebbe essere di origine aliena?

Stando alla frase "Una volta è un caso, due volte è una coincidenza ma tre volte è una certezza", il problema di questo circolo calendariale non sussiste; infatti, pur essendo stato uno dei primi, non è stato costruito da alieni dal momento che quello di Nabta Playa venne costruito durante il neolitico o giù di lì.

Vi è però da dire che, molto probabilmente, questo circolo calendariale avrebbe avuto qualcosa a che fare con la stella Sirio, una stella molto adorata da molte popolazioni antiche, tant'è che la stella ricorda anche molto bene "Sopedet", la divinità egizia collegata a Sirio nonché la controparte di "Sothis" per i greci.

Ma torniamo ad analizzare quelle che sono le pietre scolpite che richiamerebbero (a primo acchito) delle immagini e delle figure aliene simili ai "grigi": grandi teste, colli allungati, occhi a mandorla, alcuni con una ruota o con un dispositivo tecnologico... insomma, questa interpretazione può essere reale?

Circolo calendariale

...ovviamente no. Le prove per dire questo, anche se poche, sono comunque sufficienti: in primo caso, il quale sarebbe anche il più banale, Erich von Daniken non ha mai preso in considerazione questo sito, probabilmente perché anche lui aveva capito che queste immagini non assomigliavano ad alieni proprio per niente mentre, il secondo caso, è quello della pareidolia che viene spiegata in maniera efficace sul mio articolo riguardante le astronavi di Abydos.

Tutte le incisioni ritrovate in questo sito sarebbero dunque simili; un dettaglio che farebbe pensare che quello rappresentato non sarebbe altro che lo stile utilizzato dalla popolazione stessa per disegnare e rappresentare delle persone. Oltretutto, in rete, non esiste nemmeno un sito capace di rispondere ai miei interrogativi riguardanti la popolazione designata e, ancora, numerose pagine in rete riguardanti questo argomento sono state cancellate o, addirittura, il sito stesso riportante determinate informazioni non esiste più; un dettaglio che mi farebbe seriamente pensare ad una trattazione ormai abbandonata e accantonata da anni per via della sua inconsistenza scientifica. Per quanto riguarda i testi stampati, l'ho già accennato prima, non esiste praticamente nulla... esistono ben poche citazioni a favore della natura aliena di questo luogo.

1: Precisazione necessaria: Horus non è la divinità con il Sole sul capo (Ra, Dio del Sole), bensì quella con la doppia corona.

29. Martello di London

Nel giugno del 1936 un certo Max Hann e sua moglie stavano svolgendo un'escursione nei pressi di London, una cittadina situata nel Texas (Stati Uniti) quando, all'improvviso, durante la loro passeggiata si imbatterono in un pezzo di legno che sembrava uscire da un blocco di arenaria separato dalle circostanti formazioni rocciose. Si trovavano lungo il Red Creek.

I due escursionisti, pensando che fosse una cosa particolare, decisero di prenderlo e portarlo a casa: solo dieci anni dopo, nel 1946, il figlio della coppia prese il blocco e lo ruppe, trovandovi al suo interno un martello di ferro e legno parzialmente inglobato all'interno dell'arenaria. Il ritrovamento venne quindi venduto dalla famiglia a Carl E. Baugh, un creazionista, solo pochi anni dopo nel 1983.

Carl E. Baugh non fece grandi ricerche per risolvere l'enigma che aveva davanti agli occhi, semplicemente disse che il blocco e, in maniera consequenziale, il martello al suo interno, avrebbero dovuto avere rispettivamente dai 500 ai 300 milioni di anni circa, un periodo che coprirebbe il Cambriano e il Carbonifero. Purtroppo però le rocce di Red Creek sarebbero databili al Cretaceo, quindi solo 110-115 milioni di anni fa, il che sarebbe un paradosso che porterebbe la tesi di Baugh a collassare su se stessa.

Sarà però nel 1997 che inizieranno a vedere la luce alcune ricerche condotte sul manico in legno mediante l'uso del C-14 (radiocarbonio o Carbonio-14), le quali però subirono un grande ritardo per via degli ostacoli posti da Baugh, il quale sapeva bene che, a ricerche avvenute, la sua tesi sarebbe crollata definitivamente essendo completamente infondata e basata sul nulla. Gli esami, come previsto dal creazionista stesso, fecero cadere la sua tesi dal momento che quello che rivelarono fu una datazione molto più soddisfacente: secondo gli studi, il martello doveva avere da 0 a 700 anni, un età di gran lunga minore dei 110-115 milioni supposti da Baugh. Non vennero però rivelati altri dettagli.

Martello di London

Nacque quindi l'ipotesi del falso d'autore, nei confronti dei quali i creazionisti presentarono degli esami svolti dai Batelle Laboratories dell'Ohio, i quali avrebbero rivelato la composizione del martello: 96,6% di ferro, 2,6% di cloro e, infine, lo 0,74% di zolfo, affermando così che la lega sopracitata sarebbe impossibile da ottenere con i procedimenti moderni e con l'uso della metallurgia avanzata... peccato che non vi furono prove a favore della tesi qui riportata. Il creazionista disse soltanto che, secondo lui, era proprio grazie a questa particolare composizione che il martello seppe resistere per secoli senza dare cenni di corrosione... ma ovviamente, come abbiamo già detto, da questo momento in poi l'esistenza di Baugh è praticamente inutile nei confronti dell'avanzamento delle ricerche, tant'è che continuava ad interagire soltanto per creare più confusione di quella che vi era già.

Fu però grazie ad una tomografia a raggi X svolta in precedenza e realizzata da un laboratorio Texano nel 1992 a dare delle prove atte a smentire le tesi del creazionista: gli scienziati, infatti, scoprirono che nella testa del martello non vi erano bolle o variazioni di densità, fenomeni normali per delle colate ottenute mediante l'uso di altiforni moderni, una prova che richiamerà per l'ennesima volta l'attenzione di Baugh che, ancora una volta, risponderà dicendo che "le popolazioni antidiluviane possedevano le conoscenze di una metallurgia avanzata". Anch'essa una tesi infondata.

Ovviamente si concluse che il martello ritrovato dalla famiglia Hann non era altro che un martello da minatore moderno in voga tra il XIX e il XX secolo negli Stati Uniti. Per quanto riguarda invece la roccia che lo circondava si otterrà una risposta da un geologo chiamato J. Cole, il quale dirà che la concrezione intorno al martello non è di vera roccia ordoviciana ma è il risultato di un processo geologico che porta i minerali dissolti in strati antichi ad indurirsi attorno ad un oggetto avvolto di sedimenti.

30. Vaso di Dorchester

Dorchester è un quartiere di Boston (Massachusetts), il quale avrebbe preso il nome dalla cittadina inglese di Dorchester (Dorset) da dove arrivarono un grande numero di coloni che fondarono la città stessa nel XVIII secolo. Il quartiere era inizialmente separato dal resto della città e nacque come centro rurale, il quale raggiunse la popolazione di circa dodici mila abitanti nel momento in cui venne incorporata al resto della città nel 1860. Vennero quindi realizzate linee ferroviarie e strade che permisero alla cittadina di accrescersi sino al raggiungimento dei 150.000 abitanti, un traguardo raggiunto solo nel 1920.

Bisognerà però tornare indietro di qualche anno, nel 1851, per raggiungere l'anno in cui è iniziata una nuova storia che vede Dorchester come palcoscenico. Questa fu la data in cui vennero effettuati alcuni lavori edili all'interno della cittadina e, questi ultimi, avrebbero portato al ritrovamento di un antico vaso che venne subito dopo citato nella lista degli OOPART, dal momento che alcuni affermavano che esso avrebbe dovuto avere circa 320 milioni di anni.

> *"Alcuni giorni fa è stata prodotta una potente esplosione nella roccia della Meeting House Hill, nel quartiere di Dorchester, pochi isolati a sud della sala conferenze del Rev. Sig. Hall. L'esplosione ha prodotto un'immensa quantità di pietrame, alcuni pezzi del peso di alcune tonnellate, e ha scagliato frammenti più piccoli in tutte le direzioni. Tra questi è stato raccolto un vaso metallico separato in due pezzi, per la frattura provocata dall'esplosione. Le due parti riunite formano un vaso a forma di campana, alto 11,4 cm, largo 16,5 cm alla base e 6,3 cm in cima, e di circa tre millimetri di spessore.[...] sei figure di un fiore, o un bouquet, splendidamente intarsiato nell'argento puro, e attorno alla parte bassa una pergola, o tralcio, intarsiata anch'essa nell'argento"*

Questa una citazione di un articolo stampato sul Transcript di Boston, il quale affermava che il vaso sarebbe stato rinvenuto in una roccia puddinga[1] situata a circa 4,63 metri di profondità.

Venne quindi posta una domanda al lettore:

"*Non c'è alcun dubbio che questa curiosità era saltata fuori dalla roccia, come sopra detto; ma* **vuole il Professor Agassiz, o qualche altro scienziato, dirci per favore come questo è arrivato lì?** *L'argomento è degno d'investigazione, perché in questo caso non vi è alcun inganno.*"

Quanto sopra proviene dal Transcript di Boston e quello che ci stupisce è come il Transcript può supporre che il Prof. Agassiz sia qualificato a dirci come sia arrivato lì più di John Doyle, il fabbro ferraio. Non si tratta di una questione di zoologia, botanica o geologia, ma una questione relativa ad un antico vaso metallico, forse fatto da Tuba-Cain [Figlio di Adamo ed Eva, primo fabbro dell'umanità], il primo abitante di Dorchester.

Chiusura dell'articolo del Transcript da parte dello Scientific American

Vaso di Dorchester

Secondo le prime interpretazioni il vaso si sarebbe ritrovato in una roccia formatasi in epoche preistoriche come il Devoniano o il Permiano e, secondo lo scopritore, il vaso sarebbe "entrato" all'interno della roccia proprio durante il momento della sua formazione, quindi, quest'ultimo, nel Devoniano o nel Permiano doveva già esistere da qualche tempo. Tirate le somme, il vaso dovrebbe avere circa 100.000 anni, una datazione che lo porrebbe di gran lunga in contrasto con la storia dell'uomo e con le teorie evoluzionistiche di Darwin, tutt'ora considerate come le migliori e le più attuali. Purtroppo, nell'estratto si parla di un "esplosione", un dettaglio che non permette di avere alcuna certezza dell'origine del vaso dal momento che, quest'ultimo, potrebbe non essere mai stato all'interno di una roccia.

Secondo l'analisi artistica dei disegni rappresentati sul vaso, essi sarebbero degli *Sphenophyllum laurae*, una pianta fossile del Carbonifero superiore.

Stando a questa tesi si ipotizzò che, effettivamente, sul vaso vennero disegnate delle piante realmente esistenti, cosa che in campo artistico non sempre viene fatta.

Per quanto riguarda invece l'articolo di presentazione del vaso, esso sarebbe scarno di qualsivoglia informazione: non ci sarebbero foto che illustrerebbero il ritrovamento e si parlerebbe chiaramente di "sei fiori" quando, sulle foto odierne, vi sono solo "quattro rappresentazioni floreali" completamente diverse dall'immagine tipica di un fiore.

Le foto del vaso sarebbero state rese pubbliche solo in tempi successivi alla pubblicazione dell'articolo avvenuta nel 1852 e, la foto successivamente mostrata, farebbe pensare più ad un candeliere quasi completamente integro e per nulla diviso in due parti.

Il vaso, dopo qualche anno, scomparve e, di conseguenza, vennero a galla numerose altre teorie tra cui una tesi complottista legata proprio alle misteriose circostanze di scomparsa dell'oggetto, le quali sarebbero state atte alla volontà di nascondere l'autenticità del vaso da parte del mondo accademico-scientifico che non sapeva dare una risposta all'enigma. Purtroppo però le cose andarono diversamente: infatti, analizzando il vaso con delle metodiche poco più sofisticate di quelle disponibili allora, l'enigma del vaso si sarebbe potuto risolvere in brevissimo tempo, ergo, gli autori della bufala avrebbero deciso di ritirare il vaso per non essere scoperti e per bloccare le indagini.

Il vaso sarebbe però stato ritrovato nel basalto e, proprio questo dettaglio, ci fa capire qualcosa di molto interessante: il basalto, roccia di origine magmatica proveniente dalla crosta terrestre, bollirebbe a circa 3000 e 4000 °C, una temperatura a cui nessun metallo potrebbe resistere, nemmeno le leghe prodotte con il rame e il tungsteno che avrebbero un punto di fusione a 3410 °C. Il presunto metallo del vaso non potrebbe rimanere solido nemmeno sopra i 1030 °C e, il comportamento duttile, sarebbe settato intorno ai 960 °C. Il vaso non sarebbe mai dovuto esistere anche perché, se la storia fosse andata veramente in questo modo, esso si sarebbe dovuto squagliare per effetto delle alte temperature.

Evidentemente, il Vaso di Dorchester non venne mai ritrovato in uno scavo e, la bufala, venne completamente realizzata *ex-novo*, inventando tutto come successe nel caso della Statuetta di Nampa; un altro esempio di truffa realizzata partendo da zero.

1: Le rocce puddinghe derivano da sedimenti i cui elementi costituenti, a loro volta, derivano principalmente dall'accumulo di frammenti litici di altre rocce alterate.

31. Catena d'oro del Morrisonville

Ci sono alcuni artefatti che non hanno mai riscosso un gran successo, passando quindi inosservati sotto le telecamere dell'archeologia misteriosa. Uno di questi è la catena d'oro del Morrisonville, la quale, come un articolo precedente, non ha portato a grandi scoperte e rilevazioni, tant'è che non passò nemmeno sotto le grinfie di Von Daniken talmente tanto irrilevante.

Siamo nell'11 giugno del 1891, una data in cui comparve su un giornale dell'Illinois un insolita scoperta relativa ad un manufatto moderno incastonato in un blocco di carbone proveniente da una miniera. Secondo alcune analisi, questa catena era intrappolata in un un blocco che si sarebbe dovuto formare tra i 260 e i 350 milioni di anni fa durante il periodo carbonifero:

> *"Una curiosa scoperta è stata portata alla luce dalla signora S.W. Culp lo scorso martedì mattina. Mentre rompeva un grumo di carbone prima di metterlo nello scuttle [Secchio per il carbone N.d.A.], ha scoperto, quando il grumo è caduto a pezzi, incastonato in una forma circolare, una piccola catena d'oro di una decina di centimetri di lunghezza di lavorazione antica e pittoresca".*
>
> The Morrisonville Times

La donna, quando vide la catenella nel contenitore del carbone, pensò che doveva essergli caduta ma, andando a prendere la catena, notò che essa era ancora attaccata ad un pezzo di carbone; questo perché tirando su un estremità di quest'ultima vide il blocco ancorato ad essa.

Documenti, informazioni e storie più dettagliate nei confronti di questo fenomeno NON esistono; quindi, prima di interrogarsi sul fatto che la collana si trovava effettivamente attaccata al carbone e che il carbone venne datato (da non si sa chi) in maniera corretta, è da domandarsi se effettivamente questa collana esistette davvero dal momento che, guardando una sua foto (che non allego per questioni di banalità dal momento che è una normalissima catenella d'oro), appare come una semplice collana moderna che potrebbe aver subito un processo naturale molto simile a quello del "Martello di London".

Personalmente ritengo la cosa come una bufala bella e buona per questo semplice motivo: si prende una collana contemporanea, si finge di averla trovata in un blocco di carbone incastrandola in esso in qualche modo, la si mostra alle testate giornalistiche, si concede un analisi sul carbone e si fanno sparire le prove... il gioco è fatto: un OOPART misterioso che non ha ne capo ne coda dal momento che, come abbiamo già detto in altri articoli, la scienza (per effettuare delle analisi) si deve servire di prove e di più ricerche... dal momento che in questo caso non si ha ne una ne l'altra, allora non si può fare altro che sminuire l'enigma ad una semplice burla fatta, a mio dire, male.

32. Dito di Comanche Peak

Un dito fossilizzato venne acquistato a metà degli anni ottanta da un museo chiamato Creation evidence Museum, il quale sarebbe stato trovato nel corso di alcuni lavori per la costruzione di una strada di ghiaia estratta dalla Walnut cretaceus formatosi nel Comanche Peack.

Ovviamente non vi è nulla di strano nel ritrovamento di un dito fossile umano, almeno per quanto riguarda un primo sguardo sul caso; è solo se si cercano più informazioni che si riesce a captare il vero dilemma della questione. Vennero infatti svolte delle tecniche di scansione sufficientemente moderne sul reperto e, quest'ultimo, avrebbe rivelato alcune immagini e alcuni dati che lo vedrebbero risalente ad un periodo pari a 100 mila anni fa!

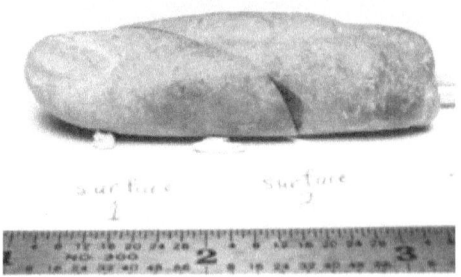

Dito di Comanche Peak

L'immagine che riporto non è altro che una foto provocatoria che assomiglierebbe più ad una pagnotta o ad una pietra che ad un dito; infatti, l'idea del dito è data soltanto da quella curvatura in punta che somiglierebbe ad un unghia. Ovviamente, a questo punto, dopo la divulgazione dell'immagine, sarebbero state delineate delle nuove prove non scientifiche quanto pseudo-scientifiche, ovvero la teoria secondo la quale il tessuto molle può fossilizzarsi e quella della comparsa dell'uomo ancor precedente a quella citata sui libri di storia... queste frasi andrebbero contro le idee più lapalissiane e chiare che ci verrebbero insegnate a scuola: i tessuti molli *non possono* fossilizzarsi poiché si decomporrebbero in momenti ancora precedenti al processo di fossilizzazione e, l'essere umano, sarebbe comparso solo dopo il cretaceo, periodo storico ipotetico in cui viene ipotizzata la fossilizzazione del dito.

Sarebbero quindi state svolte delle nuove ricerche intorno a questo dito e, queste ultime, avevano come obbiettivo il fatto di sfatare o meno l'essenza umana del ritrovamento. La prima analisi venne effettuata con il sezionamento del reperto mediante l'uso di una sottile sega in diamante mentre, il secondo sistema utilizzato, sarebbe stato quello dei raggi-X, il quale avrebbe dato la possibilità ai ricercatori di sfruttare altre due fotografie:

Cito quindi da un testo scritto da David Lynes:

> *"La mano è un magnifico insieme di leve (ossa), funi (tendini) e perni e pulegge (giunture). Essa permette ad un lanciatore di fare un lancio di palla curvo in un preciso posto o ad un violinista di suonare un concerto di Paganini. Alcuni di questi "macchinari" sono presenti nelle scannerizzazioni fatte del dito fossilizzato e mostrate qui."*

Pur osservando le immagini a raggi-X {disponibili solo sul blog per una questione di stampa ndr} io, e molte altre persone, non riusciamo a riconoscere queste parti della mano e del dito che questo professore cita nel suo resoconto. Ovviamente Lynes non è l'unico professore a sostenere l'autenticità di questo dito ma, insieme a lui, ci sarà anche una nostra vecchia conoscenza già citata precedentemente nel capitolo riguardante il Martello di London: Carl Baugh, creazionista.

La bufala si trova sin dall'inizio dell'articolo dal momento che, la fossilizzazione dei tessuti molli, è impossibile in natura se non molto difficile. Sarà però la TAC fatta al reperto che ci consente di capire ancora di più sulla natura di questo oggetto; infatti, non è come conclude Lynes nel suo articolo, dicendo:

> *"Questo lascia pensare a tre possibili soluzioni: uno, alcuni dinosauri avevano dita quasi umane; due, un mollusco preistorico con caratteristiche interne ed esterne identiche ad un dito umano; tre, gli esseri umani erano già*

presenti durante l'epoca del Cretaceo."

...bensì la questione è molto più semplice: le zone oscurate al centro del reperto sono provocate dall'intromissione delle radiazioni che non sarebbero riuscite (essendo una pietra) a penetrare fino al midollo del oggetto, lasciando così al interno di esso un enigma... il quale sarebbe però stato risolto con il semplice sezionamento del reperto che, stando alle documentazioni, non avrebbe portato a galla nulla.

Devo quindi concludere anche questa paginetta dicendo che, purtroppo, riguardo a questo reperto non sono stati svolti molti studi per via dell'interesse legato a quest'ultimo che non è mai stato particolarmente elevato. Ovviamente è inutile aspettare nuove evoluzioni della questione e nuove documentazioni, anche perché... purtroppo o per fortuna, non ve ne saranno. Questo reperto, come molti altri, è stato archiviato e bollato come un "Reperto scambiato per OOPART", dal momento che, come abbiamo visto, non è altri che una pietra dalla forma un poco particolare.

33. Porta del Sole

> *"Situato a quasi 4.000 metri di altezza, presso le rive del Lago Titicaca, il sito archeologico di Tiahuanaco testimonia lo sviluppo e la decadenza di una delle più importanti civiltà che precedettero la formazione dell'Impero Inca, in una regione corrispondente all'attuale Bolivia, al Sud del Perù e al Nord del Cile e dell'Argentina. A partire dal I e fino all'VIII secolo d.C., la città fu il centro di un vasto impero, che confinava con un'altra grande formazione politica preincaica, l'impero Huari, a sua volta dislocato nell'area costiera e andina dell'odierno Perù. La civiltà di Tiahuanaco si affermò soprattutto per la grande padronanza delle tecniche agricole."*

Così apre un articolo di Francesco Bandarin su "Giornale dell'Arte", il quale, nel corpo del testo, scruta il patrimonio di Tiahuanaco, in Bolivia. In esso verranno analizzati brevemente i templi, Pumapunku, del quale ne ho già trattato in precedenza ma, per ovvie ragioni, non parlerà mai di misteri o di OOPARTS dal momento che, come abbiamo già detto più volte, non sono altro che delle bufale o degli inganni, alcuni dei quali molto interessanti.

In questo nuovo articolo tratteremo di un altra costruzione misteriosa, in relazione della quale non esistono grandi documentazioni; infatti, alcuni dei siti in cui ero andato a prendere informazioni per il mio vecchio libro[1] sono stati attualmente chiusi mentre, per quanto riguarda i libri, sono ben pochi quelli che anche solo nominano il mistero di questa "Porta del Sole".

Costruita nel 200 o nel 600 d.C. dall'antica civiltà di Tiwanaku, questa costruzione rappresenta una sorta di arco in andesite ricavato da una sola pietra. Essa si troverebbe nelle zone del lago Titicaca in Bolivia e, nel corso del tempo, sarebbe diventata un simbolo di quella zona.

Per quanto riguarda la struttura del portale, esso sarebbe stato edificato a circa quattromila metri sul livello del mare e avrebbe un peso di circa dieci tonnellate con un altezza di circa tre metri e una larghezza di quattro. Probabilmente, in passato, la struttura sarebbe dovuta essere più grande o, ancora, sarebbe dovuta essere parte integrante di quello che era un tempio o un campo sacro.

L'arco è costituito da alcuni bassorilievi che formerebbero una misteriosa iscrizione dove, al centro, sorgerebbe un immagine più nitida rappresentante quella che secondo gli studiosi sarebbe una divinità Inca, Viracocha, il creatore di tutte le cose, il quale avrebbe creato il genere umano a partire dalla pietra.

Questa immagine però avrebbe fatto pensare ad altri studiosi che il dio in questione non sarebbe Viracocha ma il Dio del Sole, e da qui il nome della porta; questo per via di alcuni raggi laterali interpretati come solari (in tutto ventiquattro) che circondano la testa di questa rappresentazione. Sulla trave orizzontale della porta sarebbero quindi visibili delle incisioni molto particolari: quarantotto effigi alate che circondano la figura centrale, trentadue con un volto umano e sedici con un volto da rapace che dovrebbero (almeno in teoria) rappresentare quelli che sono i "chasquis", messaggeri al servizio dell'impero Inca.

Porta del Sole

Secondo delle analisi, la porta non sarebbe mai stata finita: questo viene detto da alcune ricerche svolte sul campo da alcuni ricercatori i quali, a loro volta, avrebbero notato che alcune delle immagini incise erano ancora abbozzate o non concluse; inoltre, venne analizzata anche la spaccatura sul lato destro, la quale sarebbe dovuta ad un fulmine; teoria incerta e forse infondata dal momento che non vennero mai trovati cenni di bruciature: vi sarebbe una leggenda che potrebbe spiegare questo fenomeno.

Tornando a metà di questo articolo scrivo che *"Viracocha, il creatore di tutte le cose, il quale avrebbe creato il genere umano a partire dalla pietra"*: essa, se lasciata in questo modo, sarebbe una frase incompleta dal momento che Viracocha, all'inizio, avrebbe provato a creare gli esseri umani con pietre molto grandi, generando così i giganti che, lui stesso, riteneva "senza cervello"; prese quindi delle pietre più piccole e, con esse, generò l'umanità. Stando alla leggenda i giganti in questione, in un periodo precedente al diluvio universale voluto dal Dio stesso per resettare la situazione, avrebbero dunque distrutto il portale per evitare che fosse violato.

La porta, a questo punto, sarebbe già dovuta esistere ancora prima della comparsa dell'uomo ma, secondo la leggenda Aymara [popolazione che vive prevalentemente nelle vicinanze del lago Titicaca], la porta nasconde un grande segreto: la Porta del Sole servirà per aiutare l'umanità futura nei guai.

Non solo la costruzione e le decorazioni sembrano però essere interessanti e degne di nota ma, in realtà, anche la posizione in cui essa venne costruita sembra portare qualcosa di interessante: essa sarebbe stata costruita in un punto specifico, infatti, all'inizio della primavera, davanti ad essa, si può osservare il Sole che sorge: un fenomeno che ricorda molto quello di Karnak e di Abu Simbel e che non dovrebbe stupire granché ma, ritornando alle immagini rappresentate sulla parte orizzontale della porta, esse sembrerebbero raffigurare una sorta di "schema base" di calendario, atto a determinare la cadenza di determinati fenomeni astronomici.

Ma cos'è e cosa significa tutto questo? Gli archeologi hanno deciso di vederla come una semplice costruzione realizzata da una civiltà antica che aveva tutti gli attrezzi e tutte le conoscenze per poterla edificare. Il mistero quindi non sussisterebbe; al massimo, la cosa interessante da rivedere (magari in un articolo/libro futuro) sarebbe la questione dei "giganti", i quali, a loro volta, sembrerebbero prendere in considerazione anche questa civiltà.

1: "OOPART: Reperti fuori posto" versione I e II

34. Mura di Cuzco

Un mistero che andremmo ad analizzare in questo capitolo è quello delle "mura ciclopiche" di Sacsayhuamàn a Cuzco (Perù), le quali si troverebbero a 3.555 metri di altezza sul livello del mare.

Queste mura vennero inizialmente scoperte grazie ad una spedizione di alcuni conquistadores spagnoli guidati da Francisco Pizarro, la quale si sarebbe svolta nel 1533. E' inutile dire che i partecipanti alla spedizione, giunti sul sito, rimasero sbalorditi dal ritrovamento.

Queste costruzioni sarebbero quindi state costruite dagli Incas ma, in realtà, secondo alcune testimonianze, non si saprebbe minimamente come essi abbiano fatto ad erigerle dal momento che, alcuni di questi massi, arriverebbero a pesare sulle duecento tonnellate... al cui dato bisognerebbe aggiungere il fatto che le cave di pietra più vicine sono comunque a diversi chilometri dal sito.

Mura di Cuzco

Le pietre sarebbero quindi state lavorate in maniera sublime, tant'è che alcune di esse arriverebbero ad avere un gran numero di lati per permettere così un incastro più facile dal momento che, in tutta la struttura, non è presente materiale di "saldatura" fra un monolite e un altro. Una cosa che è interessante precisare è anche la precisione con cui esse sarebbero state incastrate: infatti, tra una fuga e l'altra sarebbe impossibile infilare anche la lama di un coltello.

Secondo le teorie, le conoscenze degli incas in campo tecnologico e scientifico non erano per nulla sufficienti per poter realizzare un sito di questo tipo: era un popolo che conosceva solo gli utensili di pietra e che non avrebbe mai potuto realizzare tutto questo, nemmeno utilizzando un grandissimo numero di operai.

Leggendo quindi le cronache dei conquistatori spagnoli si leggerebbe che queste strutture di pietra sarebbero state costruite ancora prima dell'arrivo della popolazione inca, la quale le avrebbe a sua volta sfruttate ma, in realtà, non le avrebbe costruite; si andò quindi a pensare alla popolazione preesistente in quel luogo ancora prima dell'arrivo degli inca, i killke, i quali, essendo ancor più precedenti a questi ultimi, avevano delle conoscenze scientifiche e tecnologiche ancor più scarse rispetto ai loro successori; il che non spiegherebbe quindi il "chi" abbia realizzato queste mura.

Ovviamente, l'uso del Carbonio-14 non venne molto utile in questo caso dal momento che, quest'ultimo, può essere utilizzato soltanto per i materiali organici che contengono carbonio e, assolutamente, non su materiali inorganici come la pietra. Caso contrario, il rinvenimento di ceramica nei pressi delle mura aiutò i processi di datazione: grazie a quest'ultima si scoprì che effettivamente non sarebbero stati i killke a costruire le mura, bensì gli Incas stessi in tempi molto precedenti all'arrivo dei conquistatori, tant'è che vi sarebbe stato un lasso di tempo in cui sarebbe stata coniata la leggenda secondo la quale "le strutture erano già presenti al loro arrivo".

La fortezza di Sacsayhuamàn venne quindi edificata fra il 1438 e il 1500 se non poco prima e, i suoi costruttori, ovvero gli incas, non erano esattamente come dei trogloditi dal momento che, in questo lasso di tempo, in Italia si avrà l'architettura rinascimentale dove troveremo la Cappella Sistina (1475-1481), Ca' Granda (dal 1456), Palazzo Caprini (1501 – 1510) e, non solo… questo sito sarebbe quindi stato costruito circa 300 anni dopo Notre-Dame e 1200 anni dopo la muraglia cinese… per poi non parlare delle piramidi in Egitto.

Le conoscenze per costruire questi elementi quindi esistevano e gli incas stessi riuscirono a costruire questo sito con le loro stesse capacità. Se dovessimo investigare invece sulla funzione delle mura, esse avrebbero avuto un ruolo di protezione, difatti, esse dimostrarono la loro funzione militare già dal 1556, anno in cui Manco II assediò Cuzco.

La costruzione delle mura sarebbe quindi stata documentata: usarono le stesse tecniche usate per edificare un altro sito, Sacsayhuaman: trascinavano con delle corde i massi all'interno del cantiere (con l'ausilio di molti uomini), gli davano la forma e poi le depositavano al loro posto, il tutto sorvegliato da degli architetti pagati dallo Stato. Gli operai, invece, erano come in una sorta di "leva obbligatoria" dal momento che ogni villaggio doveva dare al progetto un tot. di uomini di modo da farli partecipare ai lavori pubblici.

I documenti sarebbero stati redatti da un certo Cieza de Leòn, il quale avrebbe visitato il sito per ben due volte in un solo anno, il 1540, menzionando l'estrazione delle pietre, il loro trasporto, lo scavo delle fondamenta e la capacità di costruzione e di organizzazione degli incas che contribuirono alla realizzazione di questo immenso progetto.

35. Batteria di Baghdad

Un altro manufatto interessante che è stato classificato come "oggetto fuori dal posto" è la così chiamata "Batteria di Baghdad", la quale dovrebbe essere risalente a quella che fu la dinastia dei Parti (dal 247 a.C. al 224 d.C.), nell'attuale Iran, in Persia.

L'oggetto in questione verrà esposto al pubblico soltanto nell'anno 1938 quando un tedesco, un certo Konig Wilhelm, lo ritrovò all'interno del Museo nazionale iracheno nel quale egli stesso prestava servizio. Sarà però nel 1940 che la storia subirà delle vere e proprie evoluzioni: dopo essere tornato a Berlino, il signor Konig diede alle stampe una sorta di Pamphlet sul quale scriveva che il manufatto da lui ritrovato sarebbe potuto essere niente di meno che una cella galvanica utilizzata dai persiani per placcare in oro degli oggetti di argento.

Batteria di Baghdad

Per quanto riguarda la struttura della pila si hanno alcuni dubbi che farebbero pensare che, questo oggetto, sarebbe potuto essere per davvero un OOPART: esso non è altro che una giara in terracotta di tredici centimetri di altezza che conterrebbe, al suo interno, un cilindro di rame ottenuto mediante l'arrotolamento di un foglio di questo materiale. Esso, a sua volta, conteneva una barra di ferro isolata dal cilindro grazie alla semplice apposizione di un tappo di asfalto. Non essendo però a tenuta stagna, il cilindro permetteva alla soluzione elettrolita di giungere in contatto con la barra di ferro e, questo, sarebbe approvato anche dal livello di corrosione dei componenti interni, un fenomeno che portò alcuni studiosi a supporre che questa soluzione non fosse altro che aceto, succo di limone o succo d'uva.

Il suo scopritore disse che quell'oggetto avrebbe potuto trovare la sua origine durante il dominio dei Parti ma, il dottor John Simpson, facente parte del dipartimento del Vicino Oriente del British Museum, disse che la stratigrafia e il contesto originale del sito non vennero riportati sulla documentazione nella maniera corretta; ergo, il manufatto potrebbe essere stato realizzato dopo la dominazione dei Parti.

Purtroppo, ben pochi sono in componenti databili: probabilmente solo la ceramica, mediante la termoluminescenza darebbe un aiuto nell'identificazione del periodo storico ma, ovviamente, questo indicherebbe solo la data in cui venne cotto il vaso (probabilmente di molto precedente alla data dell'assemblaggio). Caso contrario, lo studio della diffusione degli ioni consentirebbe di comprendere la data dell'interramento e non quella di costruzione.

Vennero quindi esaminate ben due tesi: un ipotesi elettrica e una non elettrica. La prima si basa sulla compresenza di due materiali; rame e ferro, i quali contribuirebbero a creare una coppia elettrochimica che, in presenza di un elettrolita, genererebbero una differenza di potenziale facilmente misurabile mediante il volt. Konig ritrovò infatti numerosi oggetti in Iraq, alcuni dei quali in oro: egli suppose quindi che un grande numero di essi sarebbe stato trattato con il metodo della placcatura, scaturito dall'utilizzo di batterie composte da più celle. Purtroppo per lui, al giorno d'oggi, siamo stati in grado di risolvere questo piccolo mistero della placcatura: questi oggetti, infatti, sarebbero stati trattati mediante un processo a fuoco basato sull'uso del mercurio... sarà però dopo la seconda guerra mondiale che Willard Gray dimostrò una riproduzione del manufatto in grado di produrre energia elettrica se riempito con del succo d'uva.

Dopo l'avvento della teoria di Gray, un certo Jansen sostituì al succo d'uva dell'aceto, ottenendo così dei risultati molto più significativi. Questi risultati ottenuti non sarebbero comunque molto interessanti dal momento che l'energia prodotta sarebbe davvero poca e, molto probabilmente, sarebbe stata appena sufficiente per consentire a qualche sacerdote di meravigliare dei fedeli elettrificando delle statue di metallo o facendo una sorta di ago-puntura.

Per quanto riguarda l'ipotesi non elettrica, essa scaturisce dallo scetticismo di alcuni scienziati che dicono che i test e le riproduzioni dimostrerebbero soltanto che era possibile realizzare una cella galvanica ma... non che essa fosse stata realizzata per davvero! Inoltre, se la batteria fungesse realmente da tale, allora si riscontrerebbero dei problemi come l'assenza di fili, l'assenza di manufatti basati sull'uso di energia elettrica e il sigillo di asfalto che non consentirebbe alcuna operazione di manutenzione.

L'oggetto venne quindi bollato come un porta-rotoli di papiri sacri che, effettivamente, somigliava molto a questi ultimi realizzati soprattutto nella vicina Seleucia (Tigri). Sarebbe stata la decomposizione dei rotoli a creare un ambiente acido che avrebbe così intaccato gli elementi interni della "pila".

L'idea che la pila avrebbe però potuto realizzare energia elettrica sarebbe stata messa alla prova due volte: la prima nella serie televisiva "Arthur C. Clarke's Mysterious World" dove, l'Egittologo Arne Eggebrecht, utilizzò una riproduzione della pila riempita con del succo d'uva ottenendo così una produzione di mezzo volt di elettricità: essa avrebbe quindi potuto caricare una piccola statuetta di argento in circa due ore... la seconda dai Mythbusters, i quali collegarono dieci batterie di Baghdad costruite a mano e riempite di succo di limone. Prese insieme, la produzione totale fu di quattro volt. La trasmissione disse quindi che il reperto avrebbe potuto trovare impiego per uso medico o per esperienza religiosa, se non per galvanizzazione.

Come per la questione delle Lampade di Dendera, alcuni pensarono che questa pila non era altro che la prova lampante della conoscenza dell'elettricità da parte degli antichi ma, in realtà, pur ammettendo il fatto che essa sia stata per davvero un oggetto elettrico, non verrebbe dimostrata l'idea secondo la quale "l'essere umano antico conosceva già l'elettricità": la pila di Baghdad è infatti un reperto unico, quindi significa che i suoi creatori non avrebbero mai puntato a dei miglioramenti o a delle implementazioni del sistema di produzione elettrica. Le "Batterie di Baghdad", se solo fossero state utilizzate in serie (e questo comporta l'esistenza di più reperti uguali ma che non vennero mai trovati) avrebbero potuto generare una tensione considerevole.

Nel corso del tempo vennero ritrovati altri modelli di prototipi simili ma non uguali, questi ultimi, ritrovati in altri siti molto lontani da quello in cui era stato ritrovata la prima batteria, tant'è che si scoprì che anche nei bazar attuali verrebbero utilizzati strumenti molto simili ma comunque primitivi per dorare o argentare strumenti di dimensioni molto piccole.

36. Pietra della donna incinta

La pietra della donna incinta, presa in considerazione in questo capitolo, è un monolite romano sito a Baalbek, antica Heliopolis (Libano). Essa sembrerebbe essere tra i monoliti più grandi mai estratti nella storia dell'uomo.

La pietra che stiamo prendendo in considerazione sarebbe dovuta giungere nei pressi di un tempio romano, forse come una sorta di aggiunta (trilite) mentre, intorno al curioso nome della pietra, vi sarebbero delle ipotesi che però non vennero mai accertate; una di queste sembrerebbe essere stata presa da una leggenda: si dice che vi era una donna incinta che ingannò il popolo di Baalbek facendo credere che lei sapeva come spostare il monolite; ella avrebbe confessato il metodo solo se gli fosse stato dato da mangiare fino a quando avrebbe dato alla luce il bambino. Un altra ipotesi deriverebbe dalle leggende che riporterebbero una nota importante: tutte le tagliatrici della pietra sarebbero state incinta... oppure, un altra ipotesi, riporterebbe un fatto particolare, ovvero quello che la pietra sarebbe in grado di donare fertilità a qualunque donna la tocchi con mano.

Pietra della donna incinta

Questo monolite si troverebbe quindi nell'antica cava ad una distanza di 900 metri (secondo altri 400) dal tempio di Heliopolis e, nel 1996, avrebbe conosciuto una spedizione austriaca proveniente da Linz che avrebbe condotto delle misurazioni specifiche: il blocco, secondo i loro calcoli, peserebbe 1,650 tonnellate, sarebbe lungo 20.76 metri con quattro metri di larghezza della base e un altezza pari a 4,21 metri.

L'età della grande pietra (dopo il taglio) sarebbe dunque di 2.000 anni circa e venne trovato per la prima volta da un istituto archeologico tedesco. Nel corso del tempo, ulteriori analisi porteranno alla conoscenza di un terzo blocco ma, comunque, fu sempre quello della donna incinta a dare scalpore, tant'è che in un resoconto viene descritto in questo modo:

> *"Il livello di levigatezza indica che il blocco sarebbe dovuto essere trasportato e usato senza essere tagliato[...] Si tratta perciò del più grande masso noto dell'antichità".*

La spedizione lavorò quindi sotto la supervisione di Jeanine Abdul Massih, collaboratrice del "Progetto Baalbek" della sezione orientale dell'"Istituto archeologico germanico" e, il tutto, avrebbe avuto un solo obbiettivo: trovare nuove informazioni sulle tecniche di trasporto e di estrazione dei megaliti.

Si pensò dunque di datare i blocchi di pietra calcarea intorno al 27 a.C., quando ancora la città di Baalbek era una colonia romana e, inoltre, fu una data in cui vennero costruiti tre templi principali ed altri minori; tant'è che venne riportata una piccola nota di grande importanza: "Degli enormi blocchi di pietra lunghi 20 metri vennero usati per il podio del grande Tempio di Giove nel santuario". Di questo tempio rimarrebbero quindi sei colonne e ventisette blocchi di pietra calcarea, tre delle quali sarebbero note come "trilithon" per via del loro peso imponente di 1.000 tonnellate.

Attualmente non si conoscono i metodi con cui questi monoliti vennero trasportati e posizionati durante la costruzione del tempio ma, ovviamente, il blocco di cui stiamo parlando non ha fatto nemmeno un chilometro di strada dalla cava, quindi potrebbe essere stato lasciato in quel punto proprio perché impossibile da trasportare su grandi distanze... se non davvero molto difficile. La risposta all'enigma sarebbe però data da un blocco in prossimità di quest'ultimo, quello di Hajjar al-Hibla, il quale sarebbe stato lasciato in loco perché la qualità della pietra formante uno dei lati di quest'ultimo era carente: "Si sarebbe probabilmente rotta durante il trasporto" dicono gli archeologi.

Questo è quindi un mistero ancora aperto ma che verrà tranquillamente risolto mediante degli scavi o delle ricerche più approfondite in tema.

37. Astronauta di Kiev

La prima comparsa dell'astronauta di Kiev fu sulla copertina di un libro scritto da Peter Kolosimo "Fratelli dell'Infinito" (1975), la cui immagine riprodotta su questo testo non era la statua originale bensì una riproduzione.

L'immagine di questo fantomatico astronauta apparirebbe quindi anche su numerosi siti che trattano di archeologia misteriosa e OOPARTs, tant'è che questo manufatto diventò un simbolo di questa categoria. La statuetta, infatti, verrebbe descritta da questi siti e da alcuni autori di testi come "L'unica statuetta europea che mostra tratti spaziali così evidenti […] rappresenta un individuo con quella che sembra una tuta spaziale con relativo casco"

La statuetta, infatti, sarebbe fatta d'oro e, il suo aspetto, richiamerebbe molto quello degli astronauti i quali, a loro volta, verrebbero subito ricollegati con quelli che sono gli "antichi astronauti", alieni provenienti dallo spazio e che avrebbero raggiunto il Pianeta Terra in passato per poterlo analizzare, sottomettere o, ancora, per velocizzare i processi evolutivi degli esseri umani; rispondendo così alla domanda "Come è possibile che l'uomo sia l'animale più evoluto e che ha subito ai posteri un evoluzione così rapida e precisa?".

Il casco della statua ricoprirebbe il volto della statua per intero e il suo sguardo sarebbe rivolto verso l'infinito. Proseguendo con lo sguardo verso il basso ci si accorgerebbe dunque che alla base del collo questi ha come delle giunture, le quali terminerebbero in quella che sembra una tuta trapuntata che verrebbe poi divisa da una fascia che suddividerebbe il busto e le gambe. Tutta la composizione termina con dei guanti apposti sulle mani.

Tutto il reperto si attesta e si ricollega a quella che sarebbe la cultura Scita e, si pensa, che essa sia stata prodotta tra il primo e il secondo secolo avanti Cristo.

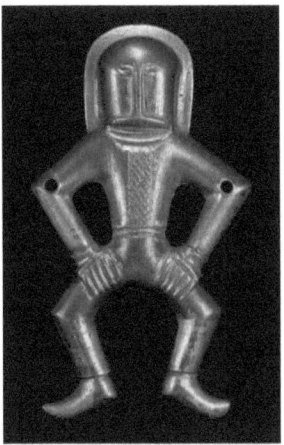
Reperto

Parliamo però di Kolosimo, il primo autore che avrebbe inserito questo reperto in un libro dedicato agli oggetti fuori posto: Peter Kolosimo, il cui pseudonimo è capace di trarre in inganno dal momento che, il suo vero nome, è Pier Domenico Colosimo (1922-1984) è stato un giornalista e uno scrittore italiano le cui opere vennero diffuse e tradotte in circa sessanta paesi, divenendo così uno degli scrittori più popolari degli anni settanta.

Egli verrebbe quindi considerato (insieme a Robert Charroux, Raymond Drake e Erich von Daniken) uno dei primi pionieri dell'archeologia misteriosa; la pseudoarcheologia che, come abbiamo detto nei precedenti capitoli, è un filone piuttosto controverso che si basa sullo studio delle origini delle antiche civiltà usando metodi POCO consoni e POCO scientifici, tant'è che la stragrande maggioranza delle teorie formulate dai sopracitati vengono sempre messe con le spalle al muro dall'archeologia tradizionale che contrappone teorie molto più fattibili e logiche che poi si dimostrano veritiere.

Egli fu uno degli scrittori che ipotizzò la teoria degli antichi astronauti (la paleoufologia) e, la sua bibliografia, incentrata pienamente su questo argomento, conta ben diciassette saggi e tre romanzi.

L'astronauta di Kiev fu quindi un reperto chiamato così dallo stesso Kolosimo per supportare le sue stesse teorie: è infatti una figura antropomorfa che, secondo lui, rappresenterebbe un alieno in tuta spaziale.

Questa tesi venne però completamente abbattuta dal momento che la sua interpretazione non fu altro che un autentico e madornale errore che fu in grado di vendere migliaia di copie. Essa, secondo Kolosimo, sarebbe stata realizzata tra il I e il II secolo avanti Cristo ma, in realtà, la sua fabbricazione sarebbe da porre secoli dopo, bensì tra il VI e l'VIII secolo dopo Cristo. Inutile dire che anche l'attribuzione al popolo Scita è sbagliata: in quel periodo storico in Ucraina vi erano Avari e Unni!

Il reperto, a questo punto, non rappresenterebbe un alieno in armatura ma un cavaliere in armatura; tant'è che basta osservare il cartellone di presentazione ad una mostra svoltasi a Trento (Italia) nel 2007 e la rappresentazione di un cavaliere per poter capire l'errore.

Lo stile della statua, infine, ci è anch'esso di aiuto dal momento che ricalcherebbe quello "tardo-barbarico"; basti vedere le cinque dita delle mani realizzate come se fossero delle zampe e l'aureola che cinge l'elmo, un ornamento di quest'ultimo eseguito per indicare il potere e l'importanza dell'uomo raffigurato.

Inutile aggiungere altri sviluppi che rafforzerebbero l'idea che essa non sia altro che un cavaliere; ovvero che, stando alle documentazioni, il reperto venne ritrovato insieme ad altri oggetti appartenuti ad un guerriero.

38. Monolite di Pokotia

In questo capitolo affronteremo un nuovo reperto che ha dato filo da torcere a studiosi e archeologi di tutto il mondo: il Monolite di Pokotia. Il monolite di cui stiamo parlando non è altro che una pietra di 170 centimetri ritrovata nel 1960 nei pressi di Pokotia, a due chilometri circa da Tiwanaku.

Sin dal 2002 alcuni ricercatori, tra cui Bernardo Biados, Freddy Arce, Cesar Calisaya e molti altri, analizzarono il monolito per cercare di ottenere delle risposte alle numerose domande che li assillavano: già ma quali sono? Per conoscerle bisognerebbe ripercorrere la storia del reperto.

Esso, conservato in Bolivia per essere studiato approfonditamente, rivelò la presenza di alcuni geroglifici che vennero sin da subito ricollocati nella categoria delle scritture proto-sumeriche pittografiche... sarà mediante questa scoperta che nascerà la domanda: "come hanno fatto i Sumeri a raggiungere le sponde del lago più alto del mondo e dall'altra parte dello stesso?".

Per rispondere alla domanda, gli archeologi sottoposero il monolito ad alcuni studi per cercare di ottenere delle datazioni, le quali definirono come periodo storico di creazione un *gap* temporale ancora precedente alla civiltà Tiwanaku classica; il monolito di Pokotia sarebbe stato quindi intagliato in un periodo antecedente al fiorire della civiltà Pukara. Il nome di questa civiltà è molto interessante; infatti, esso sarebbe derivato da un termine Quechua [etnia incas N.d.A.] che significherebbe "fortezza", dal momento che il popolo delineato con questo termine risiedeva effettivamente in una città fortificata... sarebbe quindi interessante ripercorrere la storia di quest'ultima civiltà di modo da comprenderla meglio dal momento che, molto probabilmente, avrebbe avuto origine da alcuni indigeni Arawak dell'Amazzonia che si spinsero verso la Sierra intorno al VI millennio avanti Cristo. Alcuni di essi, durante alcuni commerci, si sarebbero quindi fermati e si sarebbero mischiati con alcuni nativi Colla, dando origine così a due nuove culture; la Chirpa, la Qaluyo e, in tempi successivi, la stessa Pukara, sito in cui venne ritrovato il monolito.

Secondo uno studioso chiamato Clyde Winters su questo monolito vi sarebbero delle iscrizioni protosumeriche: stando alle sue descrizioni, le più importanti si troverebbero sotto le mani posate sulle cosce.

> *"Divulga a tutta l'umanità l'apertura dell'oracolo di Putaki. Si proclama che la stirpe di Putaki sarà stimata nel tempo. Agisci in modo giusto in modo che l'oracolo possa divulgare la saggezza. Apprezza il culto. Tutti devono testimoniare la volontà divina. L'indovino interpreterà la guida dell'oracolo, in modo da rendere note le regole che guideranno l'umanità. I cittadini testimonieranno in favore dell'essere umano che diffonderà la saggezza e sarà esempio di carattere forte."*

Seguirebbero quindi altre sei o più iscrizioni di carattere similare; alcune tradotte dallo stesso Winters mentre altre tradotte da altri autori che farebbero ricollegare tutto il trattato all'esplosione di una stella; un ipotesi che renderebbe il monolito contemporaneo alla nascita di Manco Capac [Primo imperatore inca] e Mama Ocllo [Dea della fertilità della mitologia inca], generati secondo la leggenda del lago Titicaca.

Sarà però un certo Bernardo Biados che emetterà una sua tesi, secondo la quale i Sumeri avrebbero avuto la possibilità e le capacità di circumnavigare l'Africa già a partire dal terzo millennio prima di Cristo; essi avrebbero potuto raggiungere in maniera occasionale anche il Brasile, luogo in cui avrebbero potuto esplorare il continente mediante gli affluenti del Rio delle Amazzoni (Beni e Madeira). Guarda caso, le imbarcazioni Sumere erano perfette per risalire il corso dei fiumi.

Se tutto questo fosse successo, allora i Sumeri sarebbero stati in grado anche di raggiungere l'altipiano delle Ande, mischiandosi così alle genti Pukara che, a loro volta, provenivano dall'Amazzonia e dalla prima miscellanea con i popoli Colla.

Monolite

Alcuni Sumeri sarebbero quindi tornati in patria portando con se alcune foglie di tabacco e di cannabis che avrebbero permesso a questi ultimi di commerciare con l'Egitto, tant'è che a prova di questo vennero ritrovate molte mummie che, sotto il bendaggio, riportavano alcune foglie di tabacco e di cannabis triturate con il compito di preservare il tessuto corporeo.

Ricapitolando: i sumeri sarebbero giunti in Brasile proprio durante la formazione del popolo Pukara al quale si sarebbero associati, avrebbero creato in loco la statua e poi, alcuni di questi migranti sarebbero tornati a casa portando con se un ricordo del loro viaggio: cannabis e tabacco (il quale era conosciuto solo in America) e, con quest'ultimo, sarebbero stati in grado di commerciare con il popolo egizio. Nel frattempo, in Brasile, alcuni Sumeri avrebbero continuato a stringere legame con i Pukara, affidando loro conoscenze tecnico scientifiche che, molto probabilmente, a quell'epoca non possedevano.

Ritornando quindi alla metà di questo articolo, ovvero:

> "Seguirebbero quindi altre sei o più iscrizioni di carattere similare; alcune tradotte dallo stesso Winters mentre altre tradotte da altri autori che farebbero ricollegare tutto il trattato all'esplosione di una stella; un ipotesi che renderebbe il monolito contemporaneo alla nascita di Manco Capac [Primo imperatore inca] e Mama Ocllo [Dea della fertilità della mitologia inca], generati secondo la leggenda del lago Titicaca."

...si potrebbe quasi affermare con certezza che sono stati i Sumeri, con la loro cultura, a portare questa innovazione della figura dell'"Imperatore" e della "Dea della fertilità".

Ovviamente però si deve basare il tutto su di un nulla di fatto: ipotesi e teorie... dal momento che questo monumento è ancora in corso di studi e di verifiche. Per ora dobbiamo accontentarci di sapere che, per davvero, i Sumeri sono stati capaci di raggiungere il sud America, magari con metodiche e tempistiche diverse dalle quali siamo abituati a pensare ma, gli indizi a noi lasciati, per ora, non lasciano altre possibilità di interpretazione.

Prima di chiudere l'argomento sarebbe meglio fare un ultimo approfondimento: per quanto riguarda l'interpretazione stellare menzionata prima, la traduzione, dovrebbe apparire in questo modo:

> *"Nel tempo che Manco Capac e Mama Ocllo uscirono dalle acque del lago Titicaca, apparì in cielo una nuova stella proprio al lato della Croce del Sud. Successivamente la stella si fece più piccola e quindi scomparve nel cielo. Si vedeva sopra le montagne all'orizzonte tra due montagne e iniziò a brillare il terzo giorno del quarto mese"*

La parte dorsale della statua sarebbe quindi come una sorta di documento che attesterebbe, in un certo senso, l'esplosione di una supernova dove, con il termine "uscita" usato nei confronti di Manco Capac e Mama Ocllo si sottolineerebbe la loro nascita che, come abbiamo visto, sarebbe dovuta essere niente meno che un accettazione di elementi culturali facenti parte di un altra popolazione, la quale avrebbe condiviso con gli incas le proprie tradizioni che, nel corso del tempo, avrebbero subito un processo di riadattamento dettato dalla gente del luogo.

Insieme a questo reperto però ve ne sarebbe un secondo che sembrerebbe dare supporto alla tesi dei "Sumeri giunti in America" e, quest'ultimo, si chiamerebbe "Vaso Fuente"... un artefatto che verrà trattato prossimamente in un capitolo creato appositamente per quest'ultimo.

39. Impronte di Glen Rose

La formazione di Glen Rose è una formazione geologica risalente al Cretaceo inferiore; essa non è altro che un vecchio bacino marino poco profondo esposto su una vasta area posta tra il Texas centrale e il Texas meridionale.

Questa formazione, del resto, è nota soprattutto per via della presenza di alcune impronte fossili di dinosauri trovate nel sito che ora si chiama "Dinosaur Valley State Park", posto vicino alla cittadina di Glen Rose. All'interno di questo parco dedicato al ritrovamento delle famose impronte scorre il fiume Paluxy, scenografia di questa nuova storia.

Viene chiamata "The Burdick Trak", un impronta di piede umano risalente a circa 100 milioni di anni fa apposta su del limo cretaceo trovato in prossimità del Cross Branch, un affluente del fiume citato precedentemente. Essa, le cui dimensioni sarebbero 16,5cm X 35,5cm, sarebbe stata al centro di un insieme di controversie e di polemiche per via della perfezione della figura... tant'è che si pensò per un lungo periodo che essa non fosse altro che un intaglio, forse fatto per gioco: l'autenticità di quest'ultima verrà quindi validata da un certo Carl Baugh, creazionista (già citato molteplici volte in queste pagine) e il signor Don Patton nel corso degli anni novanta del novecento.

Ovviamente, quando venne estratta l'impronta, i due personaggi già citati dovevano ritrovare il punto di estrazione di modo da verificare le tesi correlate al ritrovamento. Il sito venne ricercato utilizzando alcuni indizi dati dallo stesso calco, ovvero, la struttura morfologica e la composizione del minerale. Il sito verrà trovato solo alcuni giorni dopo.

Una volta ritrovato il sito, il signor Baugh e Patton chiamarono un esperto gioielliere, il quale avrebbe sezionato parte del tallone dell'impronta del Burdick Trak e una parte del Cross Branch (foto), il quale verrà poi messo in rilievo e verrà successivamente identificato come matrice.

Attraverso il taglio della roccia del Burdick Trak eseguita da Cordell Van Huse, i ricercatori sarebbero stati in grado di studiare il tipo di roccia e la sua struttura mentre, per quanto riguarda una sezione effettuata nella zona delle dita dei piedi, si riuscì a dimostrare che, effettivamente, vi era stata come una sorta di pressione intorno alle dita, quindi, l'impronta doveva essere autentica.

Impronte di Glen Rose

Ritornando quindi alle dimensioni dell'impronta citate prima, ovvero: lunghezza di 35,5 centimetri per una larghezza di 16,5, non si otterrebbe alcuna contraddizione se, per esempio, si dovesse mettere in relazione questa impronta con una effettuata da uno scalzista. Questa correlazione permetterebbe così di appurare che queste misure sono normali, soprattutto se la persona presa in considerazione (scalzista[1]) avesse avuto un altezza di 2,13 metri.

Durante le analisi all'interno del sito venne trovata anche un impronta di mano risalente al periodo cretaceo: essa sarebbe quindi stata presa come una conferma della coabitazione della Terra da parte di uomo e dinosauro. L'impronta, d'altronde, è molto precisa; tant'è che mostrerebbe addirittura le impronte digitali e il tessuto connettivo tra pollice e indice.

Ovviamente i due personaggi citati all'inizio di questo racconto dissero più e più volte che "era tutto vero"; l'essere umano e i dinosauri avevano coabitato per lungo tempo insieme.

Dopo di loro seguirono altri creazionisti, i quali continuavano ad affermare le teorie già espresse per supportare l'idea espressa inizialmente dai primi due studiosi. Ovviamente, se tutto quello che abbiamo detto fin'ora fosse vero... allora bisognerebbe riscrivere la storia dal momento che, gli esseri umani, sarebbero comparsi ben sessanta milioni di anni dopo l'estinzione dei dinosauri.

Nel corso del tempo anche i creazionisti stessi iniziarono a far barcollare la tesi sostenuta dai due progenitori della teoria; Baugh e Patton, i quali, come abbiamo già visto in altri casi, continuavano senza sosta a sostenere le loro idee anche quando tutto ciò che li circondava gli remava contro.

Ovviamente non è andata così e, di contro, abbiamo ben due teorie sufficiente valide che potrebbero smentire quanto detto. Purtroppo, la prima che rappresenterò di seguito, ha avuto alcuni piccoli problemi di validità per via dei processi geologici che, molto probabilmente, non avrebbero concesso a quest'ultima di essere intesa come quella reale.

La prima delle due tesi raffigurerebbe uno scenario in cui questa regione di terreno avrebbe visto realmente un passaggio di dinosauri e di esseri umani ma, questo, sarebbe capitato in due tempi completamente diversi; ovvero, l'essere umano transitò per quella zona solo dopo alcuni milioni di anni dal passaggio del dinosauro. Ovviamente questo metterebbe in gioco il fatto che il limo, o comunque la pietra in sito, al passaggio dell'uomo sarebbe dovuta essere ancora morbida e malleabile di modo da facilitare l'apposizione dell'impronta; il che non è impossibile ma quasi.

La seconda teoria invece vedrebbe come attori solo le impronte del dinosauro: essa dice che le tracce sarebbero state impresse da dei dinosauri bipedi metatarsali che avrebbero camminato su questo terreno e, nel corso del tempo, questo territorio avrebbe generato una sequenza di processi geologici (come un erosione causata da un riflusso di fango) che avrebbe richiuso alcune zone frontali delle impronte rendendole così più sottili e di forma più umanoide.

A questo punto ci sarebbe la questione della prima pietra, la "Burdick Trak"... la quale, probabilmente, non fu altro che una sorta di "bufala" che fece partire il tutto: non sto mettendo in dubbio l'originalità dell'impronta quanto il luogo in cui essa fu rinvenuta: da una semplice osservazione, infatti, il colore e la morfologia dello stampo {foto disponibili sul blog per questioni di stampa ndr} sono completamente diversi dalla pietra che si ritrova nei pressi del fiume Paluxy; in più, non sappiamo chi analizzò la pietra e dove venne analizzata, l'unica cosa che conosciamo è il tagliatore e i due commissionanti... dati troppo scarni e incompleti per poter accertare davvero l'originalità della pietra.

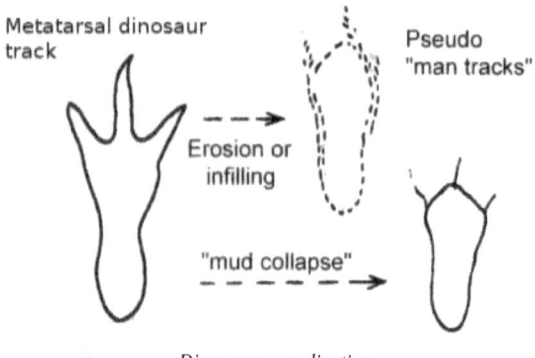

Diagramma esplicativo

1: [Perché nel testo ho precisato "Scalzista"?] Sui piedi grava l'intero peso del nostro corpo e su di essi si impernia la nostra deambulazione . Essi inoltre svolgono un ruolo importante su tutti i nostri movimenti, poiché su di essi si fa perno. *L'impronta di un piede normale dovrebbe essere di forma grossomodo triangolare,* con un vertice corrispondente al calcagno, mentre le *scarpe hanno una forma rastremata anteriormente, ovvero l'opposto della naturale geometria del piede.* La compressione da ciò derivante sulle dita del piede, il blocco di un qualsiasi movimento di esse, fa sì che la muscolatura di queste si indebolisca. Ciò cambia completamente il corretto equilibrio di tutto il corpo, il cui baricentro si sposta in avanti, con effetti negativi sulle ossa dell'intero scheletro. Tale situazione si peggiora con le scarpe femminili a tacco alto, in quanto il peso del corpo, anziché gravare sul calcagno, che normalmente dovrebbe sostenere la maggior parte del carico, si sposta sulle ossa delle dita, molto più delicate, con conseguente affaticamento, [Perché un individuo che porta le scarpe avrà un piede significativamente diverso da quello di uno che, al contrario, non le porta]

Ex Cursus – Datazione assoluta

La datazione assoluta è un processo che viene utilizzato ancora oggi dall'archeologia tradizionale per poter determinare l'età cronologica di un dato reperto. Questo tipo di datazione fornisce un età o un intervallo di tempo espresso in numeri. Questo sistema sarebbe quindi in contrasto con la datazione relativa, la quale posiziona gli eventi in relazione ad un riferimento noto ma senza appurare lo scarto annuale tra gli elementi presi in considerazione. Essendo quest'ultimo un sistema meno preciso ho deciso di allegare a "Homo aliena" una spiegazione sulla datazione assoluta che, a mio avviso, è anche molto più interessante.

Quando si parla di datazione assoluta si parla di quattro sistemi diversi: la datazione radiometrica, che a sua volta si divide tra carbonio-14 e potassio-argon; a luminescenza, suddivisa in "Termoluminescenza" e "OSL"; la dendrocronologia e la datazione con amminoacidi.

La datazione radiometrica, come dice il nome stesso della pratica, si basa sul tasso noto di decadimento radioattivo di alcuni isotopi[1] radioattivi che divengono nuclidi radiogenici. Per capire meglio di cosa si tratta propongo l'analisi del Carbonio-14, una delle tecniche più note e usate.

Il Carbonio-14 è un sistema che viene impiegato per datare soltanto dei campioni contenenti materiale organico; il composto organico, è così definito perché formato da molecole organiche basate sull'elemento Carbonio (indicato sulla tavola periodica con "C"). La radiazione cosmica che penetra nell'atmosfera produce, all'interno di campioni organici, l'isotopo radioattivo ^{14}C, il quale verrebbe assorbito dalle piante quando fissano l'anidride carbonica atmosferica nel corso del processo di fotosintesi clorofilliana. Il carbonio-14 così formato passerebbe attraverso la catena alimentare, agli erbivori e ai loro predatori, sia carnivori che onnivori. Con l'interruzione del ciclo del carbonio-14 (dovuta alla morte dell'animale), è quindi possibile risalire all'età del campione stesso: ci vogliono 5.730 anni circa perché la metà del quantitativo originario di carbonio si trasformi in azoto (emivita[2]) e dopo altri 5.730 la quantità originaria del carbonio-14 è ridotta ad un quarto, il quale diviene un ottavo dopo il superamento di un altro periodo di dimezzamento. E' quindi grazie a questo periodo di dimezzamento (ormai conosciuto) che studiando la percentuale di carbonio-14 residua in un manufatto è possibile risalire alla data di morte di un composto organico. Purtroppo l'emitivita di 5.730 anni è troppo breve se solo dovessimo prendere in considerazione l'ormai lontano periodo giurassico... per questo il carbonio-14 è reputato affidabile solo a 60.000 anni fa. Per ottenere datazioni sufficientemente veritiere per emettere un verdetto, l'archeologia (che è una scienza multidisciplinare) e la scienza stessa hanno elaborato dei nuovi sistemi come, per esempio, la datazione al potassio-argon.

La datazione al potassio-argon è un altro tipo di datazione radiometrica che, al contrario del carbonio-14, è capace di analizzare anni ben più antichi dei 60.000 proposti prima. Il potassio-40 è un isotopo radioattivo del potassio (K) che decade ad argon-40; l'emivita del potassio-40 è di 1,3 miliardi di anni che, a sua volta, è decisamente più lunga di quella del carbonio-14. Il potassio, del resto, è anche un elemento molto comune nelle rocce e nei minerali e, proprio per questo, è possibile datare campioni di interesse archeologico o geologico. Per quanto riguarda invece l'argon (Ar) è un gas nobile che, in realtà, non dovrebbe essere presente nei campioni... tranne quando viene prodotto mediante il decadimento radioattivo.

Allontanandoci dalla datazione radiometrica finiamo sulla dendrocronologia, un metodo di datazione basato sul conteggio degli anelli di accrescimento annuale degli alberi che, in molti tipi di alberi permette di dedurre gli anni di calendario in cui ogni anello si è formato. La dendrocronologia viene quindi utilizzata, oltre che nell'archeologia, anche nella paleoecologia[3] e venne utilizzata anche per calibrare il metodo del carbonio-14. Il limite di questo sistema è di poco superiore agli 11.000 anni fa.

Vi è quindi la datazione a luminescenza. La termoluminescenza è un sistema che fornisce l'età in cui il campione venne riscaldato per l'ultima volta: essa si basa sul principio che gli oggetti assorbono delle radiazioni dall'ambiente e che, quando un campione viene riscaldato sopra ai 500°C, gli elettroni vengono liberati dal reticolo emettendo della luce. E' proprio grazie a questi fotoni che si è in grado di risalire all'ultimo riscaldamento dell'oggetto. Dal momento che però si parla di radiazioni e calore, elementi che possono non mantenere una certa costanza nel corso del tempo, questo sistema ha solo il 15% di accuratezza anche se viene reputato ottimo per la datazione della ceramica che, al suo interno, contiene quarzo e feldspati che sono normalmente termoluminescenti.

Per quanto riguarda la OSL essa è un altro sistema di datazione a luminescenza e, il suo nome, non è altro che "Luminescenza Stimolata Otticamente" (*Optically Stimulated Luminescence*). La capacità di questo sistema è quella di essere in grado di risalire all'ultima volta in cui il campione studiato venne messo alla luce, la quale azzera il segnale di luminescenza che torna ad essere accumulato dal sedimento solo dopo l'interramento di quest'ultimo (per via della radiazione naturale dell'ambiente che ionizza i granuli minerali). Il prelievo del campione deve essere effettuato in condizioni di assoluta oscurità e, una volta in laboratorio, quest'ultimo rilascia un segnale OSL dettato dalla luce artificiale presente all'interno della stanza: è proprio il segnale OSL che permette di datare il campione essendo l'equivalente della dose assorbita a partire dalla sua deposizione.

L'ultimo sistema degno di nota è quello della racemizzazione degli amminoacidi, un processo naturale che permette di stimare l'età di un campione biologico. Tale tecnica viene utilizzata in archeologia, scienza forense, tafonomia, sedimentologia e paleobiologia. Basata sul concetto che tutti i tessuti biologici contengono amminoacidi, essi (salvo la glicina[4]) esibiscono attività ottica rappresentante la proprietà di ruotare il piano di vibrazione della luce polarizzata. Gli amminoacidi possono avere solo due configurazioni, ovvero D e L (rispettivamente "Destra" e "Sinistra") a seconda che facciano ruotare la luce polarizzata a destra o a sinistra. Salvo alcune eccezioni, tutti gli amminoacidi di un organismo vivente sono in configurazione sinistrorsa che muta in destrorsa a partire dalla morte dell'organismo stesso e formando così enantiomeri[5]. La misura del rapporto tra le configurazioni D e L di un campione biologico può quindi permettere di avere una stima del tempo trascorso dalla morte dell'organismo vivente (vegetale o animale).

1: Atomo avente numero di massa diverso rispetto ad un altro dello stesso elemento; due isotopi hanno quindi lo stesso numero di protoni (cioè lo stesso numero atomico) ma diverso numero di neutroni; estens., l'elemento stesso formato da un determinato isotopo (per es., l'isotopo 235 dell'uranio è l'elemento uranio quando è formato solo da atomi con numero di massa 235). [Tratto da Oxford Languages]

2: Negli elementi chimici radioattivi, il tempo in cui decade metà della massa iniziale dell'elemento stesso. [Tratto da Oxford Languages]

3: Ramo della paleontologia che si occupa della ricostruzione degli ambienti in cui vissero le faune e le flore fossili. Sedimentologia e palinologia forniscono i mezzi principali all'indagine paleoecologica. [Tratto da Treccani]

4: Amminoacido non polare e non chirale (proprietà di un oggetto rigido di essere non sovrapponibile alla sua immagine speculare. In chimica è detta chirale una molecola non sovrapponibile alla propria immagine speculare nelle tre dimensioni)

5: coppia di entità molecolari che sono immagini speculari ciascuna dell'altra e non sovrapponibili.

40. Fuente Magna

Il Vaso Fuente è un manufatto che venne ritrovato in Bolivia e che, ancora oggi, è al centro di una serie di controversie e di ricerche. La caratteristica che sembrerebbe donare a questo vaso fascino e mistero e il metodo di scrittura impiegato per decorare questo manufatto, la quale sarebbe rappresentata dalla scrittura proto-sumera e dai cuneiformi sumeri; caratteristica che abbiamo ritrovato anche nel capitolo in cui abbiamo parlato del "Monolite di Pokotia".

Il vaso è molto grande e, sin da subito, è stato interpretato come una sorta di vaso per libagioni utilizzato nel corso di alcune cerimonie religiose mentre, per quanto riguarda la sua storia, esso è stato donato dalla famiglia Manjon al municipio di La Paz negli anni sessanta del novecento. Prima di questo atto di donazione non si ha alcuna certezza nei confronti delle sue origini, tant'è che si pensa che sia stato trovato da alcuni agricoltori presso la località di Chua posta a circa settanta chilometri da La Paz sita in prossimità del lago Titicaca.

Attualmente il manufatto non è stato disperso ed è ancora un oggetto di studio, anche se viene custodito in un piccolo museo chiamato "Museo de Metales Preciosos" (o "Museo de Oro") a Calle Jaén a La Paz (Bolivia).

Vaso Fuente

Nella parte esterna del vaso sono presenti delle incisioni zoomorfe simili a quelle già ritrovate a Tiahuanaco mentre, per quanto riguarda la parte interna, esso riporta ancora una volta figure zoomorfe o antropomorfe, insieme alle quali figurano alcune scritte in *quellca*, lingua parlata dai Pukara (la cui storia è stata descritta precedentemente nell'articolo sul monolite di Pokotia) e in cuneiforme/proto-sumero.

La prima decifrazione dei testi venne eseguita da un archeologo boliviano chiamato Max Portugal Zamora, il quale eseguì alcuni lavori di restauro. Del resto, il suo tentativo di traduzione, non funzionò come avrebbe dovuto e la popolarità del vaso crollò a picco: solo alla fine del XX secolo il vaso richiamerà nuovamente del pubblico e verranno svolte nuovamente delle ricerche per comprenderne il significato e la storia.

Il 2000 conoscerà quindi delle evoluzioni: Freddy Arche e Bernardo Biados (archeologi) si recarono a Chua per chiedere informazioni ad alcuni nativi di modo da comprendere meglio l'origine del vaso ma, i vari interrogatori, non portarono quasi a nulla dal momento che vennero a sapere delle informazioni che già avevano. Ovviamente non riuscirono nemmeno a ritrovare i discendenti della famiglia Manjon che sembravano spariti. Una svolta alle ricerche verrà data da un certo Maximiliano, novantaduenne, il quale riuscì a riconoscere il vaso su di una foto: egli etichetterà come "el plato del Chanco", ovvero, il nome che veniva dato ai contenitori per dare da mangiare ai suini. L'anziano spiegò quindi che la ciotola era già presente nel villaggio da molti anni e nessuno la reputava importante, sino a quando un uomo non la portò via dietro pagamento, cedendola così al municipio di La Paz. Sostanzialmente, un oggetto antico che forse sarebbe stato di impiego per cerimonie religiose, aveva fatto la fine di una semplice ciotola per maiali.

Le informazioni appena apprese dai due archeologi furono molto utili e diedero un forte impulso alle ricerche: vennero quindi scattate numerose foto all'oggetto che vennero poi mandate ad un epigrafista americano chiamato Clyde Ahmed Winters, lo stesso che proverà a tradurre il monolito di Pokotia. Egli riuscirà quindi a decifrare le scritture e, quello che ne trarrà, sarà il seguente testo:

> "Avvicinati nel futuro ad una persona dotata di grande protezione nel nome della grande Nia. Questo oracolo serve alle persone che vogliono raggiungere la purezza e rafforzare il carattere. La Divina Nammu [dea sumera della creazione] diffonderà purezza, serenità, carattere. Usa questo talismano, per far germogliare in te saggezza e serenità. Utilizzando il santuario giusto, il sacrario unto, il saggio giura di intraprendere il giusto cammino per raggiungere la purezza e il carattere. Oh sacerdote, trova l'unica luce, per tutti coloro che desiderano una vita nobile."

Mentre, Alberto Marini, avrebbe tradotto una seconda parte della ciotola, portando alla luce questo testo:

> "Il Signore della serenità con la luce raccoglie e raduna i grandi animali, le capre e i bambini (indeboliti dalla mancanza di foraggio o vagando in cerca di cibo) verso i campi aperti per riposo."

Ciò che crea confusione nei ricercatori è il fatto di aver ritrovato delle iscrizioni proto-sumeriche su di un manufatto trovato nei pressi del lago Titicaca a 3800 metri sul livello del mare. Bisogna però ricordare che di questo reperto mancano sia le documentazioni che gli scavi, quindi non ci si può affidare ciecamente della rivelazione fatta da Maximiliano: questo dettaglio renderebbe quindi il tutto più nebuloso e oscuro dal momento che non darebbe la possibilità di fondare il ritrovamento su di un contesto solido!

Di questa ciotola, proprio per via dell'assenza di documentazione e di studi approfonditi da parte di archeologi legittimi, venne detto praticamente di tutto: lo stesso Zecharia Sitchin (Studioso della Bibbia e autore) userebbe il dettaglio del sumero presumibilmente inciso sulla ciotola come una prova dell'intervento di una razza aliena chiamata Anunnaki, i quali avrebbero avuto dei contatti e delle interazioni con i Sumeri.

Come abbiamo detto nel precedente capitolo, probabilmente i Sumeri erano in grado di compiere navigazioni transoceaniche, il che spiegherebbe anche il motivo del ritrovamento di tabacco e di cannabis nelle mummie degli antichi egizi, i quali le avrebbero ottenute commerciando con i Sumeri di ritorno dalle Americhe…

…ma ovviamente la realtà è un altra: non si possono fondare ipotesi basate sul nulla. Dal momento che l'archeologia è una scienza umanistica a tutto tondo non si possono piantare delle idee e delle teorie che non trovano contesto all'interno della realtà storica dei fatti. Come abbiamo già detto, questo reperto non ha mai riscosso un grande interesse fra gli studiosi e, proprio per questo, non sono state riportate delle documentazioni utili allo studio di quest'ultimo. La motivazione dietro tutto è anche basata sul fatto che non si può studiare un dato oggetto senza avere una benché minima idea del contesto che, in questo caso, non esiste.

Alla fine, quello di cui disponiamo sono quattro o cinque foto sfocate circolanti in rete, il reperto chiuso in un museo e una testimonianza che lo vedrebbe come una mangiatoia per maiali.

41. Disco di Scisto

{Alcune foto di questo capitolo non allegate per questioni di stampa sono disponibili sul Blog alla voce "Archeofake 41 – Disco di scisto" ndr}

Un nuovo articolo, una nuova storia: ci troviamo in Egitto, paese baciato dal Nilo e sfruttato da un antico popolo che è stato più volte vittima di articoli e libri che attribuivano a loro cose che non avevano mai fatto. Un insieme di bufale quello che circonda il mondo dell'antico Egitto; bufale che, come in questo articolo, non hanno mai avuto un fondo di verità.

Venne ritrovato a Saqqara nel 1936 da Brian Walter Emery: un grande disco di scisto realizzato circa cinque mila anni fa che pare di un livello tecnologico molto avanzato. Esso venne ritrovato nella tomba del principe Sabu figlio del faraone Aneddzhiba, quinto sovrano della prima dinastia dell'antico Egitto, il quale era chiamato "Stella della famiglia di Horus".

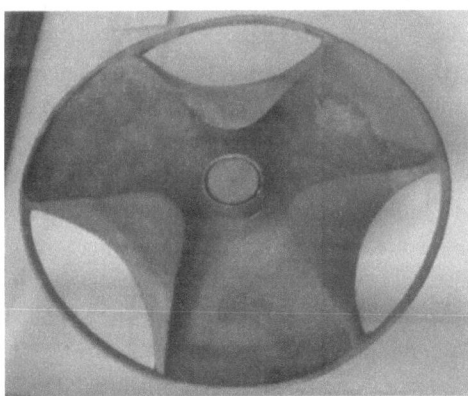
Disco di scisto

La tomba interessata, anche chiamata "Mastaba di Sabu" si trova alle porte del Delta del Nilo a circa 1,7 chilometri a nord della piramide di Djoser. La camera sepolcrale di Sabu non avrebbe scale mentre, la sua sovrastruttura, venne completamente riempita di vasi e pietre, coltelli di selce, frecce e strumenti in rame. Quello che attirò sin da subito l'attenzione di Emery, ovviamente, fu il disco: un contenitore a forma di ciotola.

L'oggetto analizzato in questo articolo ha un diametro di sessantuno centimetri e, al centro, riporterebbe un foro di circa 10,6 centimetri dall'utilità sconosciuta: esso sarebbe (stando alle descrizioni) simile ad un volante o ad un volano di un macchinario e avrebbe una serie di pale curve che lo farebbero assomigliare ad un elica di una barca. Le questioni curiose non terminano qui ma proseguirebbero anche analizzando la scelta del materiale usato per la produzione di questo oggetto; lo scisto, una roccia metamorfica a grana medio-grossa che tende a sfaldarsi facilmente in lastre sottili. Il problema di questo materiale è talmente tanto conosciuto che anche gli artigiani moderni evitano di utilizzarlo per i loro lavori talmente che fragile.

Il disco, attualmente, sarebbe esposto nelle sale del museo egizio del Cairo ma, prima di vedere cos'è realmente, approfondiamo le teorie che sono state create appositamente per quest'ultimo.

Innanzitutto si pensa (solamente per via della sua forma un poco particolare) un oggetto futuristico che non sarebbe mai dovuto esistere nel corso dell'antico regno e, inoltre, verrebbe collegato (a mio avviso, senza alcun filo logico) alla scoperta della ruota, avvenuta soltanto molti anni dopo, nel 1640 avanti Cristo mediante l'invasione Hyksos.

Perché secondo me il collegamento ruota-disco non è assolutamente pertinente nei confronti del caso che stiamo analizzando? Semplicemente abbiamo detto che il disco venne realizzato in un materiale fragile (quindi sconsigliato a portare dei pesi) e, soprattutto, il vaso è completamente scavato e vuoto! Se fosse una forma piena, il peso che esso riuscirebbe a supportare sarebbe maggiore ma, in questo caso, il vaso è completamente intagliato e non permetterebbe mai di essere posto in verticale con del peso (si frantumerebbe)!

Infine, vi sarebbe l'ipotesi ufologica scaturita da un certo Cyril Aldred, egittologo, che lo interpreterebbe come una copia di un antichissimo oggetto metallico che li avrebbe impressionati; un artefatto, quest'ultimo, che sarebbe quindi caduto da qualche astronave o qualcosa di simile.

Ma iniziamo a scoprire di cosa si tratta realmente.

La tomba 3111 era circondata da una struttura fatta di mattoni con delle pareti a nicchie, elementi che indicavano un elevato status sociale nei confronti di Sabu ma, nell'angolo sud della sovrastruttura, vennero ritrovate alcune piattaforme di blocchi di calcare intagliate in maniera rozza. Emery, a questo punto, avrebbe detto che questo dettaglio avrebbe potuto significare un fatto soltanto, quello che la tomba 3111 non era altro che una struttura temporanea, magari usata per le cerimonie funebri a Sabu stesso.

Il disco di scisto venne trovato nella sala G, la quale conteneva frammenti di pietre e ceramiche. Ovviamente, al momento del ritrovamento, il disco di scisto era stato trovato schiacciato e molto danneggiato; venne riparato poi, in tempi successivi, di modo da restituirgli la forma originaria.

Visto il luogo in cui è stato ritrovato e l'interpretazione fatta da Emery nei confronti delle lastre di calcare, non si può pensare in maniera diversa se non il fatto di attribuire a quest'ultimo una funzione spirituale e religiosa: un oggetto di culto. Esso, infatti, ha un buco centrale che sarebbe servito per incastrare la struttura su di un palo e, ai lati di questo cerchio, vi sarebbero state delle ampie zone che avrebbero potuto accogliere qualcosa... ma cosa?

La risposta all'enigma venne data da un ingegnere inglese, il quale lo interpretò come un antica lampada ad olio tripartita: l'oggetto aveva quindi un buco per palo, un sistema di stoppini comprendente circa sei fasci di giunchi e dell'olio, versato all'interno della conca che fungeva da vero e proprio vaso. Come conferma della conoscenza di lampade a olio trifiamma da parte degli egiziani abbiamo anche un altro reperto, questa volta rinvenuto a Deir el Medina.

Anche se questa è la soluzione dell'enigma, non ci si può dimenticare di citare alcune altre piccolissime bufale di grandiosa entità: venne detto che il disco era di metallo ma, come abbiamo già detto in precedenza, non lo è; venne detto che è di scisto... ma anche questa informazione è quasi del tutto sbagliata: esso sarebbe stato fatto in siltite, la quale sarebbe stata trasformata in roccia metamorfica (metasiltite), un materiale molto comune per costruire elementi di stampo rituale. Questo reperto si trovò anche a dover affrontare altre informazioni sbagliate comunicate su siti web e libri scritti da persone poco illustri: si disse che questo disco, quando venne creato, subì una realizzazione davvero molto precisa ma, questo dettaglio, non è propriamente vero: visto dall'alto e da alcune foto che si vedono online o su alcuni libri il disco compare effettivamente piano e preciso ma, accostandosi alla teca del museo del Cairo e facendo una foto su di un lato di quest'ultimo, la realtà appare ben diversa; il disco appare completamente deformato e per nulla preciso.

Infine, mi vorrei soffermare su un ultimo dettaglio: abbiamo detto che il faraone a cui si fa capo per la produzione di questo disco si chiamerebbe Aneddzhiba, quinto faraone della prima dinastia. Non avendo mai sentito prima d'ora questo nome andai a cercare su Google la prima dinastia egizia: Wikipedia, per fare un esempio, pone come quinto faraone Den, il quale non ha nulla a che vedere (nemmeno uno dei suoi nomi) con Aneddzhiba. Non contento aprii la lista dei faraoni citata sul libro "I Faraoni" di Clayton dove, al quinto posto, nella prima dinastia, vi è Adjib (o Anedjib); il quale, ancora una volta, non ha nemmeno un nome che possa essere ricollegato a questo fantomatico Aneddzhiba. Controllai quindi tutti i faraoni della dinastia per accertarmi dell'inesistenza di questo "Aneddzhiba"... non trovandolo da nessuna parte, cercai il nome su Google: gli unici link che avevo davanti ai miei occhi parlavano del disco di scisto e, ancora, su Google Immagini, le uniche foto presenti erano del disco di scisto.

Immaginavo di trovarmi una foto di una rappresentazione del faraone, qualche stralcio di testo sulla sua vita... niente, il vuoto più totale, come se non fosse mai esistito! A mio avviso, Aneddzhiba non è altro che una storpiatura del nome di Anedjib ma, se fosse così, Sabu non sarebbe mai potuto essere suo figlio, dal momento che il faraone ebbe soltanto due figli; Semerkhet e Merneit. Probabilmente, questo misterioso titolare della tomba 3111 non era altro che un funzionario o un personaggio importante che lavorava a corte o per lo Stato.

L'oggetto, tornando a noi, non sarebbe quindi niente altro che un tipico artefatto utilizzato nel corso di alcune cerimonie rituali e spirituali; inoltre, rientrerebbe perfettamente nell'antico regno.

42. Navicella di Troprakkale

In questo articolo parleremo di un altro oggetto che, presumibilmente, avrebbe consentito ai teorici della paleo-archeologia di affermare che alcune civiltà aliene, in passato, sarebbero giunte sulla Terra ad imprimere il loro dominio in mezzo agli uomini.

Il reperto di cui stiamo parlando si chiama "Navicella di Toprakkale", il cui secondo termine non è altro che il nome di un sito, il quale verrebbe scritto in diverse maniere a seconda della testata giornalistica o del libro utilizzato per ricercare delle informazioni. Questa navicella fatta in argilla risalirebbe, secondo le fonti, a circa 3000 anni fa e sarebbe stata portata alla luce durante alcuni scavi effettuati nel sito archeologico di Toprakkale (Tuespa) in Turchia e, attualmente, sarebbe custodita nel museo archeologico di Istambul.

La notizia del ritrovamento venne emessa dalla stampa slovena nel 29 Novembre del 1995. L'articolo, in qualche modo, sembrava voler descrivere in breve l'artefatto: esso ha 22 centimetri di lunghezza, una larghezza di 7,5 con, infine, un altezza totale che nel punto più alto raggiungeva scarsamente gli 8 centimetri. La parte retrostante dell'oggetto è alta e ricrea una sorta di assembramento tubolare conico simile a degli ugelli di scarico mentre, la parte anteriore, riprodurrebbe la zona affusolata di un razzo ipoteticamente moderno; in più, nella parte centrale, vi sarebbe un grande solco all'interno del quale vi sarebbe posta una statuetta che rappresenterebbe una figura antropomorfa in quella che sembra una tuta spaziale con tanto di stivali e guanti. L'abito sarebbe quindi stato realizzato mettendo in evidenza una successione continua di sporgenze curvilinee la cui struttura e morfologia richiamerebbe alla mente le tute spaziali dei cosmonauti sovietici delle prime missioni esplorative.

Navicella di Troprakkale

La figura rappresentata sulla statuetta è purtroppo danneggiata ma è comunque possibile distinguere al di sotto del mento alcune formazioni in rilievo che vennero associate a dei tubi per la respirazione del cosmonauta.

Tutta questa interpretazione sarebbe stata fornita dal Centro Ufologico di Taranto ma, a dire la verità, la realtà è ben diversa; infatti, questo manufatto non venne realizzato tremila anni fa e, inoltre, la comunità che viene associata alla costruzione di questo mitico artefatto non ha mai visto alcun alieno. Analizziamo le prove che ci consentono di comprendere la verità dietro a questa produzione particolare.

La statuetta di Tropakkale, in ottime condizioni se non per via della mancanza della testa del pilota, sarebbe stata scoperta all'interno del museo archeologico di Istambul da Zaccaria Sitchin, il quale fu autore di un grandissimo numero di testi deputati alla diffusione della pseudo-scienza e dell'archeologia misteriosa; un autore che, stando a quest'ultima frase, non era un autore attendibile di saggi dal momento che egli stesso non studiò mai archeologia (si laureò in storia economica all'Università di Londra) pur avendo scritto numerosi testi su quest'ultimo argomento.

Sitchin fu uno dei primi ad affermare che la statuetta avrebbe rappresentato un modulo spaziale risalente a circa tremila anni fa e, a suo dire, l'artefatto venne realizzato mediante l'uso di un materiale di supporto poroso; probabilmente una pietra di cenere vulcanica.

Alcune testate giornalistiche avrebbero quindi scattato delle foto all'artefatto e avrebbero dichiarato che questa navicella si trovava nel museo archeologico di Istambul e, storicamente, venne rinvenuta nel 1975 nel sito di Tuspa-Toprakkale. Essa venne quindi data tra l'830 e il 612 avanti Cristo e, proprio per questo, sarebbe stata ricondotta ad una civiltà chiamata Urartu, la quale si trovava nel nord-est del lago di Van.

Purtroppo questo artefatto non venne mai ritrovato; nel senso che nessuno scavo archeologico avrebbe mai documentato il ritrovamento di quest'ultimo; esso, infatti, sarebbe stato recuperato da un commerciante d'arte che lo avrebbe voluto donare al museo sopracitato.

Nel 2003 il Ministero per i Beni e per la Cultura della Turchia avrebbe inviato il reperto al Dipartimento di chimica delle analisi chimiche e petrografiche e, queste ultime analisi, avrebbero portato a galla un fattore che avrebbe contribuito a cambiare completamente le idee che si erano create intorno a questo reperto: esso sarebbe stato costruito solo venticinque anni prima del test e sarebbe stato realizzato mediante l'uso di gesso.

Fu però il direttore del Museo, un certo Alpay Pasinli, a dire che egli aveva capito sin da subito che il reperto non era autentico ma, la stampa occidentale, contribuendo alla diffusione della bufala, riuscì a convincere sia il personale del museo che i visitatori stessi, riuscendo così a far mettere in mostra il reperto. Sostanzialmente, la bufala, fu utilizzata come una sorta di pubblicità gratuita che, in breve tempo, portò un gran numero di turisti nuovi e vecchi all'interno dell'istituzione museale.

43. Disco genetico

In questo capitolo affronteremo un tema molto interessante dal momento che, ancora oggi, "sono in corso degli studi per verificarne l'autenticità". Il protagonista di questo racconto è il "Disco Genetico" il quale, secondo alcune fonti, racchiuderebbe al suo interno dei simboli che, incisi sulle sue facce, sarebbero in grado di ripercorrere alcune informazioni biologiche e genetiche riguardanti il processo evolutivo che dalla rana porta all'uomo.

Il disco è un manufatto di pietra nera (forse lidite) di circa 22 centimetri di diametro e di un peso di circa 2 chili. Esso, sulle sue facce, riporterebbe una conoscenza sorprendente nei confronti di quella che può essere chiamata "segreto della vita" e che, al giorno d'oggi, potrebbe portare un grande scompiglio nella comunità dei ricercatori e degli studiosi.

L'artefatto venne rinvenuto in Colombia da un certo Jaime Gutierrez-Lega, un designer e architetto che aveva l'hobby di collezionare strani manufatti del suo paese. Il disco, attualmente, sarebbe esposto al Museo di Scienze naturali di Vienna, in Austria e sarebbe sotto lo studio di una certa Vera Hammer.

Disco genetico

Per quanto riguarda la datazione del manufatto, esso dovrebbe avere circa 6000 anni ma, ovviamente, mancano ancora delle notizie effettive nei confronti dei processi di datazione svolti su di essi. Alcune fonti lo ricollegherebbero addirittura a quella che è la cultura Muisca.

Il disco, a sua volta, come già accennato in precedenza, riporterebbe dei simboli chiari riportati sulle sue facce e che, secondo diversi autori e scrittori, conterrebbero delle informazioni genetiche o biologiche riguardanti l'evoluzione dell'essere umano. Alcune di queste rappresentazioni raffigurerebbero degli organi genitali, ma anche spermatozoi, ovuli e la fecondazione dell'ovulo stesso; la trasformazione in embrione e la formazione del feto. Informazioni che, secondo la storia classica, non sarebbero mai potute essere recuperate da un popolo vissuto seimila anni fa. L'altro lato del disco rappresenterebbe delle raffigurazioni ancora più curiose: la divisione cellulare e i diversi stadi di una rana/serpente o entità sconosciuta.

Le notizie qui riportate e le descrizioni approfondite nel seguente testo, una volta verificate (se solo si dimostrerebbero autentiche) farebbero di questo disco qualcosa di davvero particolare e, effettivamente, potrebbero consentire a quest'ultimo di entrare ufficialmente nella categoria dei "Reperti fuori dal posto", la cui stragrande maggioranza dei rappresentati non sarebbero altro che bufale.

Come è possibile quindi che questo disco raffiguri degli elementi biologici microscopici se il primo microscopio venne realizzato da Zaccharias Janssen e suo padre Hanz Janssen nel 1590?

Ovviamente, come vale per tutti gli OOPART, il disco genetico non presenta alcuna nota archeologica esaustiva e, l'unica certezza che ci viene data, è quella del ritrovamento nei pressi della Colombia da un designer industriale che nulla ha a che vedere con l'archeologia. Per quanto riguarda invece gli studi, essi sono tenuti (a quanto ci viene detto) da una certa Vera Hammer che, ovviamente, non è un archeologa ma una mineralogista che lavora all'interno del museo dal 1992. Vera avrebbe incontrato il disco attraverso un certo Klaus Dona nel 2001, un altro autore di testi pseudo-scientifici che, in quel periodo, aveva curato la mostra chiamata "Misteri irrisolti" sita a Vienna. Egli chiese quindi alla dottoressa di fare un analisi ai raggi X degli oggetti esposti tra i quali vi era anche il disco genetico. Tutti gli oggetti presenti alla mostra, per un motivo o per l'altro, si rivelarono completamente falsi.

La bufala del disco genetico andrà avanti proprio con la poca coerenza del signor Dona che, dopo aver ottenuto feedback negativi dalle ricerche, continuerà a pensare con la sua testa e poco con quella della scienza ufficiale; tant'è che nel video: "Klaus Dona – The Hidden History of the Human Race – Must Watch" al minuto 25.50 dice che:

> *"[...] non c'è modo di identificare la cultura che ha prodotto il manufatto, senza menzionare nulla di come il disco sia stato trovato e senza fornire prove a sostegno delle sue dichiarazioni"*

La dottoressa Hammer, ovviamente, sentita questa rivelazione da Kanga.Tv, smentì di aver datato o collocato il disco in particolari epoche storiche e, soprattutto, disse di non aver mai interpretato i simboli incisi che restano esclusivamente ad interpretazione del proprietario. Disse infine che i materiali di supporto del disco non erano altro che feldspato, quarzo e mica. La Hammer ribadì quindi che il disco si trattava di un vero e proprio falso d'autore.

44. Mappa del Creatore

> *"La misteriosa mappa di 120 milioni di anni fa - Scienziati russi hanno annunciato di aver trovato nella regione degli Urali una grande lastra minerale di origine artificiale che ritengono vecchia di 120 milioni di anni e che riporterebbe una mappa geografica in rilievo della regione. Lo ha riferito il professor Aleksandr Chuvyrov, della facoltà di chimica dell'Università di Bashkir, nella repubblica russa dei Bashiri, secondo il quale la mappa tridimensionale potrebbe essere stata realizzata solo grazie a prospezioni aeree. Secondo quanto ha detto Chuvyrov all'Ansa, confermando informazioni pubblicate dal quotidiano Pravda Online, 'la lastra sarebbe solo un frammento di un'enorme mappa di tutta la Terra che, data l'ipotizzata età del manufatto sconvolgerebbe tutte le conoscenze attuali'. L'uomo di Neanderthal comparve sulla Terra 75.000 anni fa. Chuvyrov, 53 anni, ha detto di non voler suggerire un'origine extraterrestre, ma definisce 'inspiegabile' la mappa."*

Questo il testo che comparve sul sito del Corriere della Sera nei confronti di un altro oggetto che affronteremo in questo articolo: la "Mappa del Creatore" o "Pietra di Dashka".

Questa pietra venne rinvenuta in Russia nel corso del 1999 da un professore di fisica e matematica dell'Università di Bashkir (Aleksandr Chuvyrov) e da un suo studente. I due, prima della scoperta, stavano cercando delle prove di un ipotetica migrazione cinese in Siberia e nella regione degli Urali e, di inerente a questo tema, riuscirono a trovare alcune incisioni rupestri redatte in lingua cinese antica, rafforzando o, per meglio dire, confermando così l'ipotesi dei migranti cinesi. Le incisioni avrebbero contenuto delle informazioni su alcune negoziazioni e alcune registrazioni di matrimoni e morti ma, ovviamente, queste informazioni agli esploratori non bastarono.

Nel corso delle esplorazioni trovarono, negli archivi del governatore generale di Ufa, alcuni riferimenti a circa 200 tavolette incise e di carattere insolito situate nelle prossimità del villaggio di Chandar: il team si recò quindi in loco nel 1998 ma non riuscì a trovare alcuna di queste tavolette, bollando così tutti questi riferimenti trovati negli archivi come una semplice leggenda. Solo nel 1999, più precisamente il 21 Luglio, un funzionario locale disse al professore di avere una di quelle tavolette nel suo cortile che, una volta recuperata, dimostrò di essere la famosa Mappa del Creatore, la quale possedeva un peso di quasi una tonnellata e misurava 1,48m di altezza, 1,06m di larghezza e 16cm di spessore, il quale, a sua volta, era composto da tre strati geologici: dolomite, diluide e porcellana.

La pietra sarebbe dunque una mappa in bassorilievo che mostrerebbe una parte della regione in cui si trovava e, il tutto, sarebbe stato scolpito mediante l'uso di una scala 1:1100, tant'è che su di essa sono molto ben visibili i fiumi Sutolka e Ufimka. La mappa mostrerebbe anche un gigantesco sistema di irrigazione composto da un meccanismo bimodulare composto da due canali e dodici enormi dighe che, se rappresentate nella scala adeguata, avrebbero dovuto richiedere (per la loro costruzione) lo spostamento di circa sette milioni di metri cubi di terra.

I ricercatori pensavano quindi che questa pietra fosse vecchia di tremila anni ma, in seguito, il reperto, venne esposto a dei test paleontologici che suggerirono l'idea secondo la quale il reperto proveniva da un era geologica convenzionalmente assunta in 120 milioni di anni fa. Eppure, dal momento che aveva anche una scritta su di un lato, l'oggetto doveva essere stato lavorato a mano o, almeno, in parte.

Il team del professore pensò subito che la scrittura situata su un lato della mappa fosse cinese ma, in realtà, si scoprì che la lingua con la quale era stata scritta quest'iscrizione era troppo antica per essere decifrata: se effettivamente questa pietra faceva parte di un set di duecento tavolette, allora potrebbe essere solo un pezzo, una parte di mosaico progettato da una panoramica aerea della regione o, perché no, di una parte estesa di mondo.

La mappa stessa, a sua volta, rivela delle caratteristiche paradossali: sarebbe stata realizzata da una civiltà che non sarebbe mai dovuta esistere e, in più, quest'ultima, doveva possedere anche le capacità di effettuare dei voli motorizzati e delle tecniche di ingegneria sopra ogni limite.

Purtroppo però anche quest'ultimo OOPART si tratta di una

bufala: infatti, essa ritrarrebbe (stando alle descrizioni) la Russia di oggi, cosa completamente impossibile dal momento che la Russia di 3000 o 120 milioni di anni fa non era per niente simile a quella attuale. In più, la pietra che prima era esposta in un museo, ora non si riesce più a trovare da nessuna parte. Fatto sta che ogni tanto la leggenda di questa mappa che, molto probabilmente, fu un pesce d'aprile della società americana History of Cartography Project, ogni tanto salta fuori ancora ma... sempre più raramente.

45. Viti dell'era dei dinosauri

L'inventore della prima vite si chiamava Archita di Taranto (Ἀρχύτας), ed è esistito fra il 428-360 avanti Cristo mentre, Archimede (Ἀρχιμήδης) (287-212 a.C.) fu l'inventore delle pulegge; quindi, è impossibile (almeno in teoria) trovare viti e pulegge databili a periodi precedenti di questi gap temporali che abbiamo delineato adesso.

Nel 1865 venne estratto da una miniera di Treasure City (Nevada) un blocco di feldspato che, a quanto viene detto, conteneva una vite arrugginita. La pietra sarebbe quindi stata datata a 21 milioni di anni mentre, la vite rinvenuta in questo blocco, avrebbe avuto una lunghezza di circa 5,08 centimetri ma, ancora oggi, non si conosce chi abbia estratto il feldspato, la proprietà attuale del blocco e ne il proprietario della vite. Dal momento che nulla si conosce se non un piccolo trafiletto stampato su carta, è impossibile analizzare approfonditamente questo reperto dal momento che non si conosce nulla.

La scienza, ovviamente, per poter analizzare qualcosa, deve avere delle basi come, per esempio, una documentazione archeologica, un contesto e altre informazioni importanti; senza nulla di fatto, questa vite non può essere analizzata in maniera approfondita dal momento che quest'ultima, come abbiamo già visto nell'articolo delle nano-spirali, sarebbe potuta essere davvero molto antica o anche molto recente... tant'è che sono diversi gli OOPART risalenti ad anni non molto lontani ma che, per via di un processo geologico di roccia-formazione, sono stati datati a secoli di distanza da noi.

Del resto, vennero ritrovate altre due viti che vorrei menzionare qui di seguito per una questione di completezza anche se, in realtà, per queste due, siamo punto e a capo... il ragionamento da porre anche a questi due reperti è lo stesso che ho citato in precedenza dal momento che, come al solito, non si hanno documenti, contesti e altre informazioni importanti che potrebbero aiutarci nello studio di questi elementi.

La prima vite è quella che venne ritrovata in Russia nel 7 ottobre del 1996 a Kaluga. Essa sarebbe stata incorporata nella roccia dall'età di 300 milioni di anni.

La vite avrebbe una dimensione di circa due centimetri di lunghezza e, secondo alcune testimonianze, sarebbe stata trovata da un gruppo di ricerca chiamato Kosmopoisk (**Космопоиск**: Ricerca spaziale), il quale non era altro che un gruppo di ricerca ufologico. Vennero quindi ritrovati dei frammenti di meteorite e, questi ultimi, al loro interno, avrebbero contenuto un grande numero di viti che sarebbero databili a 300/320.000.000 anni fa.

Ancora una volta, non si hanno descrizioni o foto di queste ultime e non si sa chi abbia datato il ritrovamento; ergo, la descrizione sopracitata potrebbe anche essere completamente infondata.

L'ultima vite di cui vorrei parlare è quella rinvenuta in Cina, scoperta tra le montagne del Mazong nel 2002. Ancora una volta la vite era incastrata in una roccia che venne poi trovata da un certo Zhilin Wang durante alcune ricerche. Il colore della roccia era nero ed era particolarmente dura; pesava circa 466 grammi e, le sue dimensioni, erano di circa 7 x 8 pollici. L'oggetto nel corpo della pietra, a sua volta, aveva tutte le caratteristiche per essere definito "vite" e, inoltre, la sua lunghezza era pari a sei centimetri.

46. Pietre di Aztlàn

Abbiamo parlato di altri oggetti simili a quelli che andremo a descrivere ora... le pietre di Ica, i dischi Dropa; tutte cose che abbiamo già sentito e smascherato dal momento che non erano altro che grandi bufale d'autore atte a creare scalpore e a sostenere le più svariate teorie, dall'arrivo degli alieni sulla Terra al creazionismo.

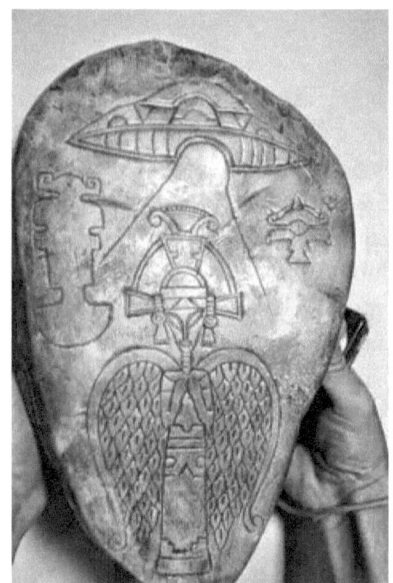

Pietra di Atzlan

Le così chiamate Pietre di Aztlan, conosciute in lingua locale anche con il termine "Ojuelos Piedras" (la cui traduzione letterale sarebbe "Pietre per/a occhielli" N.d.A.) sarebbero dei supporti di ceramica che, sopra di essi, raffigurerebbero delle immagini o delle scritte che, secondo alcuni studiosi, racconterebbero una storia alquanto bizzarra e particolare: un contatto extraterrestre avvenuto all'incirca ventisette mila anni fa.

Inizialmente, le figure rappresentate su queste pietre vennero interpretate come figure antropomorfiche preispaniche ma, nel corso del tempo, l'interpretazione di queste pietre mutò drasticamente: alcuni arrivarono a pensare che quelle immagini non sarebbero state altro che delle rappresentazione di grigi; gli alieni di cui tanto si parla: i visitatori dalla pelle liscia e dai grandi occhi neri e vuoti.

A questi alieni antropomorfi, sovente (e non sempre) vengono allegati dei disegni raffiguranti dischi volanti e altre cose extraterrestri che sembrerebbero dare man forte alla tesi secondo la quale la Terra, in antichità, subì davvero delle visite da parte di alcuni alieni.

Ovviamente, sin da quando ho visto la prima pietra mi era salito un grande dubbio inerente al modo con qui queste ultime vennero realizzate: *sono fin troppo precise ed esplicite per essere reali*. Lasciamo però i commenti a parte e continuiamo a descrivere la storia di questo artefatto.

Fu un uomo, Garcìa Sànchez, ad investigare in maniera approfondita l'origine di queste pietre e, da quanto poté dedurre, su tutte queste pietre vi erano rappresentate circa 300 o 3.000 figure una diversa dall'altra; un numero dato a grandi linee dal momento che su alcune di queste pietre vi erano più crani alieni sovrapposti, rendendo così difficile il conteggio delle entità rappresentate.

La notizia salì quindi sulle prime pagine dei principali giornali scandalistici e queste pietre vennero definite come elementi capaci di descrivere la vera storia della città Azteca di Aztlàn, dal momento che sulla pietra circolare omonima è ben visibile la raffigurazione di una testa molto simile a quella di un alieno.

Stando quindi ai processi di analisi svolti su queste pietre, essi sarebbero stati condotti da ricercatori e investigatori di UFO che, a loro volta, le avrebbero studiate e datate utilizzando il metodo del C-14, giungendo così alla conclusione che esse sarebbero state datate ad almeno 27.000 anni fa.

Le statuette verranno poi analizzate da un altro studioso, Jaime Maussàn, un ufologo messicano. Egli le presenterà poi nel suo programma televisivo "Tercer Milenio" dove inviterà anche un altra persona: Klaus Dona e, in più, un fisico teorico: Nassim Haramein con il quale, tutti insieme, commentarono le pietre descrivendole come un autentico mistero che sarebbe da ricollegare alle mummie Aliene di Nazca in Perù (un altra bufala).

A questo punto i teorici degli UFO direbbero che gli alieni avrebbero preso contatto con le popolazioni locali mesoamericane in tempi preistorici ma, qui... vi è un grande problema. Dal momento che questo mistero si basa sostanzialmente su un fattore cronologico non si può dire altro che è una bufala bella e buona e, i motivi dietro a quest'ultima affermazione, non sono pochi.

Vediamo prima di tutto che viene datato un oggetto inorganico con un sistema che non lo permette, il radiocarbonio; questo significa che, sostanzialmente, le pietre non sono mai state studiate sotto il punto di vista cronologico: l'età attribuita a queste ultime non è altro che mera fantasia; si creano delle pietre, si finge la loro scoperta, si fanno datare ad uno sconosciuto mediante un metodo incapace di farlo e si rivela al mondo intero che le pietre risalgono a moltissimo tempo fa (anche se sono state create l'altro ieri). La gente con poca o nessuna conoscenza nei confronti dell'archeologia e dei sistemi di datazione farà poi il resto: si lascerà abbindolare da parole dette da uno sconosciuto e concederà al reperto di raggiungere un buon livello di popolarità.

Ci troviamo infatti in un periodo storico dove la verità conta poco; anzi, la verità si può creare dal nulla... essa non è più scritta nero su bianco ma, al contrario, "verità" è ciò che viene reputata tale dalla maggior parte delle persone: non importa quale sciocchezza sia quest'ultima, basta che sia una credenza diffusa ed essa diventa in automatico, per via di alcuni processi legati alla psicologia di massa, qualcosa di reale e di approvato.

Inoltre, voltando le spalle alla datazione che, come abbiamo visto, non è possibile... veniamo ai protagonisti del racconto: ufologi ultra-screditati e sostenitori dell'archeologia misteriosa. Dare nelle mani di queste persone qualcosa di non completamente accertato dalla scienza è un errore madornale: prima di tutto sono quasi certo nel fatto di dire che queste persone hanno creato da zero questo OOPART, un po' come nel caso del Papiro Tulli e, inoltre, sono assolutamente certo che le persone che abbiamo menzionato in questo testo hanno delle conoscenze scientifiche e/o archeologiche che hanno sapientemente aggirato per potersi prendere gioco di chi, in realtà, non le ha.

Infine, e qui chiudo... queste pietre non hanno mai riscontrato un grande successo, tant'è che l'archeologia stessa le ha bollate sin da subito come bufale ma, questa notizia, venne subito intercettata e bloccata dai sostenitori della fanta-archeologia.

47. Portali dimensionali a Porto Rico

Ci troviamo in una grotta situata nell'isola di Mona nei pressi di Porto Rico dove, alcune spedizioni di archeologi dell'università di Leicester e Cambridge hanno scoperto una grandiosa concentrazione di arte Taino (popolazione amerindia che popolò i Caraibi).

Ipotetico portale dimensionale posto dietro la rappresentazione di un umanoide

Migliaia furono i dipinti rinvenuti in questo luogo: alcuni rappresentavano teste di animali o teste di esseri umani, altre esseri ibridi mentre altre ancora degli schemi geometrici e curvilinei che fino a quel momento non erano mai stati visti prima. Tutte queste rappresentazioni sono state trovate in soltanto una parte di tutte le grotte; infatti, quelle esplorate furono solo trenta, rispetto al totale che ammonta ad una cifra che supererebbe il centinaio.

Ovviamente le pitture, composte da sterco di pipistrello e guano, furono studiate e, da alcune ricerche, ne uscì che molto probabilmente furono realizzate tra il XIV e il XV secolo. Stando a quanto viene detto dagli archeologi nei confronti della produzione di questi dipinti:

"I dipinti sono stati fatti con escrementi di pipistrello che, nel corso dei decenni, avevano assorbito minerali gialli, marroni e rossi che si ricreano naturalmente

dai pavimenti della grotta. A volte è stata aggiunta la resina vegetale per aiutare la vernice del guano ad aderire alle pareti delle grotte. Altre immagini sono state create semplicemente attraverso l'uso di pastelli di carbone di legno"

Stando a quanto dice la mitologia dei residenti, i Taino, le grotte dell'isola non erano altro che il luogo di origine dei primi esseri umani, della Luna e del Sole; inoltre, questi luoghi, nel corso della storia, vennero utilizzati anche come sepolcri e sono stati considerati più volte come luoghi in cui risiedevano spiriti ancestrali e divinità ma, non solo: le grotte sarebbero state come delle passa-porte all'interno dei quali vi dovevano essere dei portali dimensionali (raffigurati anche nei disegni di queste mura) che consentivano all'essere umano di raggiungere il divino per poterci comunicare (o viceversa).

Ma allora è vero? Le immagini rappresentate sulle mura di quelle grotte sono una vera e propria testimonianza di un antico passato? Insomma, è possibile porsi numerose domande nei confronti di queste grotte e di questi portali dimensionali; forse esistono ancora e non sono ancora stati trovati o, addirittura, bisogna recitare delle parole o fare riti particolari per riuscire a sbloccarli.

Questo piccolo paragrafo molto fantasioso non è altro che pura invenzione dal momento che, i suddetti portali, non sono mai esistiti. Il fatto che siano state trovate delle immagini particolari all'interno di una grotta non deve far pensare immediatamente a qualcosa di alieno o extraterrestre ma, al contrario, deve dimostrare la capacità degli uomini di auto-indursi in determinati tipi di trance. Ripercorriamo il passo dall'inizio per capire meglio.

La scelta della grotta come luogo in cui celebrare le proprie divinità non è completamente casuale infatti, questo luogo, consente all'essere umano di estraniarsi dal mondo esterno: le dimensioni della grotta, la loro oscurità, il silenzio e un altro insieme di fattori condensati permettono all'essere umano di cambiare la propria percezione del luogo la quale, una volta amplificata con l'uso di allucinogeni, permetterebbe di vedere cose che non esistono come, ad esempio, i sopracitati portali dimensionali dai quali sembrerebbero uscire creature mitologiche.

A quel punto, una volta, eseguito questo passaggio, i sacerdoti o comunque il soggetto stesso che ha subito questa mutazione di coscienza, rappresentava il tutto sulle pareti della grotta anche per mettere al corrente le persone che erano li con lui e che non avevano assunto droghe. Il principio è lo stesso dello sciamano: egli ha il compito di mettersi in contatto con determinati fenomeni e, per farlo, assume determinate droghe che gli consentirebbero di raggiungere il suo obbiettivo; una volta terminata l'esperienza, egli racconterebbe o, ancora, disegnerebbe ciò che ha visto di modo da mettere al corrente i suoi seguaci.

Questa rappresentazione dell'esperienza ritrovata all'interno delle grotte menzionate prima ha due importanti risvolti: il primo permette di mantenere inalterata per anni, se non per secoli, la propria esperienza e, come secondo, consente di ricordarsi esattamente ciò che si ha visto di modo da dare un interpretazione in seguito mediante quello che può essere un sacerdote o, ancora, una sorta di medium.

Lo stesso Jago Cooper, archeologo del British Museum, sembra confermare questa tesi dicendo:

> *"Per le milioni di persone indigene che abitavano nei Caraibi prima dell'arrivo degli europei, le grotte rappresentavano portali spirituali e, di conseguenza, queste nuove scoperte catturano l'essenza dei loro sistemi di credenza e dei pilastri della loro identità culturale"*

48. Statue di Ain Ghazal e le maschere

Ci troviamo in un insediamento neolitico risalente a 9000 anni fa chiamato Ain Ghazal; esso si trova in Giordania nei pressi di Amman e fu abitato sino al 5000 a.C. Il sito sarebbe stato riscoperto nel 1974 durante la costruzione di una strada. Probabilmente la scomparsa di questo popolo fu dovuta ad un cambiamento climatico o ad una desertificazione dei campi.

Dal momento in cui questo sito venne scoperto gli scavi archeologici proseguirono per molti anni, sino al 1998 e, durante gli ultimi anni, essi sarebbero stati gestiti e organizzati da un professore dell'Università di Harvard chiamato Gary Rollefson. Vennero scoperte numerose case di forma quadrangolare di due stanze ciascuna e un terrazzamento naturale; esse erano fatte di mattoni di fango rinforzati da della calce che, periodicamente, veniva rinnovata.

Stando alle prove archeologiche, in questa comunità si praticava l'agricoltura, l'allevamento di capre e la caccia di gazzelle, daini e cinghiali di cui quelle zone erano ricche.

All'interno del sito, abitato per oltre 2000 anni, vennero prodotte delle particolari statue di gesso che vennero poi rinvenute durante i primi scavi: ne furono estratte ben trentadue, trovate sepolte in due fosse adibite a custodirle o ad occultarle. Esse, costruite in gesso bianco, sarebbero alte poco più di un metro e, alcune, sono bicefale, forse per rappresentare la dualità e l'unione degli opposti. Gli occhi delle statue, invece, sono molto particolari e dotati di un particolare realismo alimentato dall'uso di conchiglie di Cyprea e bitume.

Occhi affusolati, nasi piccoli, bocca appena accennata, collo lungo, teste schiacciate posteriormente e visi lunghi sui quali trapela un espressione benevola e rassicurante.

Oltre a queste statue sarebbero state ritrovate delle maschere in gesso modellate sui teschi dei defunti. Esse sembrerebbero avere un aspetto anomalo per via della rimozione della mascella inferiore atta a far ottenere al defunto delle sembianze particolari che, molto spesso, ricadono ingiustamente nel campo dell'ufologia.

Statue di Gesso

Alcuni le vedono come delle civiltà scomparse, altri come degli "Antenati" o degli oggetti di culto... o ancora, come Enrico Galimberti fondatore di ACAM.it, pensano che possano esserci dei nessi fra queste statue, l'insediamento di Amman e delle foto di alieni del sito dell'incidente di Roswell (proponendo alcune prove molto interessanti anche se, come vedremo, sarà un altra bufala che potremmo interpretare come "cattiva interpretazione").

Lo studioso già citato avrebbe, in sostanza, comparato i visi raffigurati dalle maschere con quella che, in realtà, non è altro che una PRESUNTA foto di alieno derivante dall'incidente di Roswell.

Le somiglianze, effettivamente, vi sono ma, questa teoria, venne basata del tutto anche sull'uso di una fotografia storica che mostrerebbe una bambola che sarebbe passata per alieno.

"Queste immagini erano di una bambola visibile ad una fiera internazionale. La rivista brasiliana di UFO che nel 1991 pubblico e prese per vera questa foto attinse le notizie dal libro di James Moseley "I segreti dell'UFO Crash a Wright Patterson"; peccato che il libro in realtà avesse un'appendice di Antonio Huneeus con informazioni reali sulle origini delle foto. Non a caso, poco dopo la pubblicazione del libro di Moseley nel 1991, Huneeus finalmente

stabilì con il canadese Richard Glenn che si trattava effettivamente di una bambola creata dall'artista Linda Corriveau per una expo tenutosi a Montreal."

Non vi è quindi nessun mistero dietro a queste statue e a queste maschere: le prime vennero usate come oggetto rituale e le seconde come maschera per coprire il volto ai defunti. Non vi può essere nulla di più chiaro e logico.

49. Bimini road

{Le foto di questo capitolo non sono state allegate per questioni di stampa; sono comunque disponibili sul Blog alla voce "Archeofake 49 – Bimini Road" ndr}

La Bimini Road o, ancora, Bimini Wall è una formazione di rocce sottomarine che si trova nei pressi dell'isola omonima situata nelle Bahamas. La strada, o i resti della parete, consisterebbero in una linea di 0,8km in direzione nord-est e sud-ovest di blocchi di roccia rettangolare. Purtroppo mancherebbero prove o ragionamenti sensati a sostegno dell'origine umana di questa particolare formazione rocciosa troppo precisa per essere naturale.

Il ritrovamento del sito subacqueo è da datare al 2 settembre del 1968 durante le immersioni di un gruppo di subacquei: Manson Valentine, Jacques Mayol e Robert Angove, i quali, a loro volta, si sarebbero imbattuti in quella che avrebbero descritto come una pavimentazione di pietre levigate e di forma principalmente rettangolare. Essa, nel corso del tempo, sarebbe stata poi analizzata e esaminata da alcuni geologi e archeologi professionisti/amatoriali, antropologi, ingegneri marini e altri subacquei.

Un evoluzione interessante della scoperta si avrà quando, poco distante da Bimini Road, verrà trovata una sorta di estensione lineare posizionata in maniera parallela alla prima formazione rocciosa: una formazione, quest'ultima, che si estenderebbe per ben 0,5 chilometri e con una pronunciata curva nella zona sudoccidentale. Composta principalmente da blocchi di pietra di 2/4 metri di misura media, essa comprenderebbe dei "mattoni da costruzione" con bordi complementari che sarebbero assenti nei blocchi di piccole dimensioni.

Tutto il progetto sottomarino sarebbe stato quindi edificato con l'uso di pietra calcarea (o, per meglio dire, "Beachrock[1]") e, gli angoli arrotondati di questi ultimi sarebbero stati plasmati dal lento e continuo scorrere delle acque; un fenomeno che ostacola la ricerca di iscrizioni o di simboli che sarebbero in grado di dare delle risposte.

Bisogna però dire già da adesso che molti articoli e molti libri hanno esagerato la precisione di questi ultimi blocchi formanti questa misteriosa strada e, infatti, alla luce di alcune osservazioni svolte da un certo Gifford e Ball si ottiene la seguente descrizione:

> *"1) Le tre formazioni non sono connesse all'estremità sudovest; in quella posizione si trovano blocchi sparsi che non formano, però, una ben definita formazione lineare congiungente la pavimentazione verso il mare, l'intermedia e quella verso la costa.*
>
> *2) Non si trovano né sovrapposizioni di corsi di blocchi né singoli blocchi posizionati ad angolo retto in cima ad altri.*
>
> *3) Non ci sono sufficienti blocchi in prossimità delle pavimentazioni che potessero essere parte di una seconda stratificazione di rocce ora distrutta.*
>
> *4) Il substrato roccioso è direttamente sottostante l'intera area pavimentata e non permette la realizzazione di scavi o canali tra le tre formazioni.*
>
> *5) I blocchi della formazione più interna e di quella intermedia sarebbero sempre stati appoggiati su uno strato di sabbia non consolidata. Non sono state trovate prove di blocchi tagliati o eretti dal sottostante substrato.*
>
> *6) In aree della pavimentazione verso il mare, dove i blocchi appoggiano direttamente sul substrato, non sono state trovate tracce di sostegni regolari o simmetrici tra i blocchi.*
>
> *7) Non sono stati trovati schemi regolari o ripetuti di incisioni o solchi che possano essere interpretati come segni di utensili.*
>
> *8) Le due formazioni più vicine alla costa sono continue lungo una distanza di circa 50 metri. Anche se la formazione più esterna si estende per centinaia di metri più a nordest, non è ben fondata o abbastanza continua da essere servita come passaggio transitabile."*
>
> J.A. Gifford and M.M. Ball, 1980

Secondo altri autori come David Zink, invece, "La maggior parte dei blocchi è chiaramente appoggiata sul sottostante substrato o su pietre più piccole sul fondo marino"; quindi significa che "I blocchi ora visibili erano solo la parte superiore di una struttura più complessa era probabilmente non corretta".

Quindi la strada di Bimini è stata costruita dall'uomo o no? E se è stata costruita dall'uomo, a cosa serviva?

Per riuscire a comprendere al meglio la risposta a questa domanda bisogna, prima di tutto, ricorrere alla datazione dell'area: vennero eseguiti infatti diversi tentativi per determinare l'età di questo ritrovamento... ognuno con tecniche diverse che davano, a loro volta, risultati quasi mai coerenti.

Uno dei test più coerenti si avrà nel 1979 e sarà gestito dal Dipartimento di Geologia presso l'Università di Miami. Vennero eseguiti alcuni studi su dei campioni raccolti nel 1977 e, ciò che ne venne fuori, fu che questi ultimi avevano un età compresa tra i 2700 e i 3500 anni. Una datazione che sarebbe quindi coerente con quella delle sabbie delle Bahamas formatesi per lo più da alcuni gusci e conchiglie marine. Secondo questa teoria, la particolare strada di Bimini non fu altro che una semplice costruzione naturale molto particolare ma, d'altro canto, le idee che la vedevano come una creazione artificiale continuavano a spopolare. Vennero più volte contestate le varie analisi, affermando che i campioni che vennero utilizzati per decretare le date non erano validi poiché contaminate da materiale biologico recente e coerente con le sabbie delle Bahamas... sarà quindi in tempi successivi, nel 1980, che Gifford e Ball pubblicheranno, sul National Geographic, il loro studio già visto in precedenza dove, all'interno di esso, verranno riportati dei risultati ottenuti con analisi recenti che sarebbero state eseguite su campioni di roccia più interni. Ovviamente la datazione si ritrova magicamente a mutare dal momento che, secondo questi due studiosi, le strade dovrebbero avere circa 15000 anni con uno scarto di ±300 anni.

Come per ogni OOPART, ognuno dei due schieramenti (scientifico e pseudo-scientifico) faceva di tutto per supportare la propria idea e le proprie prove, tant'è che alla fine si arrivò ad uno scontro teoretico.

Se dovessimo analizzare la questione sotto un punto di vista prettamente artificiale, allora si può ricollegare la strada di Bimini al triangolo delle Bermuda (sito in zona), all'interno del quale si potrebbe ritrovare una gigantesca piramide, reperto dell'ipotetica civiltà di Atlantide che, lo stesso Edgar Cayce, il sensitivo che abbiamo già menzionato nell'articolo inerente alla Sfinge, avrebbe localizzato proprio in quella zona, a Nord di Bimini... ed ecco che nel 1968 viene trovata una strada che sembra essere stata indicata da Cayce. A questo punto, questa lunga strada, potrebbe essere facilmente ricollegata al lavoro artificiale e, per di più, potrebbe essere ricollegata alla mitica civiltà di Atlantide che potrebbe aver trovato luogo proprio in quella zona.

Ovviamente però la realtà non è così: la strada di Bimini non venne mai costruita dall'uomo ed è solo una formazione naturale chiamata "Tassellated pavement". Il Tassellated Pavement si formerebbe dopo l'avvenimento di una deposizione di sedimenti sulla battigia verso il mare, riportando così una cementazione dei carbonati sia sotto il livello del mare che sulla superficie dell'isola. Dopo la creazione di questo strato primario, l'erosione del litorale dell'isola provoca un ulteriore cementificazione a base di beachrock, erodendo i sedimenti fino al calcare del Pleistocene e rompendo le rocce in blocchi piatti di varie forme che poi verrebbero smussate mediante il passaggio dell'acqua.

Ovviamente non si può parlare di lavoro artificiale anche perché in primis non si può costruire nulla sotto cinque metri dal livello del mare e, in più, non sono stati trovati resti, edifici, colonne o altre costruzioni artificiali. Nulla venne ritrovato nemmeno nel 1986 quando la NASA esplorò e scandagliò tutto il mare dal nord di Cuba al nord della Carolina del nord alla ricerca dei pezzi dello Shuttle Challeger; un progetto che consentì di esplorare ogni metro quadrato di fondo marino sino a 6.000 metri di profondità. Vennero trovati relitti relativamente moderni poi esplorati ma nessun altro elemento artificiale inerente/coerente con il passo di Bimini o Atlantide.

1: Il Beachrock è una roccia sedimentaria, di consistenza da friabile a ben cementata, che consiste in una miscela variabile di sedimento ghiaioso, sabbioso e limoso, cementata da carbonati formatasi lungo una costa. A seconda del luogo, il sedimento che viene cementato per formare il beachrock può consistere in una miscela variabile di conchiglie, frammenti di corallo, frammenti di roccia di diversi tipi e altri materiali. Può contenere manufatti sparsi, pezzi di legno e noci di cocco. Il beachrock si forma in genere all'interno della zona intercotidale nelle regioni tropicali o semitropicali. Tuttavia, il beachrock quaternario può essere trovato fino ai 60° di latitudine nord e sud.

50. Disco di Nebra

In questo nuovo articolo affronteremo un nuovo ed interessante artefatto che sembra, ancora oggi, essere un mistero ancora irrisolto... ma lo sarà per davvero?

Il Disco di Nebra è una lastra di metallo con applicazioni in oro e di forma circolare. Esso risalirebbe all'età del bronzo e raffigurerebbe dei fenomeni astrologici e, inoltre, anche dei simboli di forte impronta religiosa se non almeno spirituale. Esso sarebbe quindi la rappresentazione più antica del cielo, oltre che essere uno dei reperti più importanti del XX secolo.

L'oggetto venne rinvenuto in una cavità di pietra all'interno di un antico bastione sulla cima del Mittelberg, a circa 252 metri di altezza e a 4 chilometri di distanza da Nebra: questa roccaforte o tomba sarebbe stata niente meno che il luogo di conservazione di questo oggetto ma, ovviamente, anche nei confronti di questo sito, stanno andando avanti delle ricerche che, nel corso del tempo, riusciranno a chiarire al meglio questi dubbi... uno dei risconti più recenti è quello che vedrebbe questa montagna come sito già utilizzato nel corso del neolitico, forse come osservatorio astronomico. Non è un caso infatti che nella stessa zona, a soli venti chilometri di distanza, si ritrovi il famoso osservatorio solare di Goseck, risalente al V millennio avanti Cristo; un sito ancor più remoto del disco di Nebra stesso.

Il disco, del resto, venne rinvenuto da Henry Westphal e Mario Renner, due saccheggiatori di tombe che, nel vederlo la prima volta, ritennero che fosse il coperchio di un secchio. C'è chi ritiene che questi due uomini, non ritenendolo un oggetto di grande importanza, lo vendettero a 32.000 marchi nel 1999, per mezzo di mediatori, prima a Berlino e poi a Monaco, entrando così in quello che potrebbe essere definito una sorta di patrocinio dell'amministrazione della Sassonia-Anhalt, un processo che contribuì a renderlo un oggetto di bassissimo valore commerciale.

L'oggetto, fino al 2001, sarebbe quindi passato di mano in mano e, solo in seguito, su iniziativa del Ministero della Cultura e del Ministero degli Interni, oltre che dell'Ente regionale per l'archeologia del Sachsen-Anhalt, si pensò di intercettare i ricettatori che lo avevano posto sul mercato nero a 700.000 marchi e di ingannarli con un astuta tecnica: venne infatti ingaggiato un archeologo di nome Meller, il quale si finse interessato all'acquisto e diede appuntamento ai ricettatori in un hotel della Basilea dove, una volta giunti, vennero arrestati dalla polizia svizzera mentre, per quanto riguarda il disco, esso venne recuperato e conservato.

I due saccheggiatori, a questo punto, sarebbero stati interrogati e avrebbero dato delle informazioni sul luogo del ritrovamento quando, a settembre del 2003, gli venne inflitta una pena giudiziaria: ad uno vennero dati quattro mesi di reclusione e all'altro ben dieci. Presentando quindi un ricorso alla Corte d'Appello, quest'ultima decise di aumentare di due mesi entrambi le pene.

Ovviamente, al momento del ritrovamento e a causa dell'imperizia dello scavo, il disco venne parzialmente rovinato, soprattutto nella parte sinistra dove vennero perse ben due stelle ed un frammento d'oro; inoltre, a causa della lunga permanenza nel terreno, il disco si era anche corroso e, la doratura, era ricoperta da una patina datagli dall'effetto galvanico.

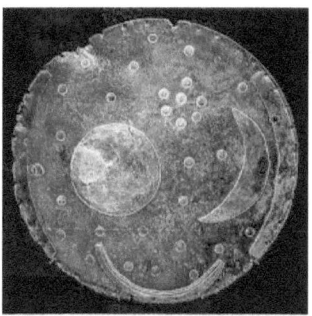

Disco di Nebra

Probabilmente uno dei primi ricettatori aveva cercato di pulirlo, forse immergendolo nella liscivia, una soluzione alcalina e, successivamente, avrebbe provato con degli spazzolini e delle lane di acciaio a grattare via la terra. Purtroppo la superficie di tutto il disco venne completamente graffiata.

Il restauro dell'oggetto venne quindi guidato dal Museo regionale della preistoria di Halle: si rimossero incrostazioni e vennero sostituiti i frammenti d'oro rovinati o dispersi, di modo da ottenere nuovamente una visione del reperto quanto meno il più completa possibile per poterlo studiare.

Il disco non è altro che una piastra metallica con un diametro di 32 centimetri e uno spessore di 4,5 millimetri al centro e di 1,7 sul bordo; il peso è di circa 2 chili ed è costituito da del bronzo e una lega di rame e stagno... per quanto riguarda le lamine in oro esse sembrerebbero essere state lavorate con una tecnica particolare e modificate più volte.

Per via del ritrovamento di altri reperti realizzati con gli stessi materiali (quindi confrontando le metodiche di lavorazione delle materie prime) si è pensato di datare la fabbricazione intorno al 1700 a.C e il 2100 a.C mentre, per quanto riguarda la data in cui venne sotterrato, essa presumibilmente si dovrebbe ritrovare in un *gap* temporale intorno al 1600 a.C.

Tornando ad analizzare la struttura del disco si possono ritrovare circa trentadue (inizialmente) placche dorate e di forma rotonda più due di dimensione maggiore, una rotonda e una a forma di falce... più altre sette placche di dimensione più piccola che sembrerebbero essere raggruppate fra le due di dimensioni maggiori menzionate prima. Solo più tardi sarebbero stati aggiunti gli archi dell'orizzonte sul bordo destro e sul bordo sinistro.

Il disco venne quindi esaminato dall'archeologo Harald Meller (Ente per l'Archeologia e la conservazione dei monumenti storici di Halle), dall'astronomo Wolfhard Schlosser (Università di Bochum) e dai chimici esperti in archeologia Ernst Pernicka (archeometallurgia), Heinrich Wunderlich (tecnica e metodo delle costruzioni) e da Miranda J. Aldhouse Green (Università del Galles), archeologa e studiosa delle religioni dell'età del Bronzo.

Stando alle prime interpretazioni date da Meller e Schlosser, le placche piccole sarebbero stelle e il gruppo di sette rappresenterebbe le Pleiadi (conosciute anche come "le sette sorelle", un ammasso aperto visibile nella costellazione del Toro N.d.A.); inoltre, si pensa che le altre venticinque non siano astri ma solo decorazioni. Per quanto riguarda i due simboli di dimensioni maggiori si pensò di identificare con la falce la Luna e con il tondo più grosso il Sole (o, sovente, anch'esso la Luna).

Dal momento che l'insieme dei corpi celesti in questa disposizione era visibile (in quella località) solo poco prima del tramonto nelle date del 10 marzo e del 17 ottobre, si pensò che potesse trattarsi di un promemoria atto a ricordare le date adatte per dei lavori agricoli ma, le linee curve dell'orizzonte, aggiunte successivamente, potrebbero far crescere alcuni dubbi di importanza rilevante. Esse segnerebbero un angolo di ottantadue gradi, esattamente come quando il Sole sorge e tramonta durante i solstizi tra l'inverno e l'estate...

Se dalla collina del Mittelberg si posiziona il disco orizzontalmente in modo che la linea immaginaria tra la parte superiore dell'arco sinistro e la parte inferiore dell'arco destro indichi la cima del monte Brocken (distante circa 80 km), potrebbe fungere da calendario per l'anno solare. Visto dal Mittelberg, nel solstizio d'estate, il sole tramonta proprio dietro il monte Brocken!

Un ultima aggiunta al disco sarebbe quindi rappresentata da un secondo arco dorato con due solchi quasi paralleli e che viene interpretata come la "Barca del Sole" che, per gli egizi, era l'imbarcazione rituale che percorreva i due cieli trasportando il sole ormai rigenerato, diventando così, mediante il dogma eliopolitano, un simbolo di importanza cruciale che rappresentava la rinascita dalla morte a nuova vita. Un arco, quest'ultimo, che fungerebbe da disegno rappresentativo del cammino del sole da Ovest verso Est.

Purtroppo però non ci è ancora noto se, nel corso del età del bronzo, vi furono degli scambi culturali tra mediterraneo, Europa centrale e medio oriente, quindi bisogna mantenere l'idea della Barca Solare egizia come una semplice fonte di spunto non completamente affermata.

Un altra incertezza è data anche da dei piccoli fori laterali che, molto probabilmente, servivano a fissarlo; forse perché oggetto di culto.

E' solo di pochi anni fa la notizia di una probabile interpretazione del disco: alcuni scienziati tedeschi affermano di averne decifrato il codice e di aver capito che quest'ultimo non era altro che un complesso orologio astrologico per l'armonizzazione del calendario lunare e solare, il primo più breve di undici giorni del secondo. Sostanzialmente, un po' come per la macchina di Antikythera, esso era utilizzato per determinare se e quando un tredicesimo mese dovesse essere aggiunto all'anno lunare per mantenere il corrispettivo calendario allineato alle stagioni:

> *"Il funzionamento di questo orologio era probabilmente noto ad un'elite molto ristretta [...]. Quel che più sorprende è che i popoli dell'Età del Bronzo riuscirono ad armonizzare l'anno solare quello lunare. Non li avremmo mai creduti capaci di tanto"* Harold Mellar.
> Harold Mellar, Studioso e archeologo

Quindi nulla che vada contro la storia, bensì solo il risultato di una grande ricerca e di un grande studio dei corpi celesti da parte dei nostri avi.

51. Nan Madol

Stando a come si legge su alcuni testi e alcuni siti internet (purtroppo pochi), Nan Madol è una località che, grazie alle sue rovine, potrebbe ricollegarsi al continente perduto di Mu o, addirittura, di Atlantide. Questa località, infatti, sarebbe uno dei misteri più grandi e inspiegabili del mondo, addirittura ne parlò una nostra vecchia conoscenza, Erich von Daniken, studioso della fantarcheologia e di altre teorie fuori dal comune.

Insomma, le rovine di questa città si troverebbero sulla parte orientale dell'isola di Pohnpei (≠ Pompei), una delle quattro suddivisioni amministrative degli Stati Federati di Micronesia; un luogo unico che conosce solo una città antica costruita in cima ad una barriera corallina.

Nan Madol venne costruita su circa novanta isole artificiali che vennero collegate successivamente da alcuni canali, non per caso, infatti, il nome stesso del sito significa "Spazio tra". Essa, nel corso del tempo, avrebbe quindi guadagnato una grande ammirazione da parte di un grande numero di studiosi e archeologi proprio per via delle sue particolari strutture ricavate da blocchi di basalto di una lunghezza pari a cinque o otto metri che, venendo così sovrapposti gli uni sugli altri in maniera alternata, creavano delle sorta di muraglie.

Si pensa dunque che il quantitativo di basalto necessario per costruire tutte le strutture fosse di circa 250 milioni di tonnellate e, per costruire tutto ciò che ancora oggi è ben visibile, sarebbe servito molto tempo; un rapido calcolo ci porta a credere che gli abitanti di questo luogo avrebbero dovuto posizionare più o meno 2000 tonnellate di pietra all'anno per circa quattrocento anni senza mai fermarsi.

Ciò che si sa nei confronti di questa località è davvero molto poco dal momento che, come tanti altri OOPARTs, mancano le fonti o, se ci sono, sono molto lacunari e criptiche. Quello che conosciamo è che questa località sarebbe dovuta essere come una sorta di centro di potere e, la sua popolazione, non avrebbe superato le mille persone anche se, in realtà, recentemente si è appurato che probabilmente non avrebbe mai superato nemmeno le cinquecento unità (portando così ad un aumento drastico degli anni di costruzione del sito).

Al centro della città, a sua volta, doveva esservi un ingresso per un tunnel di fuga che, attraversando la barriera, avrebbe condotto quello che possiamo definire un "utente" verso il mare; purtroppo però non si trovò mai l'uscita di questa galleria.

Secondo alcune teorie gli abitanti e costruttori della città di Lelu, costruita in maniera similare a Pohnpei, siano migrati in quest'ultima località per edificarla da zero, di modo da far notare le loro abilità ingegneristiche che, per l'epoca, erano molto elevate... quello che ne uscì fu quindi una città molto più grande di Lelu stessa. A seguito di alcune ricerche e studi, si scoprì però che questo ragionamento era impossibile dal momento che la città di Pohnpei è più antica di quella di Lelu; ergo, può valere il pensiero contrario ma non quello esplicato precedentemente.

Stando però alle leggende e ai miti del luogo, Nan Madol sarebbe stata costruita da Olisihpa e Olosohpa, due divinità gemelle che sarebbero sopravvissute ad un cataclisma sito in Katau, la quale località sarebbe poi sprofondata nell'oceano. Giungendo quindi a Pohnpei, i due fratelli costruirono (mediante il loro potere di far levitare le pietre e l'aiuto di un drago volante) un altare in onore di Nahnisohn Sahpw, dio dell'agricoltura. Con il passare del tempo, Olisihpa morì di vecchiaia e il fratello lo sostituì, sposò una donna indigena e mise al mondo dodici generazioni... il tutto si concluse con l'invasione del sito da parte di Isokelekel.

Alcune informazioni relative alla città, oltre che dal famoso Daniken e Churchward nel suo libro "Il continente perduto di Mu", sono state date anche da molti sub, i quali affermano che le rovine della città, quindi elementi artificiali, continuerebbero anche a largo dell'oceano a profondità che le attrezzature moderne non riescono a raggiungere, tant'è che si ipotizza anche la presenza di un altra città subacquea, Kanemwesa.

Su Nan Madol vennero però anche adottate delle tecniche di studio non distruttive tra le quali ritroviamo il *survey*, il quale fu in grado di darci alcune informazioni che prima non avevamo. Venne studiata la tomba del primo re di questo luogo, il monumento più antico di questo sito e si venne a scoprire che era stato costruito mediante l'uso di pietre laviche trasportate da una cava posta sul lato opposto dell'isola e che vennero messe in posa nel 1180 d.C., una data che corrisponderebbe a quella in cui la dinastia dei Saudeleur prese potere sull'intera isola.

Sui giornali, ovviamente, la notizia del ritrovamento di questo sito venne trasmessa in maniera erronea, tant'è che come è già successo nel corso del tempo, ogni qual volta che si trova un isola sulla quale è edificata un antica città si parla di "Atlantide", la quale, in realtà, non sarebbe altro che un mito inventato da Platone[1] (Πλάτων) per sostenere le sue idee sullo Stato Ideale. Proseguendo quindi la lettura sui vari articoli si legge che il sito sarebbe stato costruito fra il primo e il secondo secolo a.C. ma, purtroppo, la datazione del luogo è completamente errata e deve essere posticipata di circa mille anni, nel 1180-1200 d.C.!

1: Filosofo e scrittore greco antico. Per approfondire la questione di Atlantide si consiglia l'acquisto del libro "ControCorrente, quando scienza e pseudoscienza di incontrano" del sottoscritto

52. Astronauta di Palenque

Ci troviamo a Palenque, un sito archeologico situato nel Chiapas, in Messico, sito al confine con il Guatemala. Questo territorio, nato dal popolo dei Maya, è caratterizzato da un grande quantitativo di costruzioni monumentali tra cui vi figura il "Tempio delle Iscrizioni", luogo in cui venne rinvenuto il sarcofago del Re Pacal, un sovrano Maya che regnò nel corso del VII secolo.

Astronauta di Palenque

La tomba di questo re, quando venne ritrovata nel 1952, era ricoperta con una grandissima lastra di pietra pesante all'incirca cinque tonnellata e decorata con un incisione di difficile interpretazione.

Questa iscrizione, negli anni sessanta, conobbe un grande numero di teorie focalizzate sulla fanta-archeologia che interpretarono quest'ultima come un uomo intento a utilizzare dei comandi di un meccanismo a propulsione atomica; una descrizione che diede a questo artefatto il nome di "Astronauta di Palenque".

La lastra misura pressapoco 380 X 220 centimetri e ha uno spessore di venticinque mentre, la descrizione della raffigurazione, potrebbe essere esplicata più o meno in questo modo: vi è un uomo rappresentato in una strana posizione impegnato ad armeggiare con alcune leve e pulsanti mentre, nel naso, si ritrova un particolare oggetto triangolare, forse per la respirazione. Un uomo seduto, incapsulato in una struttura metallica che preme pulsanti e spinge pedali mentre, sul retro della rappresentazione, figurano prese d'aria, fiamme e respiratori.

Questo reperto, aggiungo, venne ritrovato in una tomba di un personaggio di alta statura, circa 1,73 e di circa quarant'anni d'età mentre, per quanto ne sappiamo, il re Maya morì ad ottanta e, inoltre, apparteneva ad un popolo (quello Maya appunto) piuttosto basso di statura, mediamente un metro e cinquanta.

La lastra venne presa e portata all'interno del Museo di Antropologia di Città del Messico.

Ma cosa dice l'archeologia tradizionale di tutto questo? Prima di rispondere a questa domanda sarebbe però lecito capire chi ha iniziato a diffondere la teoria della nave spaziale.

Ripercorrendo le pagine del libro "Ricordi del futuro" del 1968 ci si imbatte in un capitolo dedicato a questo OOPART che viene descritto come una "testimonianza della visita all'umanità da parte di viaggiatori extraterrestri". Per chi ha letto questo libro o per chi conosce bene il mondo di questi oggetti fuori dal tempo sarà sin da subito in grado di capire chi è l'uomo di cui stiamo parlando... ovviamente lo scrittore svizzero Erich von Daniken, il quale prosegue dicendo che questa visita da parte degli alieni sarebbe "avvenuta in tempi remoti e della quale si sarebbe in seguito persa la memoria".

Le teorie di Daniken sarebbero state quindi amplificate da un autore italiano, anch'egli molto famoso: Peter Kolosimo, il quale avrebbe promosso l'idea della visita di "antichi astronauti" sulla Terra e avrebbe detto che, l'"Astronauta di Palenque", non era altro che la prova finale per poter approvare tutte le loro teorie.

Tralasciando quindi il contesto generale dell'opera funeraria, Daniken si lascia sopraffare da quelle che potrebbero essere considerate delle "sensazioni personali", derivanti da quella che si chiama "Pareidolia" [l'illusione subcosciente che tende a ricondurre a forme note oggetti o profili (naturali o artificiali) dalla forma casuale N.d.R.] ma tralascia completamente alcuni dettagli importanti come l'assenza di una tuta da pilota sul conducente.

La soluzione a tutto questo enigma venne data poco tempo dopo il ritrovo del monumento dal momento che, le teorie che abbiamo visto rappresentate sino adesso, sono nate solo tempo dopo... secondo l'archeologia tradizionale, il re rappresentato su questa pietra non sarebbe un astronauta o un alieno e, soprattutto, non si troverebbe su una navicella spaziale, bensì sarebbe una raffigurazione religiosa: la traversata del defunto nell'aldilà.

Guardando l'immagine cercando di eliminare gli effetti della Pareidolia ci si può accorgere in maniera rapida ed efficace che, effettivamente, non si tratta di un astronave e non ne ha nemmeno la forma! L'uomo seduto non è inglobato in una teca, non preme pedali o bottoni e non tira leve: guarda solo l'infinito, seduto su di una particolare "sedia" (o supporto) estremamente decorata.

Per quanto riguarda invece l'altezza del defunto poco più alto del normale di cui abbiamo parlato all'inizio dell'articolo... anche qui non bisogna farsi grandi domande per riuscire a capire che si tratta di semplice gigantismo o di qualche altra patologia simile che, oltretutto, venne ritrovata anche nel faraone Sanakht Nebka in Egitto: persone con pochi centimetri più alti della statura MEDIA non possono essere definiti giganti solo perché affetti da una normalissima patologia (che oltretutto, molto spesso, è in grado di portare gli affetti sino ad una statura di circa 240/274 centimetri)!

53. Ponte di Adamo

{La foto di questo capitolo non è stata allegata per questioni di stampa; è comunque disponibile sul Blog alla voce "Archeofake 53 – Ponte di Adamo" ndr}

Partiamo dunque con l'analizzare un altro OOPART storico, il ponte di Adamo, una particolare conformazione geografica situata nello stretto di Palk nell'oceano Indiano. Essa, secondo i rilevamenti svolti in zona, sarebbe una striscia di terra particolarmente precisa che unisce l'India allo Sri Lanka. Ovviamente, questa conformazione, non sarebbe totalmente esposta allo scoperto, al di fuori dell'acqua bensì, lungo il suo percorso, ci sarebbero alcuni punti in cui questa conformazione subirebbe un abbassamento, finendo così sotto il livello del mare e formando di conseguenza delle piccole isole che, in maniera più opportuna, potrebbero essere chiamate "banchi di sabbia".

Stando ad un antica leggenda indiana, il re Rama costruì un imponente ponte posto proprio tra l'India e lo Sri Lanka, ma questo venne fatto ben più di un milione di anni fa. Proprio per questo motivo, alcuni studiosi, avrebbero iniziato ad indagare l'area del sito interessato richiamando perfino la NASA, la quale avrebbe dato loro alcune immagini satellitari scattate proprio su quella zona. Gli studiosi, a loro volta, analizzando queste numerose immagini, avrebbero notato che effettivamente un ponte c'era e, ancora oggi, c'è... ma la questione è la seguente: è stato costruito dall'uomo o dalla natura? Ovviamente, se fosse stato costruito dall'uomo, si parla di una costruzione davvero imponente (anche se non sembra) di circa 35,82 chilometri!

L'enciclopedia Britannica lo descrive come una catena di banchi di sabbia ma, la tradizione sostiene, come abbiamo detto precedentemente, che sia stato costruito da Rama stesso, eroe del poema epico indù Ramayana per facilitare il passaggio del suo esercito dall'India allo Sri Lanka, più precisamente a Ceylon, dove si diresse per salvare la moglie rapita Sita.

Ma da dove arriverebbe quindi il nome "Ponte di Adamo"? Adamo è un nome che viene dato da un altra leggenda, quella mussulmana, che specifica che quel ponte fu attraversato dallo stesso Adamo per raggiungere il picco omonimo posto sempre sulla stessa isola, Ceylon, sulla cui cima rimase da solo pentendosi per "mille anni".

Questo ponte, a sua volta, subì anche delle problematiche, tant'è che alcuni vollero distruggerlo per aprire un canale di navigazione e rendere così più rapidi i commerci ma, altri, a difesa di questa costruzione, si opposero, vedendo la proposta come un eresia... oltre che come distruzione di un importante patrimonio dell'antichità.

Abbiamo due importanti tesi che analizzeremo di seguito; una che lo vedrebbe come reperto antico costruito dall'uomo e l'altra come un fenomeno naturale.

Per la prima teoria abbiamo come rappresentante il dottor Badrinarayanan, ex direttore del Geological Survey of India ed ex coordinatore della divisione di indagine dell'Istituto Nazionale di Ocean Technology (Niot) di Chennai, il quale studiò alcuni campioni ottenuti da alcuni carotaggi per ispezionare la formazione del terreno. Egli, dopo le sue analisi, si rivolse alla rivista Rediff dicendo che all'interno delle carote di circa 10 metri...

> "...abbiamo riscontrato nella parte alta la presenza di sabbie marine al di sotto del quale c'era un misto di coralli, arenaria calcarea e materiali di tipo roccioso. Stranamente, sotto questo strato, fino a quattro-cinque metri di profondità, abbiamo nuovamente scoperto della sabbia sciolta e sotto ancora c'erano della formazioni solide"

L'idea che ci fossero delle rocce al di sopra di uno strato di sabbia marina lasciò il ricercatore molto perplesso: dovevano essere state poste in quella zona in maniera del tutto artificiale.

Vedendo quindi la leggenda, il ponte viene descritto di cento yojana di lunghezza e dieci di larghezza (ipoteticamente 3,46 km); un ponte di dimensioni davvero grandiose ma le cui dimensioni potrebbero non corrispondere con quelle reali dal momento che, le dimensioni relative alla larghezza, cambiano a seconda del punto in cui ci si trova.

Nel 2007, infatti, quando emersero delle nuove immagini del ponte da parte della NASA, venne annunciato (dal PBJ) che il ponte doveva avere circa 1,7 milioni di anni; una data che combacerebbe perfettamente con le leggende indiane e con il Re Rama. Purtroppo però Michael Braukus, portavoce della NASA, ammise di non essere a conoscenza delle tecniche delle datazioni e del sistema utilizzando; infatti, il Partito Bharatiya Janata (PBJ) avrebbe potuto fare tutto da solo e caricare il malloppo sulle spalle della famosa istituzione. Si scoprì solo dopo che la datazione venne eseguita sulle estremità del ponte e non al ponte stesso, infatti, dopo qualche mese, altre istituzioni scientifiche indiane (tra cui il CRS di Bharathidasan), dissero di aver analizzato campioni DEL ponte e la data che ne uscì fuori fu completamente diversa: l'età di questa costruzione doveva passare fra i 3.500 e i 5.000 anni, non di più. A questo punto sarebbero giunti alcuni pareri da parte di critici che, a loro dire, non si poteva analizzare un punto casuale del ponte per poterne carpire la data di tutta la struttura.

Vi sarebbe però la teoria dell'origine naturale del ponte, la quale, a quanto si dice, non sarebbe stata accettata da molti geologi. Suvrat Kher, un geologo specializzato in formazioni marine dice:

> "Durante l'era 'glaciale' del Pleistocene, la crescita dei ghiacciai e il loro scioglimento hanno provocato nel livello del mare oscillazioni di decine di metri, creando così le condizioni per molteplici episodi di formazione di scogliere coralline e di banchi di sabbia. Durante i periodi del Pleistocene, in cui il livello del mare è fortemente calato, si sarebbe creato un collegamento terrestre tra l'India e lo Sri Lanka. Tuttavia, alla fine dell'ultima glaciazione Wisconsin, il livello del mare ha iniziato a salire in tutto il mondo"

Egli stesso proseguirebbe dicendo che, vista la natura delle barriere coralline di estendersi verso l'alto, esse avrebbero poi raggiunto le acque più basse dove, talvolta, sarebbero state frantumate dalle onde, cadendo così come depositi sul fondo del mare. Allo stesso modo, la sabbia stessa, avrebbe subìto un processo di trasporto fino completa deposizione sul fondo, sino a formare degli strati sopra i sedimenti di barriera corallina precedentemente menzionati.

Nel Ramayana però viene dato un indizio: il ponte sarebbe stato costruito con alcune fondamenta fatte di legno poste, a loro volta, su un elevazione naturale già esistente in principio. Il legname, in seguito, sarebbe stato a sua volta coperto con delle pietre di dimensione varia.

Purtroppo però le condizioni del ponte sono molto precarie e, questo, rende difficile un analisi completa. Sicuramente in futuro questo mistero sarà svelato quindi, per ora, come altri pochissimi OOPART già affrontati in questa serie, dobbiamo mantenere una sorta di beneficio del dubbio.

54. Impronta di Antilope Springs

{Le foto di questo capitolo non sono state allegata per questioni di stampa; sono comunque disponibili sul Blog alla voce "Archeofake 54 – Impronta di Antilope Springs" ndr}

Nel giugno del 1968 una scoperta molto particolare fa capolino su tutte le testate giornalistiche dell'epoca: il ritrovamento da parte di William Meister (collezionista di fossili) di un impronta data circa 300/600 milioni di anni; un calco, quest'ultimo, che sembrerebbe schiacciare un trilobite: forse la prova definitiva che supporterebbe la teoria degli antichi astronauti; civiltà aliene che sarebbero venute sulla Terra ancora prima dell'uomo! Oppure...

Meister, quando trovò questo reperto, stava semplicemente svolgendo una comune ricerca di rocce e fossili nei pressi di Antilope Spring (Utah). L'uomo sarebbe stato quindi accompagnato dalla moglie e dalle sue due figlie, una comitiva che, nel corso del tempo, aveva già fatto numerosi ritrovamenti di trilobiti... la storia di questa equipe sarà però destinata a cambiare e, questo, succederà quando il padre delle due figlie spaccherà con un martello una lastra di roccia di circa due pollici di spessore: "La roccia si aprì come un libro e, su di un lato, l'impronta di un uomo". Questa fu la descrizione del ritrovamento da parte di Meister: il calco era lungo circa 10,5 pollici, con un calcagno più evidente rispetto al resto della suola...

Qual'è però la stranezza di questo ritrovamento? Ovviamente la datazione: vi è da sapere che i trilobiti non erano altro che piccoli invertebrati antenati dei granchi e dei gamberi che furono presenti sulla Terra per circa 320 milioni di anni quando, circa 280 milioni di anni fa, iniziarono ad estinguersi. Date quindi davvero allucinanti: quei sandali, sostanzialmente, non potevano essere di un uomo per questioni di logica e di cronologia storica.

Il sandalo ritrovato da Meister, dopo qualche tempo, venne dato ad un professore di metallurgia dell'Università dello Utah, Melvin Cook, il quale lo avrebbe mostrato ai suoi colleghi per poterlo analizzare.

Nessun geologo, purtroppo, si mise a disposizione per analizzare il ritrovamento quindi Meister fece tutto da solo pubblicando una notizia sul giornale locale "The Desert News", diffondendo così la notizia che nel giro di poco divenne virale.

Solo il 20 luglio del 1968 il sito di ritrovamento del reperto venne esaminato dal professor Clifford Burdick, geologo di Tucson e, ben presto, trovò il segno di un piede di bambino impresso su di una roccia: "Il segno era di circa 6 pollici in lunghezza – disse Burdick – con le dita estese, come se il ragazzo non avesse mai calzato scarpe, le quali, al contrario, comprimono generalmente le dita. Queste invece non appaiono essere molto inarcate, e il dito grande [alluce N.d.A.] non è prominente"; quindi proseguì ulteriormente dicendo, "Su una sezione trasversale la struttura della roccia sporge su strati fini e piani. Dove le dita pressarono nel materiale morbido, gli strati sono schiacciati verso il basso dall'orizzontale, indicando un peso che ha pressato nel fango".

Il mese dopo, il signor Dean Bitter, un insegnante di Salt Lake city, dichiarò di aver ritrovato altre due impronte di scarpe nella stessa zona ma, senza alcun trilobite.

Ora, quale sarà mai la verità? Di tutte le impronte che abbiamo parlato in questo articolo, solo una venne ritrovata con il trilobite; ergo, abbiamo due paia di impronte ritraenti sandali e un paio di impronte che sarebbero di piedi nudi. Ponendo il caso che le impronte del bambino e le impronte ritrovate da Bitter (delle quali non vi sono foto) siano reali, concentriamoci invece su quelle ritrovate da Meister... quelle che hanno riscosso più mistero.

Inizialmente viene detto il gap temporale di interesse: 300 milioni e 600 milioni di anni fa; un intervallo TROPPO elevato; più precisamente ben trecento milioni di anni di spazio tra la prima e la seconda data! Sarebbe quindi interessante provare ad interrogarsi su quale sistema di datazione venne utilizzato, peccato che non si conosce ne la persona che ha datato il ritrovamento e nemmeno il sistema utilizzato.

Passiamo quindi al fattore "sandalo", il quale sarebbe stato ritrovato dopo la spaccatura di una lastra che, in teoria, durante la roccia-formazione avrebbe dovuto formare un contro-calco che, effettivamente, non è mai stato trovato: ma anche la forma stessa di questa impronta non ricorda esattamente un sandalo; essa, infatti, non sarebbe altro che una roccia aperta e scolpita dal momento che, guardando questa strana impronta, si nota sin da subito che il trilobite non è stato "schiacciato", ma è stato fatto emergere scavando la forma del sandalo.

Guardando bene le impronte, si nota che il trilobite e messo in evidenza rispetto alla suola di questo ipotetico sandalo: se davvero qualcuno avesse schiacciato quest'ultimo, allora il trilobite si sarebbe dovuto trovare fuso all'interno della roccia e non sarebbe mai dovuto essere "evidente". A prova di questa tesi vi è l'idea secondo la quale la zona del calcagno (palesemente quadrata e di forma innaturale) era più profonda del resto della suola; ergo, essendo che sul calcagno vi ricade più peso, allora il trilobite doveva trovarsi senza alcun dubbio all'interno, e non fuori, dalla roccia.

Un altra prova della falsità di questa impronta è legata al fatto che nessun geologo volle fare ricerca su di essa, forse perché una bufala conclamata e creata dallo stesso Meister che, come abbiamo già detto, aveva già trovato numerosi trilobiti nella sua vita e, quindi... perché non fare un bello scherzo? Prendere una pietra con un trilobite ben visibile, modellarla a forma di sandalo e mettere in risalto quest'ultimo per mostrare il ritrovamento.

Bisogna considerare l'idea che i trilobiti, attualmente, si possono trovare anche sulla terra ferma e possono essere ritrovati anche abbastanza facilmente, tant'è che in Tennessee, il tre maggio del 2018, fu una bambina di solo undici anni a trovarne uno di circa 475 milioni di anni!

Concludo quindi con il dire che di sandali, in questo OOPART, non ve ne erano... soltanto l'ennesima bufala creata ad hoc!

55. Opportunus Adest

Ancora una volta un altro mistero e altri alieni.

Quando si legge qualcosa sugli OOPARTs o gli oggetti fuori dal posto in generale bisogna sempre ricordare che, alla loro base, vi sono sempre testi legate al mondo dell'ufologia o del creazionismo anche quando, in realtà, quello che si sta studiando non è altro che un falso d'autore ben realizzato. Come ho già detto sul capitolo inerente alla spiegazione dell'OOPART, anche se l'autore della burla dovesse auto-smascherarsi... niente, la gente che ha creduto sin a quel momento alla storia di un determinato oggetto continuerebbe a crederci, allegando ad esso un mucchio di teorie strampalate e poco realistiche.

In questo articolo analizzeremo un curioso oggetto ritrovato su di un bancone francese coniato tra il 1656 e il 1680, un artefatto che, a sua volta, sarebbe stato interpretato come una prova schiacciante dell'arrivo degli alieni sulla Terra.

Fu il proprietario di UFO Sightings Daily, Scott Waring, a scrivere sul suo sito web che il contatore "è la prova assoluta che nel 1600 i francesi hanno assistito a molti avvistamenti UFO per decidere di raffigurarli sulle monete"; un contatore che può essere interpretato come un Jeton francese che, come lo stesso "York Coins" spiega:

> "è stato ampiamente utilizzato nel mondo medievale come un aiuto nello svolgimento di calcoli da mercanti e funzionari reali. I contatori sono stati collocati su di una scheda o su un tavolo a scacchi per la resa dei conti per rappresentare quantità o riscontri in calcoli complessi. La parola Jeton deriva dal verbo Jeter francese, "lanciare""

Il Jeton, stando a quanto viene scritto da Waring "ha le dimensioni di un quarto di dollaro degli Stati Uniti, simile a migliaia di altre monete con diversi disegni religiosi ed educativi che sono stati prodotti e utilizzati in Europa nel corso dei secoli 16 ° e 17 °" ma poi, analizzando meglio l'iscrizione e il disegno dice esattamente che

"Sembra stato creato per commemorare un avvistamento UFO di un oggetto a forma di ruota. Alcuni ricercatori ritengono che rappresenta la ruota biblica di Ezechiele. L'iscrizione latina 'OPPORTUNUS ADEST' si traduce come 'E' qui in un momento opportuno.'"

Menzionando quindi la ruota biblica di Ezechiele si entrerebbe dunque in un contesto molto particolare; tant'è che un passaggio all'interno di questo libro sacro recita che le ruote "sfavillavano come crisolito, e tutti e quattro si somigliavano. Ognuna sembrava essere fatta come una ruota che interseca un'altra ruota" (Ezechiele 01:16)... ma ovviamente vi è da dire che la ruota menzionata da Ezechiele è completamente diversa da quella rappresentata sulla moneta.

Vennero quindi create le prime teorie per smentire, a ragione, le teorie ufologiche createsi su questa moneta e, il primo a fare questo passo, fu il Daily Mail che dice che un gettone simile creato nel 1648 rappresenterebbe un oggetto circolare che nulla altro sarebbe se non uno scudo.

Il Jeton

Stando quindi alle relazioni degli esperti di ufologia, essi sembrerebbero smentire a pugno duro dicendo che l'immagine è troppo esplicita e deve avere per forza un significato legato all'ufologia, tant'è che l'ex presidente dell'Associazione Numismatica Americana e proprietario della moneta dirà: "Penso sia un qualche tipo di Ufo, o una rappresentazione simbolica della ruota biblica di Ezechiele".

Ma cerchiamo di risolvere il mistero partendo da questa frase scritta su "Ufo e Extraterrestri" di J.P. Cave e L. Foreman:

"Di questa moneta, che in realtà sembra più una medaglia, si sa soltanto *che è stata coniata intorno al 1680. Pur riportata da alcune pubblicazioni ufologiche, non vengono mai fornite altre notizie. Si nota nitidamente una "ruota", dal cui centro parte un "raggio", che si libra in un cielo nuvoloso. Nella cornice la scritta OPPORTUNUS ADEST."*

Ovviamente, come abbiamo già detto, non si tratta di una moneta e nemmeno di una medaglia, infatti si tratta di un Jeton ma, facendo qualche passo in avanti, ci accorgiamo che questi tipi di gettoni molto spesso contenevano dei riferimenti a raffigurazioni allegoriche e mitologiche ma, non solo; infatti, quella a cui stiamo facendo riferimento è "una scena di protezione". Prendendo infatti uno scudo "targe" rinascimentale, ci si accorge sin da subito di quanto siano effettivamente simili a quello riprodotto sulla moneta: hanno una lunga lancia frontale e sarebbero estremamente decorati mediante l'apposizione ben visibile di placchette dorate che, effettivamente, vengono ritrovate anche sulla strana figura della moneta e, soprattutto, alcuni di essi presentano anche delle "sezioni".

Il motto "OPPORTUNUS ADEST" sarebbe quindi stato rinvenuto su altre monete rappresentanti uno scudo e, dal momento che il motto non significa altro che "E' qui in un momento opportuno", ci si potrebbe riferire non solo al campo dell'ufologia, bensì anche sotto quello bellico e militare dove, appunto, lo scudo protegge i cavalieri o, più in generale, "colui che attacca", di modo da poter raggiungere la vittoria; quindi, "lo scudo 'è qui in un momento opportuno' poiché ci consente di vincere/di essere protetti".

56. Alieno di Atacama

In questo breve articolo andremo ad analizzare un reperto che, secondo alcuni, viene classificato come OOPART e che, oltretutto, non si sarebbe rivelato altro che un grandioso errore di interpretazione che sarebbe andato a sbattere contro l'argomento "alieni", i quali sarebbero giunti sulla Terra e l'avrebbero colonizzata per un certo periodo e, secondo altri, averebbero interagito e manipolato la nostra stessa evoluzione.

Tornando a noi, l'alieno di Atacama (Ata) non sarebbe altro che un feto presumibilmente alieno che sarebbe lungo circa 15 centimetri: esso venne ritrovato nel 2003 nel deserto omonimo sito in Cile.

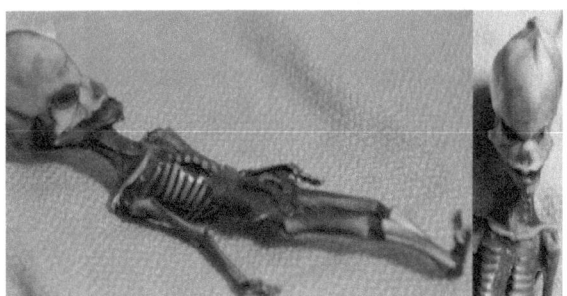
Alieno di Atacama

Le vistose deformità del feto che, lo scrivo ora, è assolutamente umano, gli hanno permesso di entrare in quella categoria relativa agli OOPART extraterrestri, tant'è che in questo ambito (come nell'ambito ufologico) viene comunemente chiamato "umanoide di Atacama".

Il feto che stiamo analizzando in questo articolo, attualmente, sarebbe conservato presso una collezione privata in Spagna e le sue misure sono di 12 centimetri per 15. Esso presenterebbe un cranio molto grande e molto allungato rispetto al corpo che risulterebbe così sproporzionato: i denti sono duri e affilati e il corpo è squamoso e scuro, completamente ricoperto di tartaro [deposito dovuto alla placca batterica e alla presenza di sali di calcio N.d.A.]. Egli avrebbe dunque non dodici costole ma ben dieci e, le mani ed i piedi, non subirono un processo di ossificazione completa. Attualmente, grazie alle quantità di DNA ritrovata, si è stati in grado di confermare l'ipotesi umana e di ridatare la nascita di questa "mummia" ad un epoca più moderna.

Un analisi molto importante venne svolta dall'anatomo-patologo William Jungers, il quale, studiando mani, piedi e sutura frontale del cranio, confermò ancora una volta l'origine umana del feto, il quale sarebbe nato prematuramente o morto poco dopo la nascita. A questa teoria però si contrappose quella di un immunologo chiamato Gary Nolan, il quale disse che il feto avrebbe presentato una serie di malattie genetiche che non gli consentirono di vivere; inoltre, suppose che il nanismo fosse una caratteristica di Ata anche se, poco tempo dopo, queste ipotesi vennero bollate come infondate dal momento che un altro dottore, pediatra e radiologo Ralph Lachman, affermò che il nanismo non riuscirebbe mai da solo a spiegare tutte le malformazioni subite dallo scheletro.

Per quanto riguarda la storia del ritrovamento, il corpo venne scoperto da un certo Oscar Muñoz nel 2003 mentre cercava degli oggetti di valore in una chiesa abbandonata di La Noira in Cile: quando venne ritrovato, il corpo era avvolto da un panno bianco legato con del nastro viola.

La prima foto di Ata sarà però da attribuire ad Alejandro Davalos, un collezionista a cui lo stesso Muñoz mostrò il corpo. Il collezionista, a questo punto, stando ai referti, inviò la foto ad alcuni rappresentanti dell'AION, associazione che si occupa di ufologia e, pochi giorni dopo, lo scopritore si recò nuovamente a Iquique, vendendo il corpo per trenta mila *peso* (400,00€) ad un uomo d'affari.

La notizia del ritrovamento venne quindi inviata al quotidiano locale di Antofagasta "El Mercurio", il quale, a sua volta, pubblicò l'articolo il 9 ottobre del 2003, data in cui il reperto era tra le mani di un collezionista anonimo. Sarà soltanto poco tempo dopo che la televisione cilena Chilevisiòn realizzò uno speciale che, volente o nolente, riuscì ad attrarre un grande numero di persone... tra le quali vi figuravano un grande quantitativo di ufologi. Questi ultimi, in seguito al ritrovamento, alla notizia e allo speciale, si recarono nell'area della scoperta e, uno di questi, Rodrigo Fuenzalida, rappresentante della già citata AION, negò l'origine aliena dello scheletro. Sarà però il biologo del dipartimento di Biologia Marina dell'"Università di Arturo Prat" Walter Seinfeld che, dopo aver visto le immagini, disse che il ritrovamento non era altro che un essere umano.

Il corpo venne quindi preso dall'"Arturo Prat" su richiesta di Seinfeld, il quale, dopo le varie analisi di accertamento, avrebbe ridato lo scheletro ai collezionisti che lo avrebbero posto nella loro collezione privata.

57. Sfere di Klerksorp

{La foto di questo capitolo non è stata allegata per questioni di stampa; è comunque disponibile sul Blog alla voce "Archeofake 57 – Sfere di Klerksorp" ndr}

Le sfere di Klerksorp di cui parleremo in questo articolo prendono il nome dal museo in cui esse erano conservate: esse sarebbero state portate all'attenzione del pubblico dal curatore del museo stesso: Rolfe Marx, il quale affermò che le sfere sembravano il frutto di un attività umana ma che, di contro, risalivano (per effetto di alcuni studi sulla datazione dell'artefatto) ad un epoca in cui l'essere umano ancora non esisteva: 2,8 miliardi di anni fa, un era geologica che venne ottenuta mediante lo studio del deposito in cui vennero ritrovate; una cava di pirofillite, un materiale morbido e che viene utilizzato tutt'ora come isolante elettrico. Inoltre, la pirofillite, avrebbe origine dalla metamorfosi di un deposito sedimentario per la cui formazione servirebbe un bel po' di tempo ergo, le sfere, avrebbero dovuto trovarsi in quel luogo da ancor più tempo della tempistica menzionata precedentemente.

Il motivo dell'affermazione di Marx nei confronti della realizzazione umana di questi artefatti scaturisce da alcuni solchi paralleli ben visibili sulla zona equatoriale della sfera stessa, per i quali, in teoria, non esisterebbe alcuna spiegazione scientifica di base naturale.

Il mistero legato a queste sfere sarebbe stato originato dalla pubblicazione di alcuni articoli e testi che sarebbero stati pubblicati tra gli anni ottanta e novanta di cui, il primo di essi, nel 1982 per mano di Jimson S. con un articolo chiamato Scientist Baffled by Space Spheres pubblicato il 27 luglio su Weekly World News, un giornale di stampo satirico. La notizia venne quindi ripresa a più battute e venne trasmessa da diversi giornali incentrati sui misteri legati a UFO e alieni sino a quando negli anni novanta la storia venne ripresa da Michael A. Cremo e Richard L. Thompson, già autori della famosa serie di libri pseudo-scientifici "Forbidden Archeology". In questo testo la storia delle sfere di Klerksorp sarebbe stata spacciata per vera e, oltretutto, documentata, portando quindi a sostegno di tutto questo una lettera del curatore Rolf Marx scritta nel corso del 1984 in cui viene stimata l'età del sedimento di goethite[1] ai 2,8 miliardi di anni fa, un tempo che venne ritenuto normale per i processi di sedimentazione.

Purtroppo per Cremo e Thompson, la lettera scritta da Marx (pur contenendo molte informazioni corrette) riportava alcuni errori che dimostrerebbero una scarsa conoscenza della geologia da parte del redattore: non viene infatti considerata l'età della pietra in correlazione con il processo di sedimentazione e, a loro volta, non viene mai citata la possibilità che il metamorfismo avrebbe potuto provocare un cambiamento generale della strutturazione degli strati.

Come successe per altri OOPARTs, dopo la pubblicazione del reperto su Forbidden Archeology, esso non sarebbe diventato niente altro che una prova a favore del creazionismo da parte dei gruppi dell'ultradestra che, inoltre, abbellirono la notizia con coinvolgimenti inesistenti da parte della NASA.

Del resto, le ipotesi relative a queste sfere sono sostanzialmente tre. La prima di queste teorie fu l'ipotesi aliena: delle civiltà intergalattiche avrebbero portato queste pietre sulla Terra in epoche molto antiche. Segue quindi l'ipotesi antica; la quale descriverebbe le sfere come il prodotto di un antica civiltà dimenticata che possedeva un grandissimo numero di tecnologie ad oggi sconosciute (tema nei confronti del quale si risalì addirittura alla mitica Atlantide ma senza alcuna prova). L'ultima teoria designava l'idea secondo la quale le pietre sarebbero state create durante la creazione del Mondo e, il loro sito di produzione, sarebbe quello in cui vennero trovate.

La realtà nei confronti di queste pietre è però completamente diversa: il materiale con cui esse furono costruite venne identificato dall'Università di Potchefstroom sotto il patrocinio del professor Bisschoff, il quale disse che si trattava di limonite, un materiale che ha la capacità di comporsi in proporzioni variabili di goethite, ematite e idrossidi di ferro, formando così dei noduli circolari e anche dei solchi, i quali non rappresenterebbero altro che il frutto di un processo di consolidamento noto, per quanto raro. Se così non fosse, i solchi sarebbero potuti essere fatti dagli scopritori stessi per uso ornamentale o semplicemente per rendere la scoperta ancora più attrattiva.

Ovviamente, se tutto questo fosse vero, allora bisognerebbe posticipare la famosa datazione di 2,8 miliardi di anni dal momento che sarebbe sbagliata per un motivo prettamente logistico: un tempo così lungo, infatti, avrebbe potuto portare allo sviluppo di alcune forze interne alle rocce che, nel corso del tempo, ne avrebbero deformato l'aspetto.

A prova della tesi espressa da Bisschoff ci sarebbero numerosi punti che andrebbero almeno nominati per quanto importanti: in primis, la pietra originale scomparve, impedendo così il proseguimento degli studi dal momento che, di tutte le migliaia di pietre estratte, solo una riproduceva delle linee parallele; in secondo luogo, non vi sono prove che al momento dell'estrazione le sfere riportavano già delle righe e, infine, come abbiamo già accennato, l'origine antica di queste pietre avrebbe portato ad una deformazione generalizzata della precisione delle linee rappresentate su tali artefatti.

1: Minerale costituito da idrossido di ferro contenente circa il 63% di ferro e spesso anche piccole quantità di manganese, appartenente al gruppo del diasporo

58. Mappa di Piri Reis

In questo capitolo parliamo di un altra mappa che ha riscosso un bel po' di problematiche all'interno del mondo scientifico; la mappa di Piri Reis.

Questo documento cartografico di cui stiamo parlando ora venne realizzato da un ammiraglio turco omonimo il 7 aprile del 1513: essa si presenterebbe come una mappa pergamenacea che, attualmente, si troverebbe esposta all'interno della Biblioteca del Palazzo di Topkapı in Istambul, lo stesso luogo in cui fu rinvenuta nel 1929 a seguito di alcuni lavori di rifacimento interni per convertire la struttura in istituzione museale.

La mappa di Piri Reis, di cui oggi conosciamo l'esistenza, non sarebbe però una mappa completa, bensì solo una parte di una pergamena ancora più grande e che illustrerebbe parte dell'Oceano Atlantico, alcune parti di Europa, di Africa e di America Meridionale. Su di essa, inoltre, sarebbe ben leggibile un piccolo testo che reciterebbe così:

> "Composta dall'umile Pīr figlio di Hajji Mehmet, noto come nipote per parte di padre di Kemāl Rè'īs - possa Dio perdonarli, nella città di Gallipoli, nel mese del sacro Muḥarram, nell'anno 919"

Evidentemente la mappa fu composta da Re'īs per donarla al Sultano ottomano Solimano il Magnifico nel 1517 ma, in realtà, vi è da dire che subì alcuni piccoli ritocchi successivi al 1519.

Secondo alcuni scrittori la mappa rappresenterebbe l'Antartide con un livello di dettagli difficilmente raggiungibile nel corso del XVI secolo, tant'è che venne usata in varie pubblicazioni pseudo-scientifiche e pseudo-archeologiche per sostenere che la conoscenza geografica mostrata nella mappa sarebbe più approfondita di quella che generalmente verrebbe attribuita all'epoca di creazione di quest'ultima, la quale sarebbe addirittura precedente alla scoperta delle Americhe da parte di Colombo.

Ma i misteri della mappa sostenuti da alcuni teorici non finirebbero qui, anche perché su di essa verrebbe raffigurata un Antartide priva di ghiacci che, secondo alcuni studiosi, raffigurerebbe una situazione di circa seimila anni fa e, inoltre, nel 1965 un certo Charles Hapgood, un professore dell'Università del New Hampshire, notò che nella mappa venne utilizzata la "Proiezione di Mercatore", un sistema per rappresentare la superficie terrestre su di un piano; una tecnica che però verrà introdotta solo nel 1569 da Gerardo Mercatore... ben cinquant'anni dopo la realizzazione della pergamena!

Ovviamente, a tutte queste credenze e teorie, si aggiungerà il contributo di altre due vecchie conoscenze, ovvero Erich Von Däniken in "Gli extraterrestri torneranno" e Graham Hancock in "Impronte degli Dèi" che, in un certo senso, avvaloreranno le teorie mostrate prima con tesi fuori dal comune e senza alcun briciolo di attinenza scientifica.

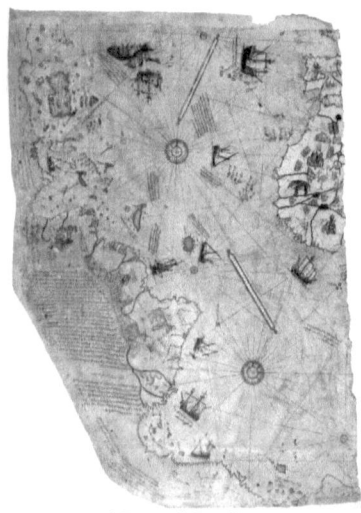

Mappa di Piri Reis

L'ultima illuminazione pseudo-scientifica ci verrà però data dal già citato professor Hapgood, il quale farà sapere che tra le fonti utilizzate da Re'īs dovevano esservi anche delle mappe e dei resoconti del 4000 avanti Cristo che, a loro volta, sarebbero state realizzate da civiltà progredite capaci di navigare su lunghe rotte mediante l'uso di tecnologie avanzate e, addirittura, anche mediante il volo. Tutti sistemi fantascientifici che, secondo il professore, avrebbero permesso a queste antiche civiltà di tracciare mappe precise dal momento che è impossibile (stando alla sua opinione) tracciare delle mappe senza l'ausilio di un osservazione aerea.

Inutile dire che si ipotizzò ancora una volta l'intervento di alieni e di civiltà extraterrestri che, mediante la loro tecnologia, avrebbero redatto (o aiutato a redarre) delle mappe e dei resoconti nel corso del 4000 a.C.

Ma passiamo alla risoluzione dell'enigma iniziando dall'Antartide. La zona che secondo alcuni sostenitori viene definita come "Antartide" non somiglia per niente a quest'ultima dal momento che, sovrapponendo il disegno distorto di Re'īs alla mappa attuale, la forma dei due "Antartidi" non corrisponderebbe! Quindi, sostanzialmente, l'"Antartide privo di ghiacci" non era altro che un interpretazione errata di un luogo che non era nemmeno l'Antartide stesso, bensì un prolungamento del continente sud-americano che, a sua volta, avrebbe subìto una deformazione per via dell'imprecisione con la quale venne realizzata la mappa stessa.

La mappa di Re'īs è infatti molto imprecisa e distorta, tant'è che mediante il fenomeno della pareidolia è possibile scambiare degli Stati o dei luoghi per altri; infatti bisogna sempre ricordare che il disegnatore prese spunto da altre mappe coeve come quella di Martin Waldseemuller, un cartografo tedesco e, inoltre, anche da mappe portoghesi di antica produzione di cui possediamo soltanto alcune descrizioni. Seguirebbero quindi le mappe realizzate durante la spedizione di Pedro Alvarez Cabral del 1500, viaggio che permise a quest'ultimo di raggiungere il Sudamerica partendo dalla Guinea... oppure quelle del 1501/1504, realizzate da un Vespucci al servizio del portoghese Gonzalo Coelho con il quale arrivò in Patagonia.

Sulla mappa stessa, infine, viene riportata anche una nota molto interessante redatta in lingua turca ottomana che direbbe "Ma si racconta che un infedele di Genova di nome Colombo abbia scoperto questi paraggi"; una frase che, prima di tutto, metterebbe in conto il fatto fondamentale secondo il quale lo stesso Re'īs era a conoscenza del lavoro del navigatore (Svoltosi nel 1492) e, nel secondo caso, rafforzerebbe l'idea che Cristoforo Colombo fu effettivamente Genovese e non Spagnolo (tant'è che nacque a Genova nel 1451 e morì in Spagna, a Valladolid, nel 1506... e non il contrario).

Quindi questo mistero non è in realtà da considerare tale dal momento che, come abbiamo visto nel corso di questi capitoli e, prossimamente, come continueremo a vedere con i prossimi, il mistero viene creato da chi "VUOLE" vederne un mistero... ma non perché esiste realmente.

59. Alieni di Nazca

{Questo articolo rappresenta una sorta di commento al video presente sulla pagina del blog intitolata "Archeofake 59 – Alieni di Nazca" ndr}

Nei pressi delle linee di Nazca un team di ricercatori dell'Università del San Pietroburgo del Colorado Hospital sarebbe stato in grado di ritrovare una misteriosa mummia di origine aliena che sarebbe vissuta tra il 400 e il 200 avanti Cristo.

La fonte principale da cui vennero dissipate queste notizie fu Gaia.com ma, ovviamente, vi sono molte teorie che contrastano con la tesi dell'effettiva origine aliena del reperto.

Le teorie date da Gaia.com nei confronti di queste mummie diedero man forte alle teorie legate all'arrivo di esseri alieni sulla Terra, creando così una base molto solida nei confronti delle teorie degli antichi astronauti che, a loro volta, possono essere altresì considerate come delle bufale senza alcuna validità scientifica. Uno degli ufologi che apparirebbe così più coinvolto in questo ritrovamento sarebbe il messicano Jaime Maussan, il quale, in passato, spacciò una mummia egizia per l'alieno di Roswell, animando un lungo e inesorabile dibattito ufologico sin dal 2015. Lo stesso Maussan avrebbe quindi "creato" la leggenda della Creatura di Metepec, un alieno imbalsamato poi rivelatosi una scimmia scoiattolo (2007)… ovviamente tutti questi tentativi di divulgazione di disinformazione erano atti al lucro: era infatti molto semplice trovare testate giornalistiche e network pronti a sborsare ingenti quantitativi di denaro per poter pubblicare per primi queste notizie così particolari.

La mummia aliena di Nazca fu protagonista di un video, all'interno del quale comparve anche lo stesso ufologo citato in precedenza e, mentre viene descritta, questo reperto archeologico verrebbe estratto da una scatola di cartone… un fattore molto particolare dal momento che per tutti i reperti storici (anche per i più robusti) vengono utilizzati dei sistemi contenitivi ad altissima sicurezza come legno, ferro, vetro temperato, o altri materiali resistenti in grado di proteggere il contenuto degli stessi da eventuali elementi esterni che potrebbero intaccare la salubrità del manufatto; in più si scoprirebbe che quest'ultima non venne imballata in paglia o altri materiali antiurto... i campioni del manufatto, oltretutto, vennero prelevati sulla terrazza di un palazzo: il luogo peggiore dal momento che piccole particelle volanti potrebbero appoggiarsi sul reperto e danneggiarlo e/o modificare il responso delle analisi dello stesso.

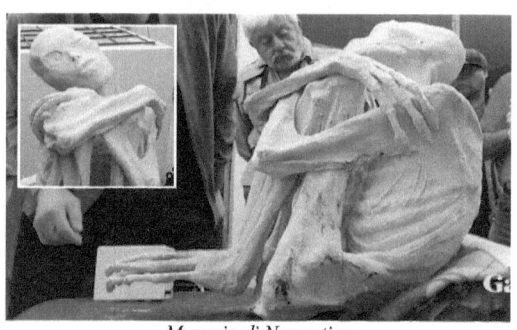

Mummia di Nazca tipo

Non vengono quindi mostrate le immagini del luogo del ritrovamento e nemmeno una fotografia della tomba mentre, per quanto riguarda il sistema di ritrovamento e di estrazione della mummia dalla tomba, esso risulta essere completamente ignoto... tant'è che non venne nemmeno documentato su diari di scavo o mappe stratigrafiche del sito.

Eppure vi sarebbero delle radiografie che, in teoria, non avrebbero però alcun peso scientifico dal momento che non viene mai mostrata la mummia all'interno di un laboratorio di radiologia ma sempre sulla solita terrazza che ha visto il reperto uscire dalla scatola di cartone. Le radiografie, a loro volta, potrebbero essere quindi state realizzate con l'ausilio del programma di fotomontaggio "Photoshop"[1] dal momento che, quest'ultimo, consentirebbe anche di creare da zero delle radiografie ad arte semplicemente visionando uno dei tutorial di cui la rete ne è ormai piena.

L'unica parte effettivamente credibile sarebbe il cranio ma, per un motivo o per l'altro, le analisi e i dati tecnici di laboratorio inerenti a questa e alle altre cento mummie ritrovate nella zona delle linee di

Nazca sembrerebbero essere pari a zero. Inoltre, bisogna aggiungere, che solo il cranio di alcune mummie sembrerebbe alieno... peccato che nel caso di Maria (Foto sopra), il cranio si dimostra completamente umano.

Sarà infatti Paul Ronceros, amico di uno dei due tombaroli autori della scoperta, a screditare la questione delle mummie aliene, ritrovando ancora una volta l'inganno di Maussan. Egli sostiene che

> "In totale i resti sono più di 100 contando mani, crani e corpi interi. Molte mummie sono ripetute, duplicate, triplicate e così via [...] molti sono teschi simili posizionati su corpi diversi per simulare un'altra specie: se volevano un corpo piccolo, prendevano lo scheletro di una lucertola e facevano le estremità con ossa corte. Per fare le braccia un po' più lunghe, aggiungevano un osso. Per questo ci sono creature con tre o quattro segmenti negli arti."

Secondo Ronceros, in arte Krawix999, le mummie non sarebbero quindi che costruzioni organiche (probabilmente dei popoli Paracas o dei Nazca stessi) prodotte mediante il montaggio di varie parti animali.

Ovviamente per creare queste patchwork[2] sarebbero serviti dei tagli e degli interventi chirurgici che, effettivamente, non sono visibili ma, Ronceros, spiega dicendo che:

> "Non ci sono suture perché non c'è stato alcun intervento chirurgico. Vediamo come hanno realizzato una mano. Hanno rimosso pollice e mignolo, alle tre dita rimaste hanno tolto la falange con l'unghia e hanno aggiunto [mediante della resina naturale N.d.A.] dita di altre mani pure senza unghie. Per questo motivo vediamo dita con 5 o 6 falangi, ossa che non si trovano al loro posto. Un radiologo forense mi ha detto: 'vediamo ossa umane tutti i giorni e, queste, lo sono al 100%. Riusciamo a capire se sono maschili o femminili, di un bambino o di un adulto, della mano destra o sinistra, se appartengono al dito medio, all'indice o al mignolo...'"

Ergo, Maria sarebbe umana al 100% ma con testa, mani e piedi modificati dal momento che, analizzando il resto dello scheletro, non si ritrovano differenze con quello umano.

Infatti, i Nazca, per questioni prettamente rituali, erano soliti comporre due tipi di corpi simili a questo: quelli modificati come Maria, togliendo o mutando parti del corpo... e quelli assemblati, in cui dei corpi senza scheletro avrebbero subito un processo di conglomerazione mediante l'aggiunta di ossa o parti di animali diversi a seconda della forma che si voleva dare al reperto.

Bisogna infatti tenere a mente che, in antichità, le modificazioni corporali in vita o in morte erano molto importanti per rispettare determinati canoni: basti tener presente i vari allungamenti del collo o del cranio, la perforazione di determinate parti del corpo, la mutilazione delle dita... tutte cose che alcune culture facevano e che fanno tutt'ora poiché ritengono che li aiuti a raggiungere determinati stati spirituali, psichici o fisici.

Lo stesso Ronceros, per screditare ancora di più Maussan, dice che i campioni da lui inviati furono spediti a laboratori di basso livello con banche dati non aggiornate, finendo per dipendere così da archivi di altri laboratori. "Questi laboratori – conclude Ronceros – Non sarebbero nemmeno mai stati in grado di isolare il DNA microbico!".

Maussan, infatti, si è guardato bene dal non mandare i campioni alla UCLA, al Musèe dell'Homme o al museo di Storia Naturale in Danimarca... altrimenti avrebbe scoperto cose che non avrebbero attirato nessuno, ovvero, delle bufale.

1: Esempio di un semplice effetto X-Ray realizzato con Photoshop: https://www.youtube.com/watch?v=5Zm8PCT6yKE&ab_channel=EnvatoTuts%2B. A seconda della capacità dell'utente, ovviamente, l'effetto può diventare ancora più realistico di come mostrato qui.

2: Unione, tramite cucitura, di diversi pezzi di tessuto. Questa la definizione letteraria del termine che, trasposto in ambito anatomico, risulta essere palese: "Creazione di una nuova entità anatomica mediante la sostituzione di parti organiche".

60. Pitture di Charama

In questa serie di capitoli non è mio obbiettivo quello di cambiare le idee delle persone nei confronti di determinati oggetti bensì, come spero si sia compreso, porre le due interpretazioni (scientifica e pseudo-scientifica) di vari oggetti che vennero ritrovati per il mondo e interpretati come OOPARTs per semplici questioni divulgative: una sorta di confronto delle varie interpretazioni.

Ora cercheremo di analizzare un altro reperto che ha scosso numerosi ricercatori e storici: le pitture di Charama, a nord-est dell'India.

Queste pitture vennero ritrovate in una grotta nel sito omonimo e, in teoria, sembrerebbero testimoniare l'arrivo di entità aliene sulla nostra Terra; una testimonianza che, secondo le varie datazioni, sembrerebbe risalire a 10.000 anni fa. I dipinti, a loro volta, raffigurerebbero delle immagini umanoidi con facce piatte e un oggetto treppiede molto simile ad un veicolo.

La scoperta del 2014 venne fatta nel quartiere di Kanker a Charama (Chhattisgarh) e, subito dopo, le rilevazioni e le varie documentazioni vennero riportate accuratamente sul Times Of India. Inutile quindi dire, dopo aver letto il terzo trafiletto di questo articolo, che queste immagini hanno dato molto peso alla teoria del paleocontatto e degli antichi astronauti; fenomeno che sarebbe quindi trattato da un già menzionato Kolosimo e da un ormai famosissimo Daniken, secondo i quali la Terra sarebbe stata colonizzata da esseri dello spazio... un evento ironico se solo dovessimo paragonarlo alla canzone "Siamo Figli delle Stelle" di Sorrenti.

Eppure, questi disegni, hanno ottenuto un grande successo e un grande interesse da parte della scienza e dell'archeologia, tant'è che un archeologo, un certo J. R. Bhagat, ritiene che essi potrebbero essere utili per confermare l'avvento accennato prima dell'arrivo di popoli extraterresti in India dicendo:

"I risultati delle ricerche suggeriscono che gli esseri umani in epoca preistorica potessero aver visto o immaginato esseri provenienti da altri pianeti che ancora oggi creano curiosità tra le persone e ricercatori. Saranno necessari studi approfonditi per ulteriori accertamenti. Chhattisgarh attualmente non dispone di figure esperte tali da poter fare chiarezza sui soggetti dei dipinti"

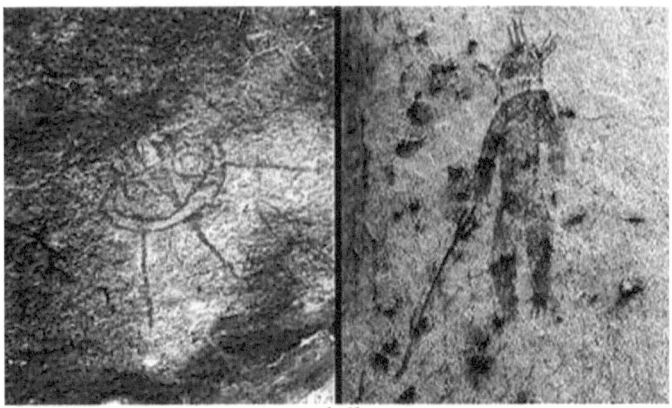

Pitture di Charama

Insieme agli OOPARTs, del resto, come già siamo abituati, vi sono sempre particolari leggende locali che sembrerebbero confermare o avvalorare le teorie del paleocontatto le quali, a loro volta, sarebbero state edificate proprio sull'analisi e sullo studio di queste tracce particolari e misteriose. Ebbene, anche in questo caso abbiamo una di queste leggende: i residenti del villaggio di Iam e Gotitola, entrambi situati in prossimità di queste grotte, fecero sapere agli studiosi in cerca di informazioni che loro credevano (e credono tutt'ora) che i "rohela people", dei piccoli esseri, vennero dal cielo tanti anni fa e portarono via alcuni abitanti del villaggio che non vi fecero mai più ritorno.

Ma tornando ad analizzare questi dipinti mediante l'ausilio di alcune citazioni dello stesso Bhagat si scopre che:

"I quadri sono fatti in colori naturali che risultano appena sbiaditi nonostante i migliaia di anni che contano. Le stranissime figure sembrano avere tra le braccia oggetti simili ad armi anche se le figure stesse non possiedono caratteristiche chiare: in particolare appare strano che il naso e la

bocca siano mancanti [...]. In un paio di foto questi esseri vengono anche mostrati come se indossassero tute spaziali. Non possiamo confutare possibilità di fantasia dagli uomini preistorici, ma gli esseri umani di solito hanno una fervente fantasia per queste cose"

Ebbene, il Dipartimento di Archeologia e Cultura di Chhattisgarh contattò dopo qualche anno l'agenzia spaziale nazionale indiana e la NASA per cercare di vederci più chiaro ma, purtroppo, dal 2018 ad oggi (2020) ancora non sono giunte degli evidenti passi avanti nelle ricerche... anzi, sembrerebbe proprio che di questo ritrovamento non se ne parli più da tempo.

Interpretazioni logiche relative a questo ritrovamento che, ripeto, non ha più subìto delle evoluzioni nei confronti della ricerca, sembrerebbe essere quello dell'accostamento di questi disegni alle teorie mitiche e religiose dei Vimana e delle battaglie divine, argomento di cui tratteremo in un altro capitolo.

Per cercare informazioni nei confronti di questo tema ho cercato di sfruttare siti web e libri ma purtroppo, nel primo caso, quello che ho ottenuto non era nulla altro che poche e blande informazioni criptiche... insufficienti per poter creare una teoria scientifica e logica mentre, nel secondo caso, non ho trovato testi che parlavano di questo argomento, proprio come se questo tema non fosse ancora stato ufficializzato dalla pseudo-scienza o dalla fanta-archeologia.

Per ovvi motivi preferisco quindi fermarmi qui per evitare di trasmettere dettagli non-senso basati sul nulla... che farebbero decadere queste pagine nel pozzo della disinformazione (cosa che non voglio fare). Ovviamente cercherò comunque di rimanere aggiornato e, nel caso in cui dovessero venir note delle evoluzioni, comunicherò il tutto sul mio blog [Archeofake 60 – Pitture di Charama].

61. Mortaio con Pestello

In questo breve capitolo affronteremo un altro OOPART che ricadrebbe nella categoria delle prove che dimostrerebbero l'attendibilità del creazionismo. Quello del quale parleremo non è altro che un reperto poco famoso e chiamato in causa davvero pochissime volte, tant'è che non vide mai, nel corso della sua lunga storia, almeno un solo momento di popolarità... forse perché, da come si vedrà nel corso di questa descrizione, non si rivelò altro che un imponente bufala.

Il mortaio con il pestello fu ritrovato nella Table Mountain, situata in California (Contea di Toulumne) in uno strato di roccia che, secondo alcune datazioni e secondo le analisi stratigrafiche, risalirebbe al terziario. Esso, bene o male, sarebbe quindi un oggetto che avrebbe dovuto trovare la sua origine nel corso di un periodo molto precedente al nostro, addirittura risalente a circa 33 o 55 milioni di anni fa. Una datazione abbastanza generica poiché data dalla lontananza del periodo posto sotto analisi.

Mortaio con Pestello

L'oggetto venne ritrovato da un certo J. H. Neale (sovrintendente del Tunnel di Montezuma) nel corso del 1877. Egli, da quanto dice, avrebbe ritrovato il mortaio e il relativo pestello in uno strato roccioso alla base di una colata di lava sita a 1400/1500 metri di lontananza dalla bocca di un tunnel; luogo in cui il già citato ebbe l'opportunità di trovare ben tre reperti interessanti che, secondo lui, "non avevano ragione di essere in quel punto". Stando ai suoi *report*, egli identificò inizialmente delle punte di lancia di roccia scura lunghe quanto un piede e, subito dopo, rinvenne un piccolo mortaio con un pestello di fattura irregolare al quale ne seguì un secondo di fattura più regolare e di dimensioni più grandi.

Un fattore molto importante che accomuna tutti e tre questi reperti è quello che vennero ritrovati tutti in un pomeriggio e senza fare nemmeno uno scavo: "Erano tutti a breve distanza l'uno dall'altro", spiegherà lo stesso Neale.

Le sue dichiarazioni atte a spiegare che questo ritrovamento era impossibile non basteranno però a farne aumentare la popolarità, tant'è che nel corso del tempo questo mortaio e questo pestello non riuscirono mai a vedere la luce: oggi, facendo una ricerca in internet o su qualche libro, non si trovano molte informazioni se non alcune brevi note criptiche e incomplete che non riuscirebbero mai ad esplicare la realtà in maniera completa... bisogna infatti andare su siti web esteri per riuscire a scoprire qualcosa di interessante: stando infatti al famosissimo sito "badarcheology.com" si verrebbe a scoprire che il mortaio con pestello non sarebbe altro che una formazione dovuta ad effetti naturali... insomma, il mortaio e il pestello avrebbero subito due processi di erosione differenti che, una volta accostati, avrebbero permesso a Neale di identificarvi un mortaio con relativo pestello; cosa assolutamente falsa dal momento che non sarebbero altro che due pietre di origine naturale. Questa tesi viene quindi supportata dal fatto che entrambi gli oggetti, ed in generale quelli rinvenuti in quel pomeriggio del 1877, non avrebbero riportato (alla luce delle analisi) alcun simbolo o segno di elaborazione umana.

Un altra tesi comunque affidabile è quella che vedrebbe questi reperti completamente falsi sin dall'origine: quest'idea sarebbe avvalorata dal fatto che per ritrovarli non venne mai fatto alcuno scavo e, soprattutto, non esistono documentazioni dello scavo come dei diari e nemmeno dei disegni della stratigrafia in sito... soltanto dati e informazioni dati da aziende o istituzioni sconosciute che, in ogni caso, risulterebbero comunque carenti di ogni dettaglio davvero importante:

la datazione non sappiamo in che modo e da chi venne realizzata, non vi è mai stato uno scavo e non ci sono veri e propri report cartacei ai quali rivolgersi per effettuare degli approfondimenti nei confronti dell'oggetto stesso il quale, a sua volta, è attualmente scomparso.

Evidentemente non bisogna quindi interpretare il mortaio con il pestello come un vero e proprio OOPART, pur essendo indicato come appartenente a questa categoria. Non è altro che una bufala poco riuscita e che venne posta sotto silenzio dopo pochissimo tempo dalla sua pubblicazione.

1: Più si retrocede nelle datazioni, più il gap temporale diventa ampio e impreciso

62. Petroglifi di Toro Muerto

Abbiamo parlato tante volte della teoria degli antichi astronauti, ebbene, su questo nuovo articolo, ci dedicheremo ad un nuovo mistero che ancora si può definire tale; non perché le fonti da cui sto prendendo spunto (quelle menzionate nella pagina delle fonti a fine libro) non raccontano la verità o perché hanno intenzione di proteggere la pseudo-scienza... anzi, alcune delle fonti da cui prendo spunto sono effettivamente contro quest'ultima e passo sempre a dare una lettura su questi ultimi prima di pubblicare un post, di modo da verificare che il mio articolo sia corretto e attendibile.

I "Danzatori" di Toro Muerto

Per quanto riguarda questo mistero che si chiamerebbe "Petroglifi di Toro Muerto" la questione è un altra e si distacca completamente dal paragrafo menzionato prima: non si sa ancora nulla o, almeno, si stanno cercando delle prove attendibili che possano dimostrare la validità o meno della questione "alieni" anche se, in realtà, dal momento che abbiamo affrontato più di sessanta OOPARTs e ben pochi di questi si sono dimostrati autentici misteri, difficilmente penso che questo possa esserlo... magari, chi lo ha scoperto, è incappato in un errore di interpretazione, oppure la semplice storia della civiltà che li ha realizzati potrebbe darci una mano a capire meglio la situazione. Non perdiamoci però in chiacchiere e procediamo nell'analizzare questo ritrovamento.

Questi petroglifi siti nell'omonima località presso Castilla (Perù), stando alle descrizioni ufficiali e alle poche foto che circolano in rete, sarebbero delle immagini che ritrarrebbero in qualche modo delle figure umanoidi che sono ben lungi dall'essere "umani"; alcuni di essi, addirittura, sembrerebbero avere alcune somiglianze con altri petroglifi rinvenuti in altre zone del pianeta.

Secondo alcune stime, all'interno del sito ci sarebbero ben 5.000 pietre a base di tufo vulcanico sulle quali, a loro volta, vi sarebbero riprodotte queste misteriose figure geometriche, zoomorfe e umanoidi che, per molteplici volte, vennero interpretate come figure divine: veri e propri Dèi che sarebbero stati successivamente ricollegati alla questione dei Popoli delle Stelle venuti sulla Terra sin dall'antichità.

Secondo alcune analisi svolte su questi petroglifi, essi sarebbero stati datati al 10.000 a.C ma, purtroppo, non riesco a menzionare il professore o almeno l'istituzione che avrebbe svolto le analisi. Gli archeologi, del resto, avrebbero documentato più di 5.000 incisioni su varie pietre e su vari chilometri quadrati di deserto.

Questi petroglifi, ritrovati nel 1970 da uno scienziato francese di nome Christine Dequerlor, avrebbero quindi richiamato un gran numero di interpretazioni di varia natura ma, purtroppo, nessuna di essa sembrerebbe scontrarsi con la realtà.

A questo punto però bisognerebbe fare luce su di un piccolo problema: il sito, risalente alla civiltà Huari, era già conosciuto sin dal 1951 se non prima... qual'è stato quindi il merito di Dequerlor? Semplicemente quest'ultimo avrebbe notato la particolarità dei disegni e avrebbe fatto della pubblicità al sito... un comportamento eretico quello di "lucrare" su dei siti già studiati in passato semplicemente perché interpretati in maniera diversa, tant'è che la gente del luogo non provò mai ad aiutare quest'archeologo e non si avvicinò mai ai suoi scavi perché, a quanto dicevano, "Non vi è nulla di buono...".

La questione è quindi da dividere in due strade: la prima vede un sito completamente normale che poi ha subìto una manipolazione dallo stesso Dequerlor il quale, per aumentare l'interesse nei suoi confronti e nei confronti della zona, ha esternato delle interpretazioni tutte sue e senza alcun fondamento... la seconda, invece, è quella che vedrebbe Dequerlor come detentore della verità; ergo, il sito di Toro Muerto racchiuderebbe in se disegni che rappresenterebbero civiltà provenienti dalle stelle.

Anche se non l'ho mai scritto dal momento che l'ho sempre sottinteso, ora lo sottolineo: "scegli quale strada prendere".

63. Stonehenge

Si sente parlare di questo sito megalitico ormai da molti anni e, ancora oggi, Stonehenge riserba ancora un grandissimo numero di misteri che meritano di essere svelati.

Il nome di questo sito deriva dal termine inglese "Stone Henge", tradotto come "Pietra sospesa"; un termine che sembrerebbe quindi mettere in luce la presenza di alcuni architravi poste su due piloni orizzontali monolitici.

Questo *cromlech* (circolo di pietra) sarebbe quindi un sito neolitico che si ritroverebbe nei pressi della contea di Amesbury, sita nello Wiltshire in Inghilterra, a circa 13 chilometri a nord-ovest di Salisbury. Vi è però da accennare una cosa molto importante prima di proseguire oltre nell'analisi: la posizione attuale delle pietre NON sarebbe quella originale dal momento che, nella prima metà del Novecento, vennero svolti dei lavori di ricostruzione che avrebbero, a loro volta, alterato alcune probabili coincidenze astronomiche dei monoliti con gli astri o con le stelle; una prova di questo evento ci sarebbe quindi data da Emma Young che, nel 2001, scrive: "Praticamente ogni pietra fu rieretta, raddrizzata o rinforzata con calcestruzzo tra il 1901 e il 1964, [...]" ["*Concrete evidence*", New Scientist, 9 gennaio 2001].

Bisogna quindi "ipotizzare" che l'allineamento attuale sia quello originale per poter studiare il sito che, secondo alcuni archeologi, non sarebbe altro che un grandissimo antico osservatorio astronomico dedicato soprattutto allo studio di solstizi ed equinozi... uno scopo, quest'ultimo, che nel corso del tempo sarebbe stato dibattuto, al contrario della sua importanza storica che venne sottolineata ben volentieri dallo stesso UNESCO, il quale inserì il sito nella lista dei Patrimoni dell'Umanità nel 1986.

Ebbene, non importa che compito abbia avuto un tempo: attualmente il sito è una meta del turismo, il quale richiamerebbe migliaia di turisti da tutto il mondo ma, addirittura, sarebbe anche una meta di pellegrinaggio per i seguaci della religione celtica e wicca, senza quindi scordarsi di altre religioni neo-pagane di minore frequentazione.

Il sito, in breve, sarebbe composto da ben quattordici sezioni: la pietra dell'altare (5,00m), due tumuli senza sepoltura, la pietra del sacrificio (4,9m), pietra del tallone, due pietre della stazione, la sponda interna, un fossato, la sponda esterna, un viale di 3 chilometri, un anello di 50 fosse (buchi Y), un anello di 30 fosse (buchi Z), un cerchio di 56 fosse (buchi di Aubrey) ed una piccola entrata meridionale.

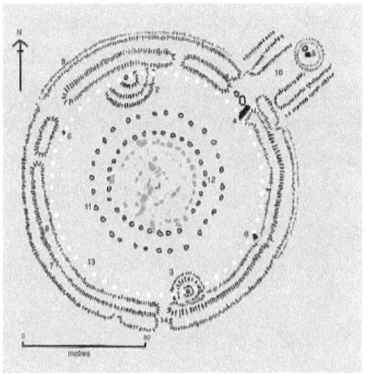

Stonehenge schema

Uno dei primi riferimenti a questo grande cerchio di pietre deve essere attribuito allo scrittore greco Diodoro Siculo (Διόδωρος Σικελιώτης) (I sec. a.C.), il quale, nella sua "Bibliotheca Historica" (Βιβλιοθήκη Ιστορική) descrive degli elementi che potrebbero essere facilmente ricollegati a Stonehenge, se non al nuovo ritrovamento similare ritrovato quest'anno a meno di tre chilometri da Stonehenge... una struttura preistorica che dovrebbe avere circa 2km di diametro!

Ma ancora, un altro autore, chiamato Diodoro Siculo, sembrerebbe citare qualcosa di interessante dicendo che "In una terra oltre i Celti, un'isola non più piccola della Sicilia [...]" vi sarebbero delle persone che onorerebbero Apollo; egli, infatti, continua dicendo che "una magnifica zona sacra di Apollo sia un tempio notevole che è adornato con molte offerte votive ed è di forma sferica". Forse queste descrizioni (che si rifarebbero ad Hyperborea, una terra leggendaria), si rifarebbero in qualche modo alla Gran Bretagna mentre, il "tempio di forma sferica" da lui stesso menzionato, avrebbe potuto indicare Stonehenge ma... anche qui, le certezze sono ben poche. Sarà quindi Aubrey Burl, un archeologo, a smentire questo accostamento: il testo di Diodoro è infatti poco attinente a Stonehenge e al suo circondario.

Ovviamente stiamo parlando di un sito che, del resto, è come una Mecca per i sostenitori del paleo-contatto dal momento che, tra cerchi del grano e Stonehenge, l'Inghilterra ha sempre riscosso un grande successo: in questo luogo, ogni anno, sembrerebbero esserci continui avvistamenti di UFO (che poi si rivelano costantemente delle bufale), un po' come accade nella serie televisiva inglese Doctor Who.

Guardando infatti le pietre che compongono il sito (di circa 25/50 tonnellate, prendendo in considerazione quelle più grandi) e la data di costruzione ipotetica (2600 a.C. prendendo in considerazione un antico villaggio operaio in loco), si scopre sin da subito che ci si trova davanti ad un grande mistero: come avrebbero fatto uomini del 2600 a.C. a trasportare delle rocce di 50 tonnellate da una collina distante 30 chilometri dal sito archeologico? Ovviamente, architetti di origine aliena!

Questa teoria, che si può benissimo ritrovare in qualunque libro di pseudo-scienza, farebbe breccia sul peso, sull'età del sito e sulla posizione delle pietre, tutti elementi che sembrerebbero avvalorare l'idea di un origine della costruzione extraterrestre. Vi sarebbero quindi spiegazioni fantascientifiche sulla collocazione delle pietre e addirittura sulla loro morfologia: sarebbero stati quindi gli alieni a guidare la costruzione di tutto il sito, un po' come le piramidi egiziane, maya o azteche...

La questione dell'ipotesi aliena andò avanti per molti anni, tant'è che divenne popolare e arrivò sino al punto da generare altre fake-news relative a particolari avvistamenti di sfere luminose danzanti al di sopra del sito archeologico.

Venne quindi favorita l'idea della capacità degli antichi di teletrasportare le pietre con antiche tecnologie a noi sconosciute e, inoltre, iniziarono a spuntare come i funghi altre idee poco razionali e basate su di un nulla di fatto che vedevano l'uso della telecinesi, la levitazione dei massi e altre teorie poco plausibili se non ché assolutamente a-scientifiche.

Ovviamente, anche in questo caso, gli alieni non centrano nulla e, di ipotesi sulla costruzione del sito, ve ne sono... e a bizzeffe... anche se, ancora, non si riesce a capire quale sia stata quella preferita dagli antichi; vediamone qualcuna.

Le pietre in gneiss [roccia metamorfica più comune N.d.A.] del peso di 25/50 tonnellate sarebbero state tagliate ad una collina di distanza pari a 30km dal sito archeologico e, queste ultime, avrebbero subìto un trasporto sino al sito mediante l'ausilio di slitte che venivano caricate su dei rulli di legno: il fatto di tirare la slitta con delle corde mediante l'uso di un grande numero di uomini avrebbe infatti ridotto l'attrito della terra stessa nei confronti della roccia rendendone più agevole il trasporto. Per le rocce più piccole, il sistema adottato sarebbe stato più semplice e meno dispendioso: le pietre sarebbero state tagliate in una cava più piccola a 3km dal sito e, in parte, in altri luoghi (alcuni anche in Galles); per quanto riguarda il sistema di trasporto, esso sarebbe stato uguale al precedente ma con l'ausilio di un minor numero di uomini.

Purtroppo però nel 2018 venne pubblicato uno studio che avrebbe abbattuto la tesi precedente formulata dal geologo Herbert Henry Thomas: i nuovi rapporti avrebbero detto che le pietre costituenti gli elementi verticali venivano prima trascinati in corrispondenza di un foro sul terreno e poi venivano fatti scivolare all'interno di quest'ultimo, mediante l'ausilio di un sistema di leve; una volta messa in posizione, la pietra sarebbe stata posta in verticale mediante delle funi e, infine, per stabilizzare il tutto, il foro veniva riempito con l'uso di sassi. La pietra orizzontale sarebbe stata posta in cima alle due pietre verticali mediante un rialzamento graduale mediato da un sistema di fasciame di legname e di leve.

Ma esattamente, a quando si deve datare tutto questo? Il primo studio venne condotto intorno al 1640 da John Aubrey, il quale proclamò Stonhenge un opera fatta dai Druidi... un idea che poi venne comprovata dallo stesso Aubrey mediante lo studio dei disegni del luogo, i quali consentirono di comprendere appieno il suo significato (l'attribuzione della funzione astronomica). Verrà quindi un architetto, un certo John Wood, il quale intraprese la prima indagine accurata del sito nel 1740: egli identificò il luogo come un sito/tempio aperto per l'esecuzione di riti pagani ma, a questa tesi, si contrappose un certo Stukeley, un altro studioso, che identificò i Druidi non come pagani ma, al contrario, dei patriarchi biblici.

Una delle figure più conosciute che si cimentò nello studio di questo sito arriverà però dopo qualche tempo: Isaac Newton, il quale si occupò marginalmente di studiare la disposizione e le forme delle pietre. Egli, dopo le sue analisi, dirà che Stonehenge sarebbe dovuto essere un modellino in scala del sistema solare ispirato al tempio di Gerusalemme e, infatti, stando al suo ragionamento, i Druidi, eredi dei patriarchi biblici, sarebbero stati depositari di una conoscenza scientifica che sarebbe stata riscoperta soltanto in quegli anni.

Sarà però un archeologo britannico di fine Ottocento, John Lubbock, che sarà in grado di fare risalire il luogo all'età del bronzo, basandosi semplicemente sul ritrovamento di oggetti di questo materiale al di sopra delle colline vicine; una teoria, quest'ultima, che combacerebbe perfettamente con le datazioni radiocarboniche del sito che lo porrebbero in un intervallo cronologico che andrebbe tra il 3100 e il 1600 a.C.

Nel 2020 l'età di questo luogo dovette conoscere una modifica dal momento che, a seguito dello studio di un campione ritrovato durante i lavori di restauro del 1958, mediante un sistema di datazione chiamato "Spettrofotometria XRF" [una tecnica di analisi non distruttiva che permette di conoscere la composizione elementale[1] di un campione attraverso lo studio della radiazione di fluorescenza X], si sarebbe scoperto che l'età del monumento sarebbe pari al 2500 a.C.

L'età ottenuta con l'XRF smentirebbe quindi l'ipotesi dell'origine romana del monumento ma anche l'origine templare accostata ai Druidi i quali, a loro volta, per compiere sacrifici religiosi, erano soliti recarsi nei boschi o sulle montagne.

Per concludere è quindi di fondamentale importanza ricordare ancora una volta che le pietre di Stonehenge non si trovano più nel luogo in cui dovrebbero essere; una modifica che non solo rende difficile l'interpretazione del sito ma anche complesso il processo di attribuzione della costruzione; infatti, leggendo ancora una volta sull'articolo di Young:

> *"Certo, ammettono gli archeologi dell'English Heritage, senza tutti questi lavori Stonehenge avrebbe un aspetto molto diverso. Pochissime pietre sono ancora esattamente nel posto dove furono erette millenni fa"*

Una cosa però è certa: è un monumento di origine umana e non aliena; bisogna solo cercare di trovare altri reperti in loco per accertare la funzione del sito e perfezionare le ipotesi sulla costruzione che già esistono. Ricordo, infatti, che quello di Stonehenge non è un singolo caso: tanti sono i circoli calendariali/osservatori astronomici che hanno dimostrato di essere antichi e di essere artefatti umani... l'unica differenza tra quelli sottintesi e questo è che Stonehenge venne rifatto completamente.

1: Pertinente alle sostanze semplici che costituiscono la materia elementare.

64. Lente di Helwan

In una delle tante sale del British Museum è esposto tutt'ora un reperto che ha dato molte difficoltà di interpretazione a numerosi studiosi e archeologi; stiamo parlando della lente di Helwan, un vero e proprio OOPART che non dovrebbe esistere. Ma ne siamo così sicuri?

All'interno del museo sopra menzionato si può trovare una lente di cristallo proveniente da una tomba egiziana sita in Helwan: un reperto molato in maniera perfetta, una perfezione che sarebbe giustificata solo ammettendo una levigatura meccanica della lente che, naturalmente, dal momento che stiamo parlando di Antico Egitto, appare ineccepibile alla luce delle nostre conoscenze della suddetta cultura e dell'epoca presa in considerazione.

Questo reperto sarebbe stato anche citato su UFOPedia, il quale lo descriverebbe come

> *"Un manufatto di cristallo di rocca rinvenuto a Heluan in Egitto e risalente all'epoca del faraone Semempses* [si intende Semerkhet N.d.A.] *e interpretato come una lente di cristallo molata."*

Lente 1

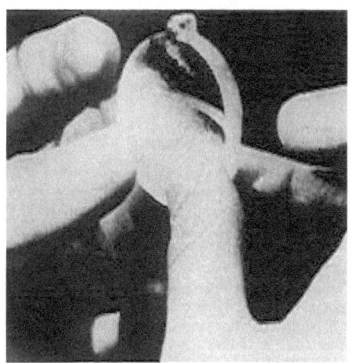
Lente 2

La lente sotto il nome di "Helwan" sarebbe quindi ritratta in due foto che rappresenterebbero ben due lenti di aspetto diverso. Ovviamente, nel guardarle ci si chiede quale delle due sia vera… ebbene, prima di rispondere a questa domanda, sarebbe giusto chiedersi se la lente di Helwan stessa sia vera.

Purtroppo la lente di Helwan, più volte citata su di articoli e libri di fanta-archeologia per supportare le tesi del paleocontatto, non è mai esistita: lo stesso British Museum non ha mai sentito parlare di questa lente ma, al contrario, al suo interno è possibile ammirare un altro tipo di lente, quella di Nimrud riportata nella prima foto (quella sorretta da un sostegno bianco) la quale, non sarebbe altro che un cristallo di rocca di 3000 anni e che venne portato alla luce da Austen Henry Layard nello scavo del palazzo di Nimrud (Iraq): una lente la cui autenticità non è messa in dubbio bensì il suo utilizzo, tant'è che la si ipotizza come sistema di ingrandimento o come specchio ustorio per appiccare incendi… oppure, ancora (secondo la tesi più logica), come sistema di decorazione (una sorta di intarsio).

Ritornando quindi all'origine della lente di Helwan si scopre che venne ritrovata all'interno della tomba di Semerkhet, all'interno della quale vennero ritrovati molti reperti che, attualmente, sarebbero esposti al Louvre di Parigi… è quindi lecito chiedersi se esista una lente di Helwan in questo museo dal momento che, al British, come abbiamo visto, non ve ne è traccia. Ebbene, neanche al Louvre esiste una lente che porta questo nome o che, perlomeno, proviene dal sito archeologico di Helwan.

I casi che possono spiegare l'origine di questa lente sono sostanzialmente due: o un errore banale del primo scopritore, il quale avrebbe descritto per errore la lente di Nimrud scambiandola per una lente inesistente o, ancora, come abbiamo già visto precedentemente, un qualsiasi personaggio ha voluto fare successo con una scoperta che non vi è mai stata.

Insomma, gli egiziani non hanno mai realizzato una lente precisa e perfetta; inoltre, la civiltà egizia, non disponeva di macchinari che permettevano di levigare un oggetto di cristallo di rocca (o quarzo ialino) in maniera così fine.

Tra l'altro, la lente di Nimrud rimane comunque un oggetto molto interessante dal momento che, in ogni caso, ha creato una sorta di divario tra gli accademici: una parte di quest'ultimo sostiene che essa potrebbe essere la prova dell'esistenza di alcuni antichi telescopi, l'altra metà, come abbiamo già detto, sostiene la sua matrice di stampo decorativo. La lente di Nimrud, al contrario dell'inesistente lente di Helwan, non può essere considerata un OOPART ma, comunque, richiama a se un certo mistero e una certa curiosità da parte di quelle migliaia di turisti che, ogni anno, visitano il British Museum.

65. Dodecaedro di Tongeren

Un vero mistero quello del dodecaedro romano di Tongeren, un piccolo oggetto cavo e realizzato in bronzo (o raramente in pietra) a forma di dodecaedro, una forma geometrica che richiama un poliedro a dodici facce piatte e pentagonali.

Se dovessimo descrivere la struttura di questo misterioso dodecaedro... o meglio, "questi misteriosi dodecaedri" dal momento che si parla di oggetti e non di "oggetto singolo", allora dovremmo dire che su alcuni di questi modelli ci sarebbero, intagliati sulle facce del manufatto, alcuni buchi di dimensione variabile o, addirittura, un assenza totale di questi ultimi che verrebbero quindi sostituiti da alcune piccole decorazioni. Secondo le datazioni svolte su questi manufatti di circa 4 o 11 centimetri, essi risalirebbero all'impero romano e sarebbero stati datati in un intervallo di tempo che varia dal I al IV secolo.

Esempio di dodecaedro

Di questi artefatti ne vennero recuperati un grande quantitativo, ognuno con una forma pressoché simile ma con proprietà, decorazioni e morfologia propria; addirittura, stando ad alcuni dati, sarebbero stati ritrovati più di cento dodecaedri; un quantitativo davvero allucinante che non riuscirebbe però a spiegare il metodo di fabbricazione di questi ultimi. Ciò che si sa è che vennero ritrovati in una zona che andava dal Galles e arrivava all'Ungheria, dalla Spagna all'est dell'Italia, dalla Francia alla Germania; un area molto vasta che, ancora una volta, non riuscirebbe però a spiegare l'utilizzo di questi strani oggetti.

Il ritrovamento di questi oggetti venne compiuto rovistando all'interno di alcuni tesori ricchi di monete antiche, facendo così presupporre che questi oggetti erano di importanza molto elevata... forse un bene di lusso o una decorazione particolare che, al giorno d'oggi, potremmo associare a quelle che sono le uova ornamentali russe.

Ebbene, il dodecaedro romano di Tongeren non sarebbe il solo modello interessato dalle costruzioni di questi ornamenti, bensì vi sarebbero anche altri oggetti ben più rari che potrebbero essere chiamati "Icosaedri di Tongeren" semplicemente per via della loro forma [un poliedro con venti facce N.d.A.].

Secondo la pseudo-scienza la funzione e l'uso di questi oggetti rimane senza spiegazione, tant'è che si cerca in ogni modo di farli risalire (ancora una volta) al paleocontatto: all'arrivo sulla Terra da parte di alieni in epoche storiche antiche. Ovviamente non ci sono fonti o informazioni a supporto di questa tesi se non le tipiche frasi scaturite dai sostenitori della paleoastronautica: *"L'essere umano antico non avrebbe mai saputo realizzarli!"*. Questa frase qui citata sembrerebbe venire usata come una sorta di jolly dal momento che, come è possibile osservare sui libri di Daniken o Kolosimo, viene utilizzata ogni qual volta che non ci sono prove a sostegno di una loro tesi: una frase che però è vuota e non significa nulla dal momento che negherebbe l'evidenza della creazione di un dato oggetto.

La fattura dei dodecaedri, pur essendo abbastanza precisa, non sembra di produzione extraterrestre dal momento che vi sono alcune sproporzioni e degli elementi che farebbero pensare ad una lavorazione umana del reperto... quindi, se sono esseri umani ad averle prodotte, quali prove ci sono?

La risposta a questa domanda, ovviamente scarna e misteriosa come la stragrande maggioranza degli OOPARTs che poi, nel corso del tempo, si sono rivelati delle bufale, non sarebbe altro che "Non si può stabilire per via della mancanza di documenti". Effettivamente, la funzione e l'uso di questi reperti rimane del tutto sconosciuta (se non per la presenza di alcune piccole ipotesi), idem per quanto riguarda la civiltà costruttrice che sarebbe dovuta essere quella romana...

Riprendendo in mano il capitolo dall'inizio dico che *questi oggetti sono stati ritrovati in una grandissima area ma, ovviamente, in alcuno di questi luoghi è stata ritrovata una prova* (resoconti, immagini, cronache) *che potesse accertare il collegamento di questi oggetti all'epoca romana*. Alla luce di tutto questo, il famoso mistero del "Dodecaedro di Tongeren" dovrebbe diventare il mistero delle "Prove sul Dodecaedro di Tongeren", dal momento che non ve ne sono.

Solitamente, in questi capitoli, se riesco a trovare su una fonte abbastanza valida delle informazioni relative agli scopritori, alle analisi e ai documenti, le scrivo senza alcun problema dal momento che è giusto farlo; in questo caso l'unico elemento che abbiamo è il nome che è stato dato al ritrovamento: "Tongeren", il quale non è uno scopritore come succede nei confronti del "Papiro Tulli", bensì è la città in cui è stato trovato: una città belga di ventinovemila abitanti.

A questo punto è lecito chiedere chi possa aver trovato almeno i primi dodecaedri, a quali enti vennero affidati per svolgere i processi di datazione e quale metodo fu utilizzato (dal momento che il C-14 su materiali inorganici non funziona)... e ancora, dove vennero trovati (*stratigraficamente parlando) e dove si trovano i resoconti degli scavi ("Diario di scavo"). Senza nessuna di queste informazioni è totalmente impossibile ricostruire la storia di un reperto... infatti, se non fosse così, allora gli studi per diventare archeologo non servirebbero a nulla: basterebbe fare un buco in giardino.

Ebbene, anche l'idea dell'associazione dei dodecaedri all'epoca romana sarebbe da abbattere dal momento che non vennero mai, in tutta la storia dell'archeologia, ritrovati reperti che potessero in qualche modo descriverne la fabbricazione e l'uso... ma qualche interpretazione da qualche archeologo siamo riusciti ad ottenerla.

Secondo alcuni il dodecaedro non sarebbe altro che un oggetto ad uso militare: un ingegnere in pensione, chiamato John Ladd, sembrerebbe dare man forte alla tesi secondo la quale l'oggetto in questione sarebbe stato un sistema di misurazione per stabilire la dimensione ottimale delle armi dei romani; molti di questi oggetti però vennero ritrovati in luoghi abitati e non su campi di battaglia. Seguirebbe quindi l'ipotesi dell'oggetto ingegneristico, forse per stabilire la calibratura dei tubi per il trasporto dell'acqua e, ancora, un oggetto cultuale, dal momento che avrebbe potuto contenere delle statuette relative ai culti religiosi locali come una sorta di "Naos" aperto... figurerebbe quindi l'ipotesi calendariale, esposta da Sjra Wagemans della DSM Research, la quale ipotizzerebbe il suo utilizzo per determinare gli equinozi di primavera e autunno e, infine, l'ipotesi dello strumento di misurazione, ipotizzata dalla dottoressa Amelia Carolina Sparavigna del Politecnico di Torino, la quale vedrebbe il reperto come strumento di misurazione militare. La lista terminerebbe quindi con poche altre ipotesi ma di stampo meno complesso: dei giocattoli, dei pesi per le reti da pesca, degli strumenti musicali o degli oggetti ornamentali.

Sperando quindi di riuscire, in futuro, a ritrovare delle informazioni più chiare e nitide devo terminare il capitolo, a malincuore, solo con ciò che ho esposto sino adesso. Purtroppo, la carenza di informazioni a me pervenute non mi consente di elaborare una risoluzione generale del problema e nemmeno di ipotizzarla... d'altronde, ciò che sappiamo con certezza, è che questo oggetto non è di origine aliena: non è uno strumento tecnologico come non è uno strumento di realizzazione così complessa, è semplicemente uno strumento creato dall'uomo per ottenere qualche beneficio: il problema, appunto, è riuscire a comprenderne l'utilità.

66. Nabta Playa

Molto tempo prima che l'antico popolo egizio costruisse le piramidi, una popolazione precedente e primitiva edificò delle importanti strutture megalitiche allineate verso i punti di sorgere del sole e di alcune stelle. Queste linee megalitiche e questi anelli di pietra di cui stiamo accennando in questo articolo furono eretti circa 6000 anni fa nella zona meridionale del deserto del Sahara, risultando così gli allineamenti più antichi finora ritrovati: il più noto megalite europeo, quello di Stonehenge, risale a circa un millennio dopo le prime strutture africane.

Nel 1998, nella zona di Nabta Playa, vennero ritrovati per mezzo di una spedizione americo-polacca-egiziana alcune strutture di fondamentale importanza storica: esse erano formate da monoliti di dimensioni medie e medio-piccole, alcune nell'ordine del metro e, a quanto venne detto, esse dovevano risalire ad una popolazione del Neolitico Medio. Stiamo parlando di un luogo in cui, nel corso del V e del IV millennio a.C. sarebbero dovute esistere delle popolazioni e alcune comunità ben organizzate dal punto di vista sociale e politico, dotate quindi di una certa complessità e economia basata sulla pastorizia e sull'allevamento di bestiame; un sistema all'interno del quale sembrerebbe essere presente anche una consistente componente religiosa dal momento che, in questo stesso luogo, venne rinvenuta una pietra sulla quale era raffigurato il volto di una Dea che, viste le forme e la morfologia, sarebbe dovuta essere una sorta di antica Hathor ancora proto-storica.

Per quanto riguarda la cronologia, essa venne analizzata mediante l'ausilio del C-14: la datazione delle strutture megalitiche (o meglio, dei reperti trovati nella zona) ha permesso di stabilire che questa costruzione avrebbe dovuto porre la sua origine nel 4000 a.C.

Per quanto concerne le evidenze archeologiche possiamo affermare che sono stati ritrovati dei pozzi di rilevanti dimensioni, larghi circa quattro metri e profondi tre che richiesero, per essere scavati, un lavoro ben organizzato: la presenza di questi elementi risulterebbe quindi fondamentale poiché consentirebbe di capire che le popolazioni locali avrebbero potuto vivere in quei luoghi per via della presenza di acqua dolce.

I siti archeologici in loco dimostrerebbero quindi l'evidenza di presenze relative all'ambito funerario come dei tumuli di pietre usate come sepolture per capi di bestiame, una sepoltura cerimoniale che potrebbe testimoniare (come abbiamo visto già con il fatto di accennare la proto-Hathor) una sorta di sacralità del bovino. Inoltre, vennero ritrovate anche ossa di gazzella, sciacallo, lepre e altri piccoli mammiferi, per non dimenticarsi quindi di manufatti ceramici che avrebbero permesso le datazioni già rappresentate.

Con il passare del tempo, nel 3000 a.C. circa, si avrà una sorta di esodo che spingerà le popolazioni del deserto nubiano verso il nord; un fenomeno che, a sua volta, avrebbe potuto stimolare la differenziazione sociale e la complessità delle culture, sviluppando così delle ripercussioni sul resto della successiva storia egiziana. Già cinquecento anni dopo, infatti, venne costruita una piramide a gradoni, quella di Saqqara e, quest'ultima, testimonierebbe in maniera ineludibile che esisteva effettivamente una base culturale scientifico-tecnologica preesistente che, stando alla logica della questione, avrebbe potuto trovare origine proprio nel deserto dell'Alto Egitto, il sud, la zona di Nabta.

La tradizione astronomica egizia potrebbe quindi avere radici ancora più remote, le quali potrebbero anche risalire al neolitico e discendere dal patrimonio di alcune semplici nozioni di astronomia diffuse da popolazioni che si svilupparono durante il neolitico africano e che, a loro volta, giunsero nella Valle del Nilo portando con se un bagaglio culturale comprendente delle teorie e delle idee legate ad una sorta di visione cosmologica del mondo.

Il metodo stellare basato sull'uso dell'Orsa Maggiore divenne quindi fondamentale per ritrovare il Nord astronomico e, nel corso del tempo, potrebbe aver subito delle evoluzioni oppure essere stato sostituito mediante l'ausilio di metodi più sofisticati, originari di un epoca non molto successiva che testimonierebbe anche l'accurata orientazione delle piramidi di Giza.

Secondo alcuni studi svolti successivamente nei confronti delle trenta strutture (tra cui i pozzi) di Nabta Playa, alcuni egittologi, tra cui Wendorf e Schild, ipotizzano che il sito non sarebbe altro che un luogo adibito al culto dell'acqua e, non solo... stando anche all'orientamento della costruzione è possibile infatti ritrovare alcuni fattori che si ritroveranno poi nella storia egiziana classica: le pietre vennero infatti edificate con un orientamento principale sito verso il nord, dove, come recitano i testi delle piramidi che verranno coniati solo durante il regno di Unis (2500 a.C.) "le stelle non tramontano mai"; una descrizione che si rifarebbe perfettamente all'ingresso della Duat, la porta di ingresso verso il mondo dei morti che, solo successivamente, verrà spostata ad Ovest.

Struttura del circolo di Nabta Playa

Il sito archeologico, studiato in maniera parziale, è stato spostato e ricostruito presso il Museo nubiano di Assuan, impedendo così altri studi con i posizionamenti e le varie relazioni celesti e stellari. Quello che si sa è che sicuramente continueranno ad essere svolte delle ricerche in loco e si cercherà, mediante programmi come SkyGlobe, di ricostruire il cielo antico basandosi sull'ex-posizione del sito attualmente spostato.

67. Mummie egiziane del Gran Canyon

All'inizio del ventesimo secolo fu pubblicato un articolo molto interessante che richiamò l'attenzione di molte persone: all'interno del Gran Canyon, in Arizona, vennero rinvenute delle mummie egiziane da parte di una spedizione dello Smithsonian. Una prova di un antica presenza egizia in nord America?

"*Explorations in Grand Canyon, Mysteries of immense rich cavern boing brought to light, Jordan in enthused, remarkable finds indicate ancient people migrated from orient*", questo il titolo dell'articolo che abbiamo menzionato prima ma, cosa c'è di vero?

Attualmente, intorno a questo articolo, non ci sarebbero complete evidenze storiche e si farebbe fatica a capire se, effettivamente, la migrazione degli antichi egizi in Arizona fosse successa realmente.

La notizia venne pubblicata il 5 aprile del 1909 sulla prima pagina di un quotidiano locale chiamato Arizona Gazette, sulla quale si legge, come riportato prima, che una spedizione archeologica svolta all'interno del Gran Canyon e finanziata dallo Smithsonian avrebbe portato alla scoperta di alcuni reperti egiziani che, in realtà, non sarebbero mai dovuti esistere.

L'articolo originale riportato sulla gazzetta dell'Arizona parla quindi del ritrovamento di un intricata rete sotterranea di tunnel, il cui accesso si troverebbe in una parete rocciosa posta dinnanzi al fiume Colorado e, inoltre, parlerebbe di ricchi tesori (tra i quali si menzionano manufatti, statue e mummie) di stampo egiziano.

Come trascritto sulle pagine dell'articolo e del giornale che descrisse per primo il ritrovamento, gli avventurieri che fecero questa scoperta furono il professor S.A. Jordan e il professor G.E. Kincaid e, leggendo l'articolo, si scopre che:

"*La scoperta mostra quasi definitivamente che una civiltà abitava questa misteriosa grotta scavata nella roccia, e che era di origine orientale, forse egiziana, risalente al governo di Ramses [quale? N.d.A.].*

Secondo le teorie dei due ricercatori saranno confermate dalla traduzione delle tavolette incise con geroglifici, il mistero dei popoli preistorici del Nord America – chi erano e da dove sono venuti – sarà risolto".

...la storia sparirà dagli archivi dell'Istituzione e i due professori verranno messi a tacere, come se la questione del ritrovamento non avrebbe mai dovuto essere divulgata: alcuni lettori penseranno che dietro tutto questo vi sia una sorta di complotto, quindi l'insabbiamento delle prove da parte della Smithsonian per occultare qualcosa che va contro la logica e che porterebbe a dimostrare l'inesattezza della scienza storica. Tutto questo diventerebbe ancora più misterioso se solo dovessi accennare al fatto che la Smithsonian stessa negò più volte la presenza di documentazione riguardante i due professori stessi, Jordan e Kincaid che, secondo alcuni sostenitori dell'archeologia misteriosa, sarebbero stati licenziati di punto in bianco per non lasciar loro il tempo di divulgare quanto ritrovato. L'istituzione stessa, infatti, alla domanda relativa alla presenza di documentazioni relativa ai professori risponde in questo modo:

"*La Smithsonian Institution ha ricevuto molte domande su un articolo del 5 aprile 1909, nel quale si parla di G.E. Kincais e della sua scoperta di una 'grande cittadella sotterranea' nel Gran Canyon, scavata da una civiltà di origine orientale, forse egiziana.*
Il dipartimento di Antropologia della Smithsonian ha cercato i file senza trovare alcuna menzione del professor Jordan, Kincaid o di una civiltà perduta in Arizona. Tuttavia, la storia continua ad essere ripetuta in libri e articoli"

Stando a quanto detto, Jordan e Kincaid non sarebbero mai esistiti e, di conseguenza, nemmeno la spedizione... tanto meno il ritrovamento di oggetti egiziani all'interno del Gran Canyon. A supporto di questa tesi sembrerebbe quindi esservi la completa assenza di foto in tutto il web: vengono riportati alcuni reperti egizi che farebbero pensare a dei ritrovamenti in Arizona ma ciò non sarebbe per nulla vero dal momento che, come per tutti gli OOPARTs, mancano documentazioni e foto.
Per l'analisi dell'OOPART bisogna quindi ripiegare sulla fonte di questo ritrovamento, l'Arizona Gazette, la quale avrebbe potuto

inventare tutto questo di sana pianta per vendere più copie, forse perché in quel periodo era (dal punto di vista economico) sull'orlo del baratro.

Secondo i teorici del complotto, la ***potentissima*** Smithsonian avrebbe, come già accennato, insabbiato tutti i reperti e i ritrovamenti per non far mutare il parere della scienza nei confronti delle evidenze storico-archeologiche, ma questo in realtà non avrebbe senso dal momento che la scienza stessa continua a mutare e a cambiare a seconda dei ritrovamenti o delle nuove scoperte... sarebbe quasi un controsenso che andrebbe ad ostacolare l'evoluzione della stessa scienza! Ma stando quindi ad alcuni dati, si scopre che è impossibile che sia stata ritrovata una caverna all'interno del Gran Canyon in questo modo dal momento che, ogni anno, il sito viene visitato da ben cinque milioni di turisti... ebbene, stando a quanto dice Philip Coppens, i turisti resterebbero nella zona per tre ore e non di più e, inoltre, rimarrebbero lungo le rive del South Rim, rendendo così impossibile il ritrovamento della grotta. Sì, ma stiamo parlando di cinque milioni di turisti l'anno; venticinque milioni ogni cinque anni! Possibile che nessuno si sia mai accorto della presenza della grotta!

E' ormai tesi affermata che la stragrande maggioranza delle grotte venne ritrovata da turisti e, come è noto, l'unica vera traccia di egittologia all'interno del Gran Canyon sono i nomi di alcuni luoghi che vennero dati per una sola questione topografica; vediamo quindi il "Tempio di Iside", la "Torre di Seth", la "Torre di Ra" e ancora il "Tempio di Horus" e il "Tempio di Osiride"... nomi esoterici ed esotici che in realtà non avrebbero nulla a che vedere con i ritrovamenti situati all'interno delle grotte (ammesso che sia stato ritrovato qualcosa).

E' vero però che di tutte le grotte poste all'interno del Gran Canyon qualcuna avrebbe potuto contenere qualcosa dal momento che, la prima cultura ad occupare la valle, fu quella degli Anasazi, gli antenati degli odierni Hopi che vivono lungo il Rio Grande... una cultura le cui tracce si ritrovano già nel 1500 a.C. anche se, la più grande fioritura di quest'ultima, si avrà nel X secolo d.C.

Ponendo quindi il caso che l'Arizona Gazzete avesse notificato il vero, quindi il ritrovamento di questa grotta, e ponendo il caso che Kincaid e il collega fossero realmente esistiti, questi ultimi avrebbero potuto interpretare per errore delle vestigia di un altra civiltà come quelle egiziane; un interpretazione che però lascerebbe un nuovo mistero: come è possibile che due culture così lontane possano essere anche così simili?

68. Alieni in Polinesia

Con questa dizione, "Alieni in Polinesia", ci si riferisce ad alcuni ritrovamenti a Tamehea Tohua, il luogo di nascita della regina Taiohae "Vaekehu" oltre che isola maggiore dell'arcipelago delle isole Marchesi, famosa per delle strane statue raffiguranti creature provenienti, presumibilmente, da altri pianeti.

Ipotetici alieni polinesiani

Le statue che analizzeremo in questo articolo si trovano precisamente a Nuku Hiva, raggiunta dagli europei soltanto nell'ultimo decennio del sedicesimo secolo ma che, secondo alcuni studi recenti, fu abitata sin da tempi precedenti dal momento che, i primi coloni, arrivarono su quest'isola circa duemila anni fa. Secondo la leggenda locale fu Ono, il dio della creazione, a promettere alla moglie di costruirle una casa in un solo giorno: egli raccolse quindi della terra e creò l'isola di Nuku Hiva, il cui nome originario fu "Te Fenua Enata" (Terra degli Uomini [stranieri N.d.A.]); un nome che calza a pennello se solo dovessimo vedere le statue qui prodotte, le quali potrebbero essere intese come una sorta di miscellanea tra essere umano e alieno; esseri di un altro mondo: teste sproporzionatamente grandi, occhi enormi e così via.

Secondo alcuni ricercatori, alcune di queste effigi sembrerebbero riportare anche un casco che, con una certa facilità, verrebbe ricollegato alla teoria degli antichi astronauti.

Per quanto riguarda la datazione, quest'ultima pare incerta dal momento che potrebbero risalire al secondo millennio avanti Cristo e, in alcuni casi, potrebbero essere anche più antiche.

Ma che cosa sono esattamente? Anche se bisogna dire che mancano documentazioni relative alle leggende e alle tradizioni e ai costumi locali, possiamo quasi certamente affermare senza ombra di dubbio che quello che si vede visitando quest'isola non sono altro che trasposizioni mitico-leggendarie basate sulle usanze e sulle credenze del posto: forse rappresenterebbero delle divinità o delle paure che gli stessi abitanti del luogo avevano; magari era uso creare delle statue delle proprie paure per poterle scacciare o poterle contrastare.

Per poter definire meglio l'utilità e la rappresentazione di queste statue bisognerebbe scendere nei minimi dettagli ed esplorare l'isola stessa ma, ovviamente, vi è un sistema che ci concede di ipotizzare un altra teoria (ovviamente senza certezze dal momento che mancano alcune fonti). Il semplice ragionamento che si potrebbe fare per decriptare questo mistero è: quante statue stilisticamente diverse sono state ritrovate? E' ovvio che se le statue nella suddetta isola sono state realizzate tutte nello stesso modo, esse non rappresenterebbero altro che lo stile di costruzione locale e che, inoltre, non rappresenterebbero altro che esseri umani deformati per qualche questione spirituale (vedi le rappresentazioni di Akhenaton prima e dopo aver imposto l'enoteismo di Aton).

Ovviamente, come abbiamo già visto nel corso di questi articoli, noi tendiamo ad associare delle forme particolari a qualcosa che già conosciamo, ma non è detto che "i grandi occhi e le lunghe bocche" rappresentate su queste statue siano delle trasposizioni dei "grigi". Gli stessi egiziani, nel corso del medio regno, rappresentavano i faraoni con grandi orecchie e con corpi da leone... ma non per questo avevano come regnante un animale deforme! Il corpo del leone sottolineava la potenza e l'essenza divina del re (ma questo dipende dal periodo storico analizzato) e le grandi orecchie mettevano in luce il fatto che "lui ascoltava il suo popolo".

Ovviamente bisognerà quindi aspettare delle nuove notizie per riuscire a capire al meglio questo mistero, però... da quanto abbiamo visto in questo articolo, non vi è una sola possibilità di interpretazione di questi ultimi.

69. Piramide di luce di La Manà

Stando a quanto si legge da un articolo pubblicato su "Hera" da parte di Klaus Dona e di Reinhard Habeck, a Quito, capitale dell'Ecuador...

"[...] fummo subito ricevuti dal dottor Hampejs, insieme al quale raggiungemmo un piccolo luogo fuori città. [...] Qui incontrammo per la prima volta German Villamar, imprenditore agricolo e coordinatore di seminari, probabilmente il possessore dei pezzi più insoliti del mondo.
Quando questi ci condusse nel suo soggiorno, manifestammo uno stupore incontenibile. Su un tavolo erano stati disposti circa 50 oggetti in pietra e in terracotta: pietre di diversa lunghezza, dalle fattezze bizzarre e con singolari deformazioni, teste di serpente in pietra, piatti con strane incisioni e spirali, sculture di argilla dalle anomale caratteristiche e molto altro ancora.
Un oggetto in particolare ci aveva affascinato e colpito più di tutti: una piramide in pietra sulla quale è stato incastonato un occhio e dove sono stati incisi 13 gradini. [...] Riconoscemmo subito quest'antichissima simbologia. La troviamo descritta in diverse tradizioni, ad esempio nella Bibbia, nonché connessa alla Corporazione del Serpente, una società segreta esistente in oriente da tempi remoti. Più tardi questa simbologia si ritrova nelle logge massoniche, nel simbolismo alchemico e nelle società segrete degli Illuminati. [...]
La cosa diventava sempre più avvincente: dopo aver visionato tutti gli oggetti che si trovavano sul tavolo, German Villamar ci condusse in una buia stanza attigua. Pose la piramide su un tavolo e accese una lampada a raggi infrarossi. In quel momento ammutolimmo tutti. L'occhio della piramide emanava luce come un vero occhio divino, e i gradini apparivano come incisioni azzurrognole. L'immagine offriva una visione quasi spettrale! [...] esaminammo l'oggetto molto attentamente e notammo qualcosa di sorprendente: ai piedi della piramide si potevano riconoscere dei piccoli intarsi dorati, raffiguranti la costellazione di Orione. Sopra vi erano state apposte incisioni, inizialmente caratteri indecifrabili. Solo mesi più tardi venimmo a conoscenza del contenuto di questi segni [...] "Il figlio del creatore è in viaggio"."

Piramide di La Manà

Come si capisce bene da questo stralcio di testo, l'oggetto che analizzeremo è un frammento di pietra nera decorata con dei simboli attribuibili alla setta degli Illuminati di Baviera (XVII secolo dopo Cristo). Abbiamo una piramide, un occhio enigmatico "che tutto vede" e alcuni caratteri incisi in una lingua pre-sanscrita; una lingua matrice del sanscrito stesso che risalirebbe a circa 4 mila anni fa.

Vista questa situazione è facile comprendere che ci ritroviamo dinnanzi ad un bivio: è un oggetto del diciassettesimo secolo scritto con una lingua morta, o è un oggetto di quattro mila anni fa che si rifà ad un concetto di simbolismo apparso solo nel diciassettesimo secolo? O ancora, può essere un oggetto di quattro mila anni fa al quale vennero apposte iscrizioni e simbolismi da parte dei massoni in un momento successivo? Come al solito abbiamo troppe domande e ben poche risposte date anche da una carenza generale di informazioni.

La piramide nera venne ritrovata dall'ingegnere Eliad Sotomayos, impegnato in una corsa all'oro nella giungla di La Manà in Equador. Nel corso di questa spedizione l'ingegnere si imbatté in un tunnel di circa 100 metri che sembrava addentrarsi tra le viscere delle montagne e, seguendo quest'ultimo, giunse in una grande stanza ricca di reperti: trovò più di trecento manufatti di origine sconosciuta tra i quali ritrovò anche la piramide nera che, oltre ai mattoni incisi e alla particolare scritta, presenta un occhio intarsiato sulla sommità che, a quanto detto, sarebbe in grado di brillare.

Sarà quindi in questo momento che verrà alla ribalta un personaggio già citato in precedenza, il ricercatore austriaco Klaus Dona, il quale vide la piramide come una sorta di Occhio Divino e onniveggente.

Le curiosità relative a questa piramide sembrano però non finire dal momento che, sulla sua base, essa presenterebbe degli intagli realizzati con dell'oro, riportanti la posizione delle tre stelle della cintura di Orione e un iscrizione che, secondo il professor Kurt Schildmann (linguista), tradotti dal pre-sanscrito, sarebbero risultati come "su-ta ma ti ca-ra as", ovvero "Il Figlio del Creatore viene da qui" o "Il figlio del creatore è in viaggio". La scrittura ritrovata sulla piramide di luce sarebbe però stata ritrovata anche su altre pietre ritrovate in altre parti del mondo come in Equador, Colombia, Illinois, Francia, Malta, Italia e Australia...

...a quanto dice Dona:

> *"[...] un tempo questa scrittura esisteva in tutto il mondo, e questo significa che ci deve essere stata una grande civiltà globale più antica del sanscrito, precedente ai 6 mila anni fa. Il professor Schildmann mi disse che questa scrittura somiglia alla scrittura dell'Indo e a quella trovata sull'Isola di Pasqua. Come lui stesso mi spiegò, è una lingua più antica del sanscrito. Fu lui a battezzarla "pre-sanscrito""*

Come ho già accennato, nei confronti di questo reperto non esistono dati atti a smentire (ma nemmeno a validare) le ipotesi proposte qui dal momento che non sono giunti nemmeno report sugli scavi dal momento che il ritrovamento fu casuale... allora cosa potrebbe essere? Un falso d'autore o il segno che gli Illuminati di Baviera avevano già iniziato a svolgere qualche loro funzione tempo fa?

Ex Cursus – Accenni sullo scavo archeologico

Lo scavo archeologico è uno strumento fondamentale che permette di ottenere e catalogare dei reperti o, perché no, degli interi siti.

Gli scavi sono principalmente di tre tipologie:

1. Lo scavo di ricerca: un sistema utilizzato quando tempo e risorse sono sufficienti. Tale sistema viaggia con un ritmo per nulla frenetico ma, paradossalmente, oggi è esclusivamente ad appannaggio di laureati o società private che, almeno in teoria, dispongono di abbastanza fondi o forza lavoro volontaria.

2. Lo scavo di salvataggio: è configurato solo per quei siti che danneggiati per via delle erosioni. Esso ha un tempo di esecuzione ristretto ed ha il compito di limitare i danni del sito. Tale sistema è spesso e sovente sovvenzionato dallo Stato ed è intrapreso da archeologi commerciali.

3. Scavo con sviluppo: esso è intrapreso da archeologi professionisti e viene intrapreso quando un sito è minacciato dallo sviluppo edilizio. Esso viene sponsorizzato dall'imprenditore e, il gruppo archeologico, si limita a proteggere le aree colpite materialmente dalle costruzioni edili.

Ebbene, nell'ambito della pratica archeologica degli scavi possono essere utilizzate molte tecniche più o meno specifiche, le quali dispongono di caratteristiche particolari che possono richiedere differenze di approccio come l'uso dello scavo "Stratigrafico"[1] anziché uno scavo "Per quadrati"[2]. Del resto, l'archeologo - che non è un semplice operaio di cantiere ma un vero e proprio studioso delle humanae litterae - per via delle risorse che ha in un determinato momento non può eseguire degli scavi sempre e ovunque... ricordiamo infatti che l'archeologo, con il suo scavo, non ricostruisce nulla ma, al contrario, distrugge la composizione dei siti (il cosiddetto "Contesto") e l'eventuale stratigrafia del loco. Proprio per questo motivo un archeologo prima di procedere allo scavo deve essere certo che in sito ci sia davvero qualcosa: ogni scavo che non porta ad alcun risultato è considerato una perdita di tempo e di denaro.

Lo scavo comporta inizialmente la rimozione del suolo superficiale con mezzi meccanici, anche se è sempre più utilizzato il sistema della "rimozione a mano" che provoca meno danni a eventuali strutture situate al di sotto del terreno. Rimuovendo il primo strato (quindi procedendo stratigraficamente) ciò che si trova è il reperto moderno o sub-attuale, il quale permette all'archeologo di comprendere fino a quando è stato frequentato quel luogo. Il fatto di capire per quanto, da chi e fino a quanto è stato occupato un luogo è un passaggio fondamentale poiché, procedendo per strati e studiando il sito in maniera progressiva, si riesce a ricostruire la storia di quel luogo e delle popolazioni che vi sono state nel corso del tempo: l'archeologo, mediante lo scavo, sarà quindi in grado di ricostruire la storia inversa, ripercorrendo l'occupazione del sito dalla popolazione più "Giovane", le cui tracce sono poste in superficie, sino alla popolazione più "Vecchia", i cui artefatti si trovano nelle profondità dello scavo.

Cerchiamo, dopo aver affrontato queste prime informazioni, di stabilire il sistema con cui viene effettuato uno scavo.

In primo luogo l'equipe archeologica si reca sul posto in cui deve tenersi lo scavo e si procede al telerilevamento o a procedure non invasive per capire se in loco vi sono state delle popolazioni o delle civiltà che hanno alterato il sito. In questa fase, l'archeologo può servirsi di quei sistemi che permettono di eseguire una "ricognizione archeologica" come, per esempio, delle fotografie aeree, delle prospezioni geofisiche, dei sonar (in ambiente subacqueo) o delle sonde fotografiche. Se, grazie a questi sistemi, si scopre che il luogo nasconde effettivamente qualcosa allora l'equipe archeologica predispone la strumentazione e chiude il sito con delle barriere o delle transenne per limitare il traffico all'interno dello stesso.

L'archeologo, a questo punto, dopo aver delimitato il sito da analizzare, inizia a togliere il terreno per strati: non si procede a buche sparse, bensì si esfolia lentamente tutta l'area di modo da percepire quella che è la stratigrafia del sito, ovvero i cambiamenti del terreno che, una volta registrati su appositi registri (mappe stratigrafiche) e segnalate sul diario di scavo permettono di ricostruire il contesto del luogo che si sta analizzando.

Tralasciando quindi elementi di manualistica universitaria che, in un libro di questo tipo, potrebbero annoiare il lettore, possiamo dire che lo scavo procede in questo modo: ad ogni esfoliazione di terreno viene studiata la stratigrafia e vengono raccolti eventuali reperti (anche piccolissimi cocci di ceramica) che vengono poi lavati ed esposti al sole per asciugare; solo dopo questo processo i reperti verranno divisi tra "Oggetti da esporre nei musei" e "Oggetti da chiudere in un magazzino"... anche perché non si butta via nulla; ogni piccolo frammento ritrovato potrebbe aiutare a scoprire qualcosa in più sul sito.

Ma cosa succede di importante durante uno scavo? Perché in questo libro ho scritto e scriverò molto spesso "Non abbiamo documentazioni archeologiche per confermare"? Ebbene, caro lettore, devi sapere che gli strumenti degli archeologi non sono solo pala e cazzuola... bensì ci sono numerosi oggetti molto importanti. La macchina fotografica, per esempio, è uno strumento che può sembrare banale ma, in realtà, è un fattore che gioca un ruolo fondamentale: essa, nel corso di uno scavo, viene usata assiduamente; ogni oggetto ritrovato in loco viene fotografato più volte e da più angolazioni nella posizione in cui è stato trovato e, molto spesso, viene accompagnato anche da un bastone per misurarne la grandezza. Queste foto vengono poi aggiunte nei fascicoli dello scavo e non vengono mai buttate, nemmeno quando lo scavo è terminato. Insieme alle macchine fotografiche vi sono delle schede per rappresentare l'unità stratigrafica del sito, delle tabelle per identificare e descrivere i reperti, dei quaderni per annotare ogni singolo ritrovamento, dettaglio o particolarità della giornata ma, soprattutto, il diario di scavo, una sorta di quaderno che viene compilata in maniera sistematica ogni giorno, alla fine del lavoro, per indicare tutto ciò che è stato fatto e tutto ciò che è stato trovato in quella giornata.

Tutti gli oggetti ritrovati, il diario di scavo, i quaderni, le foto, i fascicoli e tutto il resto vengono poi inserite in quelle che vengono chiamate "Casse virtuali", contenitori che hanno il compito di proteggere tali documentazioni e questi reperti ritrovati durante l'arco della giornata lavorativa.

Dobbiamo quindi immaginare che lo scavo archeologico non è

"Scavo e trovo" bensì un complesso sistema basato su di una distribuzione equiparata di compiti tra i membri dell'equipe che ha il compito di catalogare, descrivere e custodire ogni singolo reperto. Ti dirò, caro lettore, il diario di scavo compilato a fine giornata è un documento molto preciso che permette (anche dopo anni) di realizzare un resoconto complessivo dello scavo, persino da una persona diversa da quella che era direttore in quel determinato scavo.

Riassumendo, e cercando di far luce sulla ragione che mi ha spinto a fare questo compendio, lo scavo archeologico non è una passeggiata ed è un lavoro faticoso anche dal punto di vista fisico in cui tutti i membri dell'equipe sono responsabili dei propri gesti e delle proprie azioni. Del resto, "Fare uno scavo archeologico" significa "Studiare un luogo", quindi non è poi così sorprendente venire a sapere che gli archeologi, oltre alle operazioni materiali di spalatura, debbano anche compilare sistematicamente dei documenti burocratici importanti per dare la possibilità anche tempo dopo di risalire all'andamento e alle scoperte di un determinato sito.

P.S.: In questo capitolo ho detto che gli scavi distruggono i reperti ma, per questioni logiche, è ovvio che il contesto (portato via dal continuo processo di scavi) è riprodotto su carta attraverso le foto e il diario di scavo. L'archeologo sa bene che un sito scavato non può essere più analizzato perché viene distrutto e subisce un processo di svuotamento dai suoi reperti e, proprio per questo, l'archeologia tradizionale ha elaborato il sistema della "descrizione", ovvero quel processo descritto precedentemente attraverso cui un archeologo annota tutti i ritrovamenti come per ricostruire (in maniera cognitivo-virtuale) il sito intatto e non distrutto dallo scavo.

1: Lo scavo stratigrafico prevede di rimuovere strati di terreno rispettando la successione cronologica e di raccogliere i materiali che vi sono deposti, collocandoli in una precisa sequenza cronologica relativa. Si procede per "unità stratigrafiche" (le famose "sfoglie") che si sovrappongono. Tali unità stratigrafiche possono essere negative (se fatte da interventi dell'uomo che provocano una *rimescolanza di materiale) o positive (come crollo dei materiali, che, invece, contribuiscono a rafforzare lo strato).

2: Lo scavo per quadrati comporta la suddivisione dell'area d'indagine in settori regolari, separati fra loro da testimoni che non vengono scavati.

70. Modificazioni corporali

Un fenomeno che molto spesso viene associato all'arrivo degli alieni o, per meglio dire, l'arrivo di extraterrestri colonizzatori che, in qualche modo, in un lontano passato avrebbero contribuito alla nostra evoluzione tecnico-scientifica è quella delle teste allungate o, per meglio dire, il fenomeno delle modificazioni corporali che, a loro volta, una volta ritratte su determinate raffigurazioni parietali o statue, sono state in grado di mettere dei dubbi in innumerevoli turisti.

La modificazione corporea consiste in un insieme di pratiche atte ad alterare deliberatamente il corpo umano senza alcuna ragione medica: essa non è altro che una forma d'arte universale praticata da migliaia di anni, sia per fini sessuali o anche per questioni religiose come il rito di passaggio... tutto questo, inoltre, verrebbe fatto per questioni estetiche, di fiducia o per indicare appartenenza ad un gruppo.

A loro volta, le modificazioni corporali che venivano svolte in antichità, venivano molto spesso anche ritratte su delle rappresentazioni del personaggio "deformato chirurgicamente" e, queste rappresentazioni, poterebbero alcuni teorici a definire una determinata popolazione come "interessata" da dei contatti alieni.

Importante è quindi l'analisi di un altro fenomeno, ovvero quello delle modificazioni non implementate su di un corpo ma direttamente sulla rappresentazione di quest'ultimo. Uno degli esempi che potremmo citare per dare validità a questa teoria non è altro che il già citato Akhenaton, il quale, dopo l'introduzione del culto di Aton, redigerà delle importanti modifiche strutturali nei confronti delle sue raffigurazioni: il capo inizierà a diventare più allungato e gli occhi più sottili, il ventre sempre più prominente e via così... la sua tipica rappresentazione verrà quindi associata a extraterrestri e alieni ma, ovviamente, l'idea che ci si fa nel vedere questa rappresentazione è completamente sbagliata: Akhenaton, infatti, non voleva fare altro che sottolineare la sua essenza da padre e, contemporaneamente, madre di tutti i suoi sudditi: egli era quindi l'Aton incarnato; una divinità!

Akhenaton

In altri casi, invece, alcune rappresentazioni particolari possono prendere spunto da malformazioni genetiche dovute a particolari patologie come, per esempio, l'idrocefalo; tant'è che molte volte, da quanto si legge su numerosi libri di antropologia tra i quali cito Frazer "Il ramo d'oro", altre malformazioni erano viste dalla comunità come segnali divini: sostanzialmente le divinità imputavano ad un determinato uomo una forma particolare e, da li, quella persona sarebbe stata vista in maniera rispettosa da tutti i concittadini di un villaggio, poiché vista come un intermediario degli Dèi o un "Miracolato capace di fare cose magnifiche".

Vi sono quindi interpretazioni che vengono poi appesantite dalla presenza del fenomeno della pareidolia, la quale è in grado di portare all'imputazione di significati scorretti agli elementi più vari.

Bisogna quindi cercare di analizzare tutte le fonti che si hanno a disposizione per poter dare una conclusione certa e affermata, non basta guardare una raffigurazione e interpretarla come faremo noi oggi nel corso del 2020: quando ci si trova davanti ad un reperto è fondamentale mettere da parte le proprie conoscenze, di modo da cercare di interpretare quest'ultimo come la civiltà che lo ha creato. Se dovessimo porci dinnanzi ad una antica statua del Neolitico e interpretare quest'ultima come un uomo del ventunesimo secolo allora otterremo un risultato sbagliato... e questo succederebbe a colpo sicuro: la questione di fondo è che noi, uomini moderni, abbiamo sviluppato conoscenze e un sapere tecnico-scientifico superiore ai nostri predecessori e, proprio per questo, sarebbe paradossale analizzare il passato imputandogli le nostre credenze, le nostre tecniche e il nostro sapere... perché queste ultime, nel corso del tempo, avrebbero subito evoluzioni, involuzioni e complete mutazioni; processi che porterebbero a delle interpretazioni scorrette guidate dalla nostra consapevolezza.

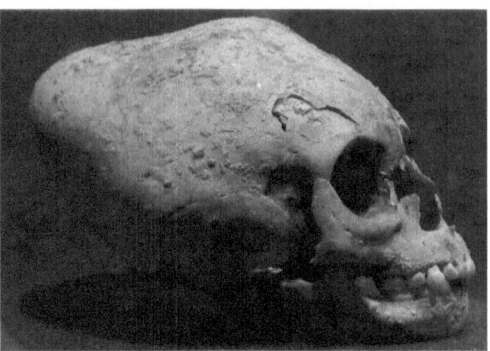

Un cranio allungato mediante il sistema delle fasce elastiche

Ma quali sono le modificazioni corporali che potrebbero ingannare la nostra percezione e la nostra interpretazione di un dato reperto? La lista è davvero lunghissima e si passa dai Piercing ai Pearling, dai collari di anelli agli impianti sottocutanei, dai tatuaggi (anche corneali) alle protesi, si arriverebbe quindi alle mutilazioni e alla biforcazione della lingua; ma poi, ovviamente, bisognerebbe menzionare anche le subincisioni del pene, la scarnificazione, la dilatazione di parti del corpo, le fasciature dei piedi (Loto d'Oro) o lo sbiancamento della pelle.

Altro fenomeno molto frequente è invece quello dell'allungamento del cranio: un sistema che consisteva nel cingere delle fasce elastiche intorno al cranio di un bambino infante per fare prendere a quest'ultimo, mediante i processi di ossificazione, una forma sempre più allungata e simile a quella degli extraterrestri. Ovviamente le motivazioni che spingevano alcune società a fare questo tipo di trattamento vanno da quelle religiose a quelle spirituali o, ancora, sono da ritrovare all'interno di tradizioni o costumi della comunità stessa.

71. Spada vichinga Ulfberht

{La foto di questo capitolo non è stata allegata per questioni di stampa; è comunque disponibile sul Blog alla voce "Archeofake 71 – Spada vichinga Ulfberht" ndr}

Vi sono misteri molto interessanti che risalgono al passato e, questo, è uno di quelli. Stiamo parlando della spada vichinga Ulfberht, la quale, per via della sua tecnica di produzione, sembrerebbe sfidare tutti i tentativi di comprensione nei confronti della nostra storia.

Le spade vichinghe Ulfberht ritrovate sarebbero ben 167: lame di spada rinvenute in una vasta area geografica che riportavano la dizione "Ulfberht". Queste spade sarebbero quindi state datate tra l'800 e il 1.000 dopo Cristo e avrebbero portato in evidenza alcune particolarità e alcuni tratti in comune, tra cui la già citata iscrizione che sarebbe quindi incorniciata fra due croci.

Il mistero principale di queste affilate e robuste spade sarebbe nei confronti della loro fabbricazione: esse sarebbero state prodotte mediante l'ausilio dell'acciaio per crogioli, straordinariamente puro e con un contenuto di carbonio pari, se non superiore, all'1,1%; un sistema che avrebbe permesso a queste ultime di divenire molto forti e resistenti; inoltre, un altro mistero, sarebbe dato dal metodo di forgiatura che, negli anni in cui queste spade vennero create, non esisteva ancora per via della sua "modernità": sarebbe stato infatti necessario riscaldare il ferro a circa 1.538 °C di modo da liquefare le impurità mentre, il carbonio e altri ingredienti, sarebbero stati aggiunti solo successivamente. Un processo quindi molto difficile dal quale si ottiene un arma leggera ma potente.

Il sistema esplicato nel precedente paragrafo sarebbe giunto alla ribalta con la rivoluzione industriale del 1800 e del 1900, quasi 1000 anni dopo la data di fabbricazione delle armi! All'epoca, infatti, non vi erano fornaci in grado di raggiungere quell'elevata temperatura menzionata prima.

Il mistero della spada non sarebbe però il solo metodo di fabbricazione, il quale non sarebbe mai stato possibile nel momento della produzione di queste ultime, bensì anche il nome inciso su queste lame, "Ulfberht", termine con un significato sconosciuto e apposto alle lame mediante un processo di lavorazione sicuramente costoso.

Inizialmente si pensò che quel nome non era altro che il fabbricante di spade ma, siccome tutte le spade riportanti questo nome vennero create nell'arco di duecento anni, sarebbe stato impossibile per una sola persona produrle tutte: esso potrebbe essere stato quindi una sorta di marchio ma, chi le ha create per primo, rimane comunque un mistero.

E' noto anche che i metodi per fabbricare queste spade sarebbero stati mantenuti gelosamente al segreto, il che spiegherebbe anche il perché non vennero mai ritrovati testi atti a spiegarne la lavorazione, mantenendo così all'oscuro le loro origini.

La produzione di spade ritraenti questa marca sembra però essersi completamente fermata nel decimo secolo, con lame di eguale qualità che però non sarebbero più apparse in Europa sino a mille anni dopo. Non si sa quindi perché la produzione di queste lame si fermò improvvisamente anche se, presumibilmente, diversi potrebbero essere i casi: perdita della ricetta, la via commerciale di rifornimento si era prosciugata, il segreto venne distrutto... insomma, tanti segreti e domande ma quasi nessuna risposta.

Ebbene, una di queste spade custodite all'interno del Museo di Norimberga permise di scoprire delle cose davvero molto interessanti: queste spade non sono vichinghe ma franche!

Nel 2012, la stazione televisiva NOVA trasmise un documentario di National Geographic dove, un certo Richard Furrer, fabbro del Wisconsin, descrive le difficoltà nel creare una spada di quel tipo ma, paradossalmente, viene presentato come una delle poche persone al mondo ancora in grado di forgiare una spada Ulfberht. Prepara il crogiolo con minerale ferroso e polvere di carbone, sabbia e vetro, sigilla poi il crogiolo e lo posiziona in un fornetto di laterizi, estraendone dopo parecchie ore un lingotto che verrà poi battuto sino a dagli una forma a lama; procede quindi con l'incisione, la battitura della firma e le operazioni di finitura. Nulla di così estasiante.

Per quanto riguarda il nome, esso presenterebbe numerose varianti (che separo con una virgola) come:

+VLFBERH+T , +VLFBERHT+ , VLFBERH+T , ✠VLFBERH+T✠ , +VLFBERH✠T , +VLEBERHIT , +VLFBEHT+ , +VLFBERH+ , +VLFBERH✠✠T , +VLFBERTH , non definibile

Le varianti vennero quindi intese come dei falsi realizzati da officine diverse che avrebbero poi aggiunto il nome per aumentare il valore della spada stessa come ancora oggi accade; quindi, per accertarsi l'originalità della spada bisogna sempre e comunque basarsi sulla sua composizione.

Le diverse forme della firma avrebbero quindi permesso di capire che diversi fabbri erano analfabeti e che non erano in grado di ricopiare e di capire la marca della spada originale; inoltre, secondo alcuni, questi fabbri non erano altro che schiavi che commettevano errori nella riproduzione di segni che, a detta loro, non erano importanti.

Per quanto riguarda invece il nome del produttore egli, probabilmente (per via della presenza di croci), non era altro che un ecclesiastico, infatti, nei libri Confraterniatatum Sancti Galli vennero elencate alcune varianti di questo nome ancora in uso nel IX e nel XI secolo: Uolfberht, Uolfbernt, Uolfbernus, Wolfbert, Uolfberht, Uolfbertus, Wolfbertus... persone che hanno sempre avuto un legame con l'abazia di San Gallo (Monaci, benefattori o addirittura abati!).

Quindi anche questa volta nessun OOPART ma, al contrario, una spada antica di magnifica fattura che non dimostra altro che un grandioso ingegno da parte del suo primo realizzatore.

72. Teschio di Broken Hill

{La foto di questo capitolo non è stata allegata per questioni di stampa; è comunque disponibile sul Blog alla voce "Archeofake 72 – Teschio di Broken Hill" ndr}

In questo breve capitolo evidenzieremo delle particolarità relative al Teschio di Broken Hill; un reperto che ha dato molto filo da torcere a numerosi ricercatori ma che non ha rilasciato un grande numero di fonti per potergli attribuire più dettagli di quelli descritti qui.

Esso venne ritrovato nel 1921 in un giacimento di minerali omonimo sito in Rhodesia nord-occidentale: non è altro che il cranio di un *Homo sapiens rhodesiensis* o di un *Homo erectus rhodesiensis* dell'Archeozoico superiore. Il reperto presenterebbe quindi indizi di entrambi le forme evoluzionistiche, le quali però sarebbero da imputare all'età ed, in ogni caso, ad aspetti scientifici.

Questo teschio, di circa 150.000 o 300.000 anni, è un teschio umano e, le prime datazioni, lo ponevano a circa 38.000 o 70.000 anni fa. Esso presenta sulla tempia sinistra un foro perfetto senza linee radiali, proprio come se gli avessero sparato con una pistola o un fucile ma, quest'ultimo, potrebbe essere descritto come una ferita dovuta al canino di un grosso predatore o ad una foratura artificiale del cranio atta a scacciare gli spiriti maligni.

Su questo cranio vennero però ipotizzate numerose teorie diverse, tant'è che all'inizio venne interpretato come la prova che, in futuro, verrà costruita la macchina del tempo e che qualcuno, alla luce di ciò, sarebbe tornato nel passato: un fenomeno completamente impossibile dal momento che la fisica ammette che il viaggio nel futuro è concesso ma, non quello nel passato, dal momento che si andrebbe incontro a paradossi di vario genere.

Ebbene, le teorie non sembrerebbero finire qui dal momento che, questo teschio, sarebbe stato addirittura la prova di un contatto alieno avvenuto nel passato o, ancora, che vi siano state civiltà umane molto evolute (Atlantide, Lemuria e Mu) che poi sarebbero scomparse in circostanze misteriose. Ovviamente, niente di tutto quello rappresentato negli ultimi due paragrafi è vero.

73. Colonna di Ashoka

In queste righe andremo avanti a parlare di OOPART e di reperti che hanno messo letteralmente in crisi il mondo accademico-scientifico anche se, in realtà, la stragrande maggioranza di questi reperti hanno ottenuto un interpretazione logica che poi ha concesso a questi ultimi di uscire dalla categoria degli "oggetti fuori dal posto" a cui si rifà la serie Archeofake del mio blog.

Ora parleremo di una colonna di ferro, chiamata anche Colonna di Ashoka: essa si troverebbe nei pressi di Delhi, in India e, la sua morfologia, non ritrarrebbe altro che quella di una semplice colonna di ferro altra sette metri e ventuno centimetri dal peso di sei tonnellate e di quarantuno centimetri di diametro. Secondo alcune analisi svolte sulla colonna, essa sarebbe risalente almeno al 423 d.C.

La particolarità di questa colonna è che essa non presenterebbe nemmeno un filo di ruggine nonostante sia stata all'aperto e sotto le intemperie da ben 1600 anni. Del resto, si può dire che questa colonna fa parte di un complesso molto più grande e che, a sua volta, sarebbe stato inserito nel 1993 nell'elenco dei patrimoni storici dell'umanità dell'UNESCO.

La colonna, sulla cui cima vi si troverebbe una statua del Garuda, venne quindi eretta da un certo Chandragupta II Vikramaditya nel corso dell'impero Gupta, il quale avrebbe regnato sull'India settentrionale per un lungo periodo, dal IV al VI secolo. La colonna stessa, a questo punto, sarebbe stata edificata inizialmente in un luogo chiamato Vishnupadagiri, "La collina dell'impronta di Visnu", la quale non sarebbe altro che Uadayagiri, situata a circa 50 chilometri a est di Bhopal, una suddivisione dell'india di importanza centrale e capoluogo del distretto omonimo.

Colonna di Ashoka

La colonna venne quindi edificata per essere utilizzata come una sorta di meridiana dal momento che, essendo Vishnupadagiri un centro di studi astronomici, essa era in grado di proiettare un ombra che al solstizio d'estate cadeva nella direzione del piede di Anantasayain Vishnu.

Quando però Quṭb al-Dīn Aybak distrusse i templi in sito, la colonna di Ashoka venne lasciata intatta e la moschea di Quwwat-ul-Islam gli venne edificata tutt'intorno.

Sulla colonna vi sarebbe quindi una piccola iscrizione a forma di quadrato che attesterebbe la sua costruzione in onore di Vishnu e in memoria del re già citato Chandragupta II Vikramaditya.

L'oggetto, preso in considerazione in questo capitolo, avrebbe però la particolarità di resistere alla corrosione e all'ossidazione, un fenomeno che spinse alla formulazione di alcune ipotesi inconsuete che vedrebbero delle particolarità nei processi di realizzazione della struttura o, addirittura, stando ad alcuni scrittori come Kolosimo e Daniken, alla provenienza del materiale da costruzione che, in realtà, non sarebbe ferro ma un materiale presumibilmente celeste.

La grande colonna venne quindi analizzata dall'Istituto Indiano di Tecnologia e, sotto la guida di un professore chiamato Balasubramaniam R. venne dimostrato che questa sua resistenza alla corrosione e all'ossidazione non è data da niente altro se non da una particolare proprietà del ferro usato per la sua costruzione: un ferro molto puro e con una percentuale molto alta di fosforo dovuta alla metodica di produzione utilizzata. Questa grandissima quantità di fosforo all'interno della colonna avrebbe favorito la formazione di uno strato protettivo di cinque centesimi di millimetro sulla superficie della colonna e, quest'ultimo, avrebbe protetto il ferro dall'aggressione atmosferica.

Traducendo quindi quello che è stato detto in poche righe le ipotesi sarebbero dunque due: o i costruttori della colonna conoscevano le proprietà del fosforo e volevano ottenere (sin dal principio) una colonna che non ossidava, oppure ai costruttori della colonna non interessava il fatto dell'ossidazione ma, per via di un aggiunta di fosforo all'interno della matrice della colonna, quello che si è ottenuto non fu altro che una colonna inossidabile creata involontariamente.

Ebbene, qui bisognerebbe fare spazio anche all'archeologia misteriosa dal momento che essi dicono che l'India era in possesso di una tecnologia metallurgica molto avanzata o, addirittura, venne ipotizzato che il materiale in cui la colonna fu costruita non fosse nemmeno terrestre, dando così man forte alle teorie legate al paleocontatto. Del resto, la presenza di un grande quantitativo di fosforo all'interno della colonna non mette in campo la presenza di un "elevata conoscenza nei confronti della metallurgia", bensì è dovuto all'uso di procedimenti molto primitivi, oltre che all'utilizzo di materie prime scadenti come la carbonella invece che la calce. Questi elementi poco costosi, infatti, tendono a rilasciare un grande quantitativo di grosse impurità che, insieme al carbonio, andrebbero a costituire dei quantitativi minuscoli di elementi di lega all'interno del metallo, concentrazioni che, seppur molto basse, con il passare del tempo e mediante reazioni chimiche interne, porterebbero ad ottenere una colonna di incredibile resistenza all'ossidazione e alla corrosione.

74. Arca dell'Alleanza

L'Aron Haerit, ovvero "L'arca dell'Alleanza", è un reperto che non è mai stato trovato e che viene menzionato nella Bibbia, più precisamente all'interno del libro dell'Esodo, secondo il quale, essa sarebbe uno scrigno atto a proteggere le Tavole delle Leggi consegnate da Yahweh a Mosè, oltre che la verga di Aronne e della Manna.

L'arca, come tutti hanno ben presente dalle avventure di Indiana Jones, è una sorta di scrigno il cui sistema di costruzione viene menzionato sul libro dell'Esodo (25, 10-22):

> *"Faranno dunque un'arca di legno d'acacia; la sua lunghezza sarà di due cubiti e mezzo, la sua larghezza di un cubito e mezzo e la sua altezza di un cubito e mezzo.*
> *La rivestirai d'oro puro; la rivestirai così, sia dentro che fuori; le farai al di sopra una ghirlanda d'oro, che giri intorno.*
> *Fonderai per essa quattro anelli d'oro, che metterai ai suoi quattro piedi: due anelli da un lato e due anelli dall'altro lato.*
> *Farai anche delle stanghe di legno di acacia e le rivestirai d'oro.*
> *Farai passare le stanghe negli anelli ai lati dell'arca, perché servono a portarla.*
> *Le stanghe rimarranno negli anelli dell'arca e non ne saranno sfilate.*
> *Poi metterai nell'arca la testimonianza che ti darò.*
> *Farai anche un propiziatorio d'oro puro; la sua lunghezza sarà di due cubiti e mezzo e la sua larghezza di un cubito e mezzo.*
> *Farai due cherubini d'oro; li farai lavorati al martello, alle due estremità del propiziatorio;*
> *Fa' un cherubino per una delle estremità e un cherubino per l'altra; farete in modo che questi cherubini escano dal propiziatorio alle due estremità.*
> *I cherubini avranno le ali spiegate in alto, in modo da coprire il propiziatorio con le loro ali; avranno la faccia rivolta l'uno verso l'altro; le facce dei cherubini saranno rivolte verso il propiziatorio.*
> *Metterai il propiziatorio in alto, sopra l'arca; e nell'arca metterai la testimonianza che ti darò.*
> *Lì io mi incontrerò con te; dal propiziatorio, fra i due cherubini che sono sull'arca della testimonianza, ti comunicherò tutti gli ordini che avrò da darti per i figli d'Israele."*

Arca dell'Alleanza (Riproduzione)

Ovviamente, su quest'arca (che venne creata con del legno), vengono associati strani poteri e misteriose abilità magiche spesso associate a tecnologia aliena: la Bibbia, e altre leggende, descriverebbero quindi questi strani poteri e, secondo i più, alcuni di essi sarebbero anche quelli legati alla capacità di incenerire profanatori e di sprigionare energia... questo secondo il passo:

> *"Allora, dalla presenza di Yahweh una fiamma si sprigionò e li consumò ed essi perirono alla presenza di Yahweh"*
> (Levitico 10:2)

Stando ad altre teorie, delle scintille si sprigionavano dallo spazio tra i due cherubini, distruggendo così gli oggetti circostanti.

L'Arca, a sua volta, avrebbe quindi incenerito (in maniera occasionale) anche i suoi stessi portatori, sotto-tribù dei figli di Kohath o, ancora, avrebbe avuto la capacità di sollevarli da terra senza alcuna ragione per poi farli ricadere al suolo. Il mistero più fitto sarebbe però il luogo in cui essa è custodito: sito che ancora oggi non è stato ritrovato.

Ipoteticamente, quest'arca, avrebbe dovuto trovarsi nel Sancta Sanctorum del tempio di Salomone a Gerusalemme ma poi, con la perdita delle tracce, l'Arca non viene più citata e non se ne parla più.

Se fosse davvero esistita (cosa a cui numerosi storici nutrono dei seri dubbi), dove si trova?

Alcune testimonianze riguardanti il passaggio di quest'Arca le ritroveremmo a Bubasti, in Egitto dove, nel 925 a.C., dei soldati del faraone Soshenq I saccheggiarono il tempio di Gerusalemme, luogo in cui in quel momento sarebbe dovuta esserci l'Arca. A loro volta l'avrebbero presa e portata nella capitale del regno egizio, quindi non lontano dalla città di Tanis. Ma poi l'arca sarebbe passata nelle mani dei Palestinesi dal momento che sarebbe sfuggita al saccheggio egiziano; un passaggio di testimone che ci porterebbe quindi a parlare dei babilonesi che, nel 587 a.C., abbatterono il regno di Giudea e distrussero Gerusalemme, depredando così il tempio.

Attualmente dove potrebbe trovarsi l'arca? Alcuni pensano che si trovi ad Axum, in Etiopia, all'interno della chiesa di S. Maria di Sion o in una delle ventimila chiese etiopi; altri la ricollegherebbero con la banca centrale della Svizzera e, ancora, a Roma, luogo in cui i Templari avrebbero portato il reperto subito dopo averlo trovato. Ma ancora la lista andrebbe avanti con Norimberga, in Germania, luogo in cui Hitler era solito custodire i suoi tesori. Tutto si chiuderebbe con il C.S.I. di Mosca: con la caduta di Berlino, furono le truppe sovietiche che misero le mani sulle armi del Reich, tra le quali potrebbero avere anche scoperto l'arca che avrebbero poi imballato e accantonato da qualche parte all'interno del Cremlino, ricchissimo di sotterranei alcuni dei quali dimenticati o non praticati.

Si ipotizza però che il manufatto sia andato perso prima del VI secolo a.C. (forse per un incendio o un saccheggio), rendendo così impossibili attuali ricerche nei confronti del ritrovamento del reperto; infatti, essendo fatta di un materiale deperibile, essa sarebbe potuta essere stata distrutta e, tutto questo, sarebbe stato nascosto dalla casta sacerdotale ebraica. Altre ipotesi direbbero invece che il manufatto (realizzato con l'oro) sarebbe stato rubato e disperso, forse fuso o rivenduto.

Stando però a quanto dice il Talmud ("L'Arca è stata nascosta al suo posto"), l'arca dell'Alleanza dovrebbe ritrovarsi ancora nel luogo originario, nel Sancta Sanctorum del re Salomone. Nel Talmud, quindi, si sottolineerebbe il fatto che, durante gli anni del Secondo Tempio, l'Arca non era ancora nel Sancta Sanctorum, bensì in un sotterraneo posto sul monte del Tempio.

Purtroppo però bisognerà (molto probabilmente), deglassare il tutto ad una sorta di leggenda o di una realtà molto più ingigantita all'interno delle sacre scritture: una delle prove che consentirebbe di definire tutto questo come un ipotetica finzione è un piccolo dettaglio che ad alcuni forse sarà scappato: la foto che ho riportato in questo articolo (l'arca dell'Alleanza specificata dall'Esodo 25,17-21) è completamente diversa da quella dell'1 Re 6, 23-28, la quale la rappresenterebbe in questo modo:

> *"Nella cella fece due cherubini di legno di ulivo, alti dieci cubiti. L'ala di un cherubino era di cinque cubiti e di cinque cubiti era anche l'altra ala del cherubino; c'erano dieci cubiti da una estremità all'altra delle ali. Di dieci cubiti era l'altro cherubino; i due cherubini erano identici nella misura e nella forma. L'altezza di un cherubino era di dieci cubiti, così anche quella dell'altro. Pose i cherubini nella parte più riposta del tempio, nel santuario. I cherubini avevano le ali spiegate; l'ala di uno toccava la parete e l'ala dell'altro toccava l'altra parete; le loro ali si toccavano in mezzo al tempio, ala contro ala. Erano anch'essi rivestiti d'oro.*
>
> *Fece un bacino di metallo fuso di dieci cubiti da un orlo all'altro, rotondo; la sua altezza era di cinque cubiti e la sua circonferenza di trenta cubiti. Intorno, sotto l'orlo, c'erano cucurbite, dieci per ogni cubito; le cucurbite erano disposte in due file ed erano state colate insieme con il bacino. Questo poggiava su dodici buoi; tre guardavano verso settentrione, tre verso occidente, tre verso meridione e tre verso oriente. Il bacino poggiava su di essi e le loro parti posteriori erano rivolte verso l'interno. Il suo spessore era di un palmo; il suo orlo fatto come l'orlo di un calice era a forma di giglio. Conteneva duemila bat."*

La domanda è quindi la seguente: a quale dei due resoconti bisogna far fede? E quello sbagliato, da cosa ha preso ispirazione?

Se fosse davvero esistita, a mio avviso, non sarebbe stata persa dal momento che tutti ne avrebbero compreso l'importanza... ebbene, come nei confronti dell'arca di Noè, forse anche questo artefatto è da ritenere soltanto come un oggetto leggendario che non esiste o, ancora, che non è mai esistito.

75. Sismoscopio di Zhang Heng

In questo articolo affronteremo un oggetto molto interessante e che ha attirato l'attenzione di un grandissimo numero di ricercatori e studiosi, soprattutto quelli dell'archeologia misteriosa che reputano questo reperto qualcosa fuori dal comune e che non sarebbe mai dovuto esistere. Stiamo parlando del sismoscopio di Zhang Heng (候風地動儀) uno strumento che sarebbe stato creato per indagare i fluidi e i movimenti della Terra. Questo manufatto, costruito per la prima volta dall'inventore cinese Zhang Heng (78-139) non sarebbe mai dovuto esistere per il semplice motivo che questo sismoscopio venne creato ben 1571 anni prima dell'invenzione del primo sismografo (avvenuta nel 1703) da parte del francese Jean de Hautefeuille.

Ovviamente, i teorici del paleocontatto, dissero la loro nei confronti di questo oggetto e, sostanzialmente, sottolinearono la loro posizione facendo sapere ai loro lettori che quell'oggetto doveva essere stato creato non tanto dall'uomo quanto da entità extraterrestri, capaci quindi di realizzare uno strumento ad altissima tecnologia come il reperto che stiamo trattando: peccato che i teorici del complotto si dimenticarono di una piccola questione evolutiva che ha reso l'uomo (e gli animali in generale) qualcosa di perfetto: la capacità di adattamento alle situazioni negative.

Se non è chiaro il motivo di questa associazione (sismoscopio-adattamento) basti sapere che ci troviamo nell'impero cinese dei primi secoli dopo Cristo dove, i terremoti, erano ritenuti dei fenomeni misteriosi dovuti ad uno squilibrio del bene o del male causato dalle decisioni dei sovrani; ebbene, queste problematiche venivano avvertite di frequente. Un inventore, a questo punto, nel corso del I e del II secolo si sarebbe distaccato da questa idea mitologica e avrebbe provato a capire come poter prevedere questi fenomeni distruttivi che, a loro volta, provocavano dei danni all'impero... ecco la capacità di adattamento dell'uomo che entra sin da subito in gioco: "c'è un problema, provo a risolverlo o a prevederlo".

Zhang Heng, l'inventore già citato, staccandosi dalla teoria mitica dei sovrani e della popolazione, ipotizzò che i terremoti non erano dati da un disequilibrio intuitivo-politico, bensì erano causati dai venti, tant'è che egli stesso scriverà che:

> *"La causa dei terremoti è l'aria, veloce e mutevole da luogo a luogo. Finché non viene agitata, ma si aggira in uno spazio libero, riposa innocente, senza turbare nulla che le stia attorno. Ma qualsiasi causa che viene dal di fuori e la scuote, o la comprime, e la spinge in uno spazio stretto (...) e quando non c'è più la possibilità di fuga, succede che "ruggisce con un gran mormorio intorno alle Montagne", e dopo lunghe percosse con questa si slancia e si getta in alto, superando ancor più feroce l'ostacolo che l'ha sfidata"*

Una volta che i sovrani della dinastia Han lessero queste sue idee, invitarono l'inventore a palazzo e gli affidarono il compito di realizzare una macchina per rilevare i terremoti, di modo da conoscerne addirittura la provenienza per poter inviare così degli aiuti nelle regioni colpite.

Sismoscopio

Heng non aspettò un solo attimo per mettersi a tavolino e iniziare a rielaborare il modello: egli studiò la sua stessa tesi e pensò all'effetto del terremoto e, mediante queste sue riflessioni, comprese un sistema che gli permise di creare una macchina capace di rilevare delle scosse sismiche.

Bisogna dire che il sistema inventato da Heng non era proprio una macchina, in realtà la creazione da lui ideata si basava su semplici fenomeni fisici che, in antichità, erano già ben conosciuti se non addirittura completamente studiati e analizzati; infatti, la meccanica del manufatto era molto semplice e, addirittura, primitiva: egli prese un grande vaso di bronzo e, tutt'intorno, ci saldò alcuni draghi con la testa rivolta verso il basso i quali, tra i denti, tenevano una sfera. Questi draghi, simboli del cielo e del vento, erano orientati verso gli otto punti cardinali della rosa dei venti e, il loro muso, puntava verso il basso dove, sul supporto che ospitava la "macchina", erano poste in corrispondenza delle rane, simbolo della terra. Sostanzialmente, quando la macchina era sollecitata dalla scossa di un terremoto un pendolo, collocato al centro del vaso, oscillava verso la direzione del sisma, scontrandosi contro la parete interna dello stesso e trasmettendo così una piccola vibrazione al drago esterno che, a sua volta, faceva cadere la biglia nella bocca della rana corrispondente alla direzione in cui si era avvertito il terremoto.

Il sismoscopio venne quindi utilizzato la prima volta nel 138 quando, una delle sfere, cadde dalla bocca di un drago finendo così in quella della rana e, pochi giorni dopo, giunse la notizia che nel Gansu, a 600 km di distanza dal vaso e nella direzione indicata dallo strumento, era effettivamente avvenuto un terremoto.

Nessun mistero, nessuna capacità fuori dal comune e nessun alieno o moderno macchinario: un vaso, dei supporti ed un pendolo... insomma, come disse Tolstoj: "Tutte le idee che hanno enormi conseguenze sono sempre idee semplici."

76. Disco di Festos

Nel 1908 venne ritrovato a Creta (da parte di un italiano chiamato Luigi Perneri) un disco che venne battezzato come la località in cui venne rinvenuto: Festos. Esso è una tavoletta circolare di terracotta incisa con alcuni geroglifici mai interpretati e, la cui costruzione, viene ipoteticamente posizionata nel 1700 a.C. Il reperto si dimostra quindi piuttosto ambiguo anche se, in realtà, bellissimo dal punto di vista estetico: le due facciate, fronte e retro, sono ricche di simboli pittografici che rappresenterebbero diversi oggetti e diverse entità e sarebbero state realizzate con quarantacinque punzoni, un fatto molto ambiguo ma anche interessante dal momento che il primo utilizzo di punzoni deve essere attribuito a Gutenberg, inventore della stampa a caratteri mobili che sarebbe comparsa solo 3000 anni più tardi. Il disco potrebbe contenere quindi una scrittura non decifrata riportante formule magiche o, ancora, secondo Rosario Viene, esperto di lingua micenea, un calendario capace di calcolare la durata dell'anno solare basato su di un ciclo di centoventotto anni: un sistema che si sarebbe rivelato così ancor più preciso del calendario gregoriano attualmente attivo dal 1582.

Disco di Festos

I segni, disposti lungo una spira, sarebbero ben 242 i quali formerebbero ben sessantuno parole divise da delle stanghe verticali. Ovviamente, se si trattasse di un vero sistema di scrittura, il numero di simboli sarebbe insufficiente per decriptare la grammatica e il lessico dal momento che, la lineare B, venne compresa mediante lo studio di 30.000 caratteri mentre, la lineare A, grazie allo studio di 7.500 segni.

Bisogna deglassare il tutto come un mero esempio di primissimo uso di stampa a caratteri mobili? Come abbiamo già detto, gli scienziati non sono ancora riusciti a decifrare il testo e, inoltre, su di esso non esiste alcun trafiletto scritto in lingue attualmente leggibili e traducibili: è passato quindi un secolo dal suo ritrovamento e, i tentativi di decifrarlo, non hanno ancora ottenuto grandi risultati; del resto, i segni del disco sono rimasti indecifrati e non hanno mai rivelato alcuna somiglianza con altri tipi di scrittura.

Ci sarebbero però alcune teorie che direbbero che questo disco non risalirebbe al 1700 a.C., data che abbiamo accennato all'inizio di questo articolo, bensì sarebbe di molti anni più antico dal momento che, alcuni teorici, si sono chiesti il motivo dell'uso di un sistema di scrittura pittografico a monte dell'invenzione e della conoscenza di sistemi di scrittura migliore. Alcuni ipotizzarono addirittura che il tipo di scrittura utilizzato su questo disco sia un greco antico con delle influenze del Baltico arcaico, diventando così una scrittura sillabica dove, ogni simbolo, rappresenterebbe una sillaba anziché una lettera.

Ebbene, su questo disco ancora non sono state date delle conclusioni dal momento che vi sono molte teorie ma nessuna di queste ha trovato un riscontro. Probabilmente il mistero di questo disco andrà avanti ancora per un po' ma, molto probabilmente, prima o poi si riuscirà a dare un perché a tutte le domande che ci si pone nei confronti di quest'ultimo.

77. Pozzo di Oak Island

In questo capitolo affronteremo un mistero molto particolare: il pozzo di Oak Island, anche chiamato "Money Pit", il "Pozzo del Denaro".

La storia che affronteremo qui di seguito inizia nel 1795, proprio nel momento in cui un ragazzo chiamato Daniel McGinnis andò nei pressi dell'isola di Oak, sita in Canada (Magone Bay, Nova Scotia). Egli, durante la sua passeggiata, trovò una depressione nel terreno e, vicino ad essa, un albero di quercia con un antica carrucola; il giorno successivo, con due coetanei (John Smith e Anthony Vaughan) tornò in loco e, tutti insieme, incominciarono a scavare trovando a sessanta centimetri di profondità uno strato di ardesia, un materiale importato artificialmente dal momento che sull'isola non era disponibile. Il gruppo di ragazzi continuò le operazioni di scavo e, a tre metri, trovarono una pavimentazione in legno di quercia con dei segni di ascia. Giunti a sette metri di profondità capiranno di non poter scavare tutto da soli.

Lo strano pozzo idraulico rinvenuto casualmente da McGinnis, in teoria, si rifarebbe perfettamente alle numerose leggende che girano intorno all'isola di Oak: alcuni studiosi, per esempio, pensano che in quell'isola, in un passato remoto, vi siano stati Vichinghi, pirati e, ancora, i Templari ed il Santo Graal. Inutile dire che il ritrovo di questo misterioso pozzo non fece altro che dare man forte a queste leggende strampalate e pressoché assurde.

La scoperta compiuta dal gruppo di ragazzi, nel corso del tempo, avrebbe richiamato a se un gran numero di persone e avrebbe visto coinvolte delle grandi somme di denaro e perdite di vite umane. Del resto, i ragazzi autori della scoperta, troveranno aiuto solo otto anni dopo i primi scavi: Simeon Lynds, il quale fondò il consorzio "Onslow Copany" per finanziare le operazioni di scavo che sarebbero riprese solo nel 1803. Sin dai primi giorni si scoprì che lo scavo veniva interrotto, ogni tre metri, da piattaforme di legno di quercia e, addirittura, furono ritrovati anche numerosi strati di altri materiali portati da un luogo lontano dall'isola: a dodici metri uno strato di carbone e legna, a quindici uno di mastice, poi a diciotto uno in fibra di cocco e a ventisette una pietra di perfido egizio con inciso una dicitura che diceva "Quaranta piedi sotto sono sepolte due milioni di libre".

Con un piede di porco venne rotta la lastra e, subito sotto, ecco qualcosa di consistente e somigliante ad una cassa: si stava facendo notte, e quindi si pensò di tornare il giorno dopo...

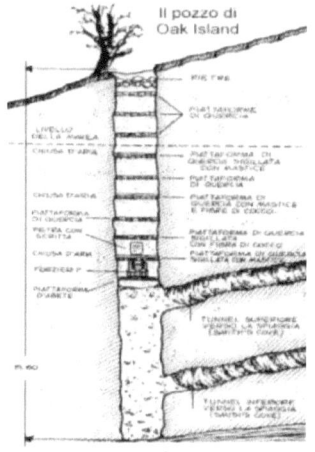

Struttura del Pozzo

Quando il team tornò al sito, il pozzo era completamente allagato per quasi tutta la sua lunghezza dal momento che la mattina prima innescarono un sistema di difesa idraulico che permise all'acqua di riempire lo scavo. Ciò che venne trovato in fondo al pozzo doveva però essere analizzato. Il gruppo di scavi cercò un modo per risolvere il problema dell'allagamento e, inizialmente, si cercò di svuotare il pozzo con dei secchi ma, purtroppo, il livello dell'acqua non mutava: più se ne gettava, più ne ritornava... a quel punto si pensò di erigere un pozzo parallelo per fare defluire l'acqua ma, anche qui, nessuna vittoria. Le ricerche vennero quindi sospese.

Il ritorno al pozzo di Oak Island si ebbe nel 1849 con la fondazione di una nuova società di finanziamento, la "Truro Company" ma, ancora, i problemi dell'acqua causarono grandi complicazioni: si pensò sin da subito di utilizzare una trivella che raggiunse il fondo del pozzo e che, una volta, estratta, recuperò tre anelli di una catena d'oro... in seguito verrà quindi mandata un altra trivella e verrà estratta nuovamente e, proprio in quel momento, uno dei collaboratori accusò un collega per aver rubato qualcosa da quest'ultima: si bandì quindi un interrogatorio in cui l'accusato promise di rivelare tutto ma, prima che questo accadesse, egli morirà in circostanze molto misteriose.

Tornando al pozzo, una volta appurato che l'acqua al suo interno era di mare, la compagnia fece costruire una diga, la quale, una volta terminata, fu spazzata via da una tempesta. Gli scavi riprenderanno quindi nel 1861 dove vi sarà una seconda vittima: un operaio morì per via dello scoppio di una caldaia utilizzata per la prosciugazione dello scavo. Si avranno quindi degli incidenti successivi provocati dal cedimento delle piattaforme di legno e del crollo del pozzo del tesoro.

Nel 1891 il pozzo conoscerà l'avvento di una nuova società, la Oak Island Threasure Company da parte di un certo Fred Blaire che, tra il 1987 e il 1955 eseguì numerosi scavi e fece alcuni ritrovamenti... si arriverà quindi al 1959, un anno nero: ci fu un incidente nel quale furono coinvolte ben cinque persone che morirono nel tentativo di scavare un pozzo; probabilmente le esalazioni di gas dei macchinari o per via dell'accumulo di anidride carbonica di un pozzo precedente.

L'ultimo scavo venne quindi realizzato nel 1971 semplicemente per calare una telecamera che rivelò la presenza di due o tre casse ed un corpo umano mentre, nel 1995, iniziò ufficialmente la caccia all'oro, fatta di tentativi e sbagli.

Ancora oggi non si sa quando venne realizzato il pozzo e chi lo realizzò: sicuramente a queste domande otterremo delle risposte solo se si riuscirà ad analizzare il corpo sito nelle profondità di questo luogo.

78. Pitture rupestri di Wandjina

Ci troviamo nel 1938 quando il dottor Andread Lommel (Istituto Frobenius) ritrovò dei disegni enigmatici che rappresentavano i Wandjina: pitture raffiguranti esseri mitici connessi con la creazione del mondo che, a loro volta, trarrebbero la loro origine tra i 50.000 e i 40.000 anni fa. Essi presenterebbero degli occhi grandi e neri, un naso adunco e, il loro volto, sembrerebbe privo di bocca; una mancanza che, a detta degli aborigeni, servirebbe per "evitare che gli Dei provochino tempeste ed alluvioni"; dal momento che essi stessi sarebbero spiriti delle nuvole e della pioggia.

Gli aborigeni australiani, effettivamente, credevano (per via dei loro costumi e delle loro tradizioni) che questi esseri rappresentati sulle mura delle grotte un bel giorno decidessero di creare il mondo e tutti gli esseri viventi, compresi anche gli esseri umani. I nativi avrebbero quindi dipinto e continuerebbero a ritoccare queste figure per non dimenticarsi della loro forza e di ciò che fecero: questo perché gli aborigeni nutrono una seria paura nei confronti del tempo e dei fenomeni atmosferici che, di punto in bianco, potrebbero portare via questi disegni e far dimenticare loro la grandezza e i piaceri che queste divinità avrebbero fatto nei loro confronti e nei confronti di tutti. Bisogna anche dire che, nel corso del tempo, questa metodica di ricalco delle figure è cambiata, tant'è che su queste immagini si notano una quarantina di strati di pittura diversa accumulatesi nel corso del tempo.

Questi dipinti raffiguranti divinità (o, per meglio dire, "spiriti") sarebbero però state interpretate in maniera diversa dagli ormai già citati Peter Kolosimo e Von Danniken, i quali, a loro volta, crederebbero che quelle non sarebbero altro che immagini raffiguranti alieni scesi sulla Terra: un ottimo supporto per la loro teoria del paleo-contatto e degli antichi astronauti.

Il popolo che ha realizzato queste raffigurazioni, nonostante sia molto antico, mantiene ancora viva la sua cultura e le sue tradizioni:

Worora, Ngarinyin e Wunumbul sono tre delle tante tribù che venererebbero ancora oggi questi Wandjina e, ancora una volta, si considererebbero i custodi di queste antiche pitture giunte ai giorni d'oggi. Questo stile pittorico, o meglio, i volti di queste divinità sarebbero stati realizzati con uno stile che, ingiustamente, li pone di facile interpretazione nel campo dell'ufologia: i grandi occhi neri che ricordano quelli di un grigio sono uno degli esempi che permettono di ricollegare (e ripeto, ingiustamente) questi esseri al campo degli extraterrestri.

Pitture rupestri

I dipinti vennero però realizzati con pochi colori (nero, rosso e giallo) spalmati così su di uno sfondo bianco e, a volte, queste figure verrebbero rappresentate anche in maniera solitaria. I Wandjina presenterebbero quindi linee o blocchi di colore che, a loro volta, rappresenterebbero fulmini, nuvole e pioggia, elementi ai quali non casualmente sono stati allegati i poteri di queste stesse divinità.

Gli aborigeni che pitturarono queste figure vedrebbero quindi la Terra come un grande serpente "Ungut" e, la Via Lattea, è vista come un altro serpente, questa volta di nome Wallangranda, i quali, sognando, avrebbero creato tutto compresi gli spiriti denominati Wandjina.

Non vi sono quindi da porre interpretazioni relative agli alieni o all'ufologia dal momento che queste strane figure non sarebbero altro che divinità creatrici a loro volta create da due grandissimi serpenti; in più, non vi è alcuna leggenda che lega queste creature con un arrivo dallo spazio o dall'universo: idea che, ancora una volta, discosterebbe di molto queste raffigurazioni e queste leggende dalle interpretazioni di Daniken e Kolosimo.

79. Pitture rupestri della Val Camonica

Finalmente ci troviamo in Italia, in Val Camonica, luogo riconosciuto nel 1979 dall'UNESCO.

Le incisioni che ci stiamo apprestando ad analizzare vennero realizzate in un arco di tempo di circa ottomila anni, sino all'età del ferro e, lungo questo periodo, i soggetti e i sistemi di creazione dei petroglifi cambiavano. Quest'arte, di conseguenza, venne associata al popolo che inizialmente abitava queste zone, i Camuni, il cui nome ci viene dato da quelle che erano le fonti latine.

Uno dei petroglifi più famosi di questo luogo è quindi la "Rosa Camuna", simbolo che poi venne assunto dalla regione Lombardia per creare il suo tipico stemma verde e bianco: forse un simbolo riconducibile ad atti celebrativi, commemorativi, iniziatici o, ancora, propiziatori.

La prima segnalazione di rocce incise sarebbe da far risalire all'anno 1909, in cui un certo Walther Laeng (Gualtiero) segnalò al CNPM (Comitato Nazionale per la Protezione dei Monumenti) due massi istoriati nei pressi di Cemmo ma, solo negli anni venti, questi massi incontreranno l'interesse di alcuni studiosi come Giovanni Bonafini e Senofonte Squinabol mentre, dal 1929, anche l'antropologo torinese Giovanni Marro e l'archeologo Paolo Graziosi. Il numero delle incisioni su roccia continuerà però a crescere nel corso del tempo e, soprattutto, grazie a ricerche condotte da Marro e da un certo Raffaello Battaglia per conto della Soprintendenza alle antichità di Padova.

Nel corso degli anni trenta le cose cambiano e la storia del ritrovamento delle incisioni raggiunge anche l'estero, tant'è che tra il 1935 e il 1937 una vasta campagna di studi in loco non fu condotta da italiani bensì da tedeschi (Franz Altheim e una certa Erika Trautmann) i quali, a loro volta, lanciarono uno studio ideologico in senso nazista delle incisioni, il quale verrà presto convertito anche nella versione italiana del fascismo (una testimonianza della supposta razza ariana ancestrale).

La mappatura e la catalogazione delle incisioni venne però ripresa solo dopo la seconda guerra mondiale e, queste ultime, verranno poste sotto il patrocinio del neonato Museo di Scienze Naturali di Brescia alla guida di Laeng, oltre che di esperti nazionali e internazionali del settore.

Si scoprì quindi che questi disegni rappresentavano la popolazione dei camuni e oggetti o elementi di uso quotidiano, nonché scene di caccia e molti altri soggetti dei più disparati settori. Purtroppo però, ancora una volta, anche qui entra in gioco l'archeologia misteriosa che pare interpretare questi ritrovamenti in un modo completamente diverso da quello che adotterebbe l'archeologia tradizionale.

Guerrieri con ornamenti sul capo che servivano a rimarcare il loro ruolo sociale elevato

Secondo le bufale dell'archeologia misteriosa, essi non sarebbero altro che delle raffigurazioni di alieni (con tanto di casco) che, per l'ennesima volta, dimostrerebbero un avvenuto contatto alieno da parte delle popolazioni del posto che, stupite, avrebbero rappresentato questo incontro sulle pietre, raffigurando quindi questi ominidi nella maniera più similare possibili.

Le misteriose figure di antichi astronauti spinsero quindi alcuni ricercatori a dare supporto alla tesi del paleocontatto sin dal Neolitico ma, ovviamente, quella che stiamo accennando, non è altro che una teoria piuttosto povera di supporti e piuttosto cara non tanto ad un von Daniken quanto ad un Aleksandr Kasanzev, il quale ebbe una grandissima eco dal momento che portò a galla un grandissimo numero di rappresentazioni simili in altre aree del pianeta che, secondo lui, dovrebbero fungere da prova per confermare l'avvenuto contatto con gli extraterrestri da parte di antichi uomini: "Ipotesi interessanti, stimolanti, degne di conversazione... ma rimangono soltanto per il momento solo teorie." dice Jacques Bergier sul libro "Il Mattino dei Maghi".

Alle rappresentazioni di uomini con caschi verrebbero quindi associate presunte mappe stellari sempre all'interno della Val Camonica: purtroppo però bisogna sempre tenere presente che

"...le incisioni rupestri della Valcamonica, si dispongono su un arco temporale tra la tarda età eneolitica e l'età preromana e sono osservabili ovunque in tutta la valle, soprattutto nella zona di Boario Terme con una massima punta compresa tra Ceto e Sellero per finire con Capo di Ponte."

Anati

...quindi, un determinato soggetto può essere ripreso in mano e affrontato in maniera diversa a seconda del periodo in cui ci si trova: infatti, quelle particolari mappe stellari che tanto si citano nei numerosi libri di pseudo-scienza, non sarebbero altro che delle rappresentazioni raffiguranti delle migrazioni di nomadi che, effettivamente, ad un primo acchito, potrebbero ricordare degli elementi stellari o qualcosa di simile.

Sarà però un immagine particolare che circola in rete ad alimentare la fiamma del paleocontatto...

Essa, a quanto si dice, non sarebbe altro che una rappresentazione

raffigurante un immagine ritrovata proprio in Val Camonica e, a questa raffigurazione, verrebbero associate delle particolari descrizioni che servirebbero per aumentare le prove relative ad un contatto alieno: si ritrovano infatti due esseri non identificati all'interno di un cerchio che verrebbero ricondotti a degli alieni e, inoltre, figurerebbero particolari figure cinte tutte intorno. In essa vengono messi in evidenza dei serpenti e delle tartarughe, una dualità di grande valore simbolico dal momento che il serpente ha sempre avuto un aspetto negativo (in praticamente tutte le culture) ma anche prettamente positivo se dovessimo parlare della Kunalini, il serpente che, nella filosofia Yoga, è situato alla base della colonna vertebrale… ma ancora, la tartaruga, non sarebbe altro che simbolo della volta celeste, della potenza e della saggezza.

Figurerebbero quindi il sole e la luna, il primo un simbolo di saggezza e amore mentre il secondo simbolo di oscurit

Potremmo andare avanti con l'analisi all'infinito ma, in realtà, sarebbe inutile dal momento che non si sa dove venne ritrovata la figura sopra citata: non vi sono foto che la rappresentano direttamente intarsiata o pitturata sulla roccia e, inoltre, nemmeno una spedizione è stata in grado di trovarla in ben otto parchi diversi; infine, non si conosce l'artefice della scoperta. Insomma, questa immagine non esiste e venne creata ex-novo per dare supporto alla teoria degli antichi astronauti.

Come si può ben vedere, tutto parte da un intuizione, quella del professor Kasanzev che poi, mediante il sistema della imitazione, si ingrandisce, sino ad ottenere una produzione seriale di falsi. Se l'interpretazione di Kasanzev (comunque sbagliata) poteva essere abbastanza attendibile poiché si basava su rappresentazioni reali, allora quella dell'immagine che circola in rete non avrebbe supportato ancora di più le tesi ma, paradossalmente, le avrebbe affossate dal momento che, creare qualcosa ex-novo per supportare una determinata teoria significa che si è coscienti del fatto che non si hanno abbastanza informazioni per formulare un ipotesi realistica. Ergo, anche i teorici del paleocontatto ci dicono (in maniera indiretta) che non vi sono abbastanza informazioni e abbastanza prove per poter determinare o meno un avvenuto contatto di origine aliena in Val Camonica.

80. Stegosauro di Angkor

Andando al Ta Prohm, il tempio di Angkor, in Cambogia (originariamente chiamato Rajavihara), realizzato tra la fine del 1100 e l'inizio del 1400 come monastero buddista, è possibile notare qualcosa di strano.

Il tempio, commissionato dal re-dio Jayavarman VII, uno dei monarchi più potenti dell'impero, venne costruito in onore di usa madre e dedicato a quest'ultima nel 1186. Esso non fu altro che la dimora di più di dodicimilacinquecento persone, di cui diciotto sacerdoti e circa seicentoquindici ballerini. Del resto, il regno costruito da Jayavarman VII, venne seguito da quello di Jayavarman VIII, il quale cercò di distruggere molte delle strutture costruite dal predecessore, danneggiando o rimuovendo alcune parti del tempio che analizzeremo in questo articolo.

Le immagini visibili nel tempio e all'esterno di quest'ultimo rappresenterebbero alcuni animali molto riconoscibili mentre, altri ancora, risulterebbero assai misteriosi. Vi sono pappagalli, cervi, scimmie e uccelli; animali che è normale ritrovare in un tempio del genere; normale però fino ad un certo punto dal momento che, andando avanti a guardare queste figure, l'occhio cade su quello che pare uno stegosauro. Questo interessante bassorilievo venne portato in evidenza mediante la segnalazione alle testate giornalistiche da Claude Jacques e Michael Freeman, i quali notarono che quella realizzazione somigliava effettivamente ad uno stegosauro. Ovviamente, all'interpretazione, seguì la presa delle informazioni da parte dei creazionisti, i quali pensarono che se l'uomo fu in grado di realizzare un simile animale, allora questi ultimi erano simultanei all'essere umano.

Stando però alle testimonianze scientifiche, i dinosauri si sarebbero estinti circa 60 o 65 milioni di anni fa e, anche se il bassorilievo può ricordare un simile animale, esso presenta comunque delle differenze e delle incongruenze: in primis, lo stegosauro avrebbe vissuto in Cina e in Mongolia ma, sicuramente, non in Cambogia, sito della costruzione del tempio. E' vero, potrebbero essere state portate delle informazioni o dei disegni dalla Cina alla Cambogia ma, in realtà, non è così; questo perché l'illustrazione è molto lontana dalle ricostruzioni storiche svoltesi nei confronti degli stegosauri: testa e coda, infatti, sono molto lontani da quello che potrebbe essere definito "dinosauro". L'illustrazione riportata sul tempio sarebbe quindi quella del rinoceronte di sumatra, una tipologia di animale che sarebbe morfologicamente più legata a quell'opera che ricorda un dinosauro: è vero, non riporta placche sulla schiena, ma le dimensioni e la morfologia sembrerebbero riprodurre esattamente l'immagine riportata sul tempio.

L'ultima nota interessante è quella che, se anche fosse vera, questa rappresentazione sarebbe l'unica, in tutta la Cambogia, che sembrerebbe attestare l'esistenza di simile dinosauro: una cosa un poco improbabile, se non addirittura impossibile.

Le placche ossee intorno al dinosauro non sarebbero altro che dei semplici ornamenti di sfondo deputati a rendere migliori e più complesse le raffigurazioni; esse, infatti, sarebbero state strutturate in questo modo: il soggetto della raffigurazione in primo piano, lo sfondo in secondo e, infine, un cerchio che chiude le raffigurazioni.

Uno scatto che permette di adocchiare lo sfondo delle realizzazioni.

Ancora una volta, sembrerebbero non esserci dubbi: un opera

scolpita che, per errore, si è rivelata un dinosauro, non era altro che l'immagine di un rinoceronte che, in quelle zone, era molto conosciuto. Inutile dire che le ipotesi creazioniste nei confronti della concomitanza tra esseri umani e dinosauri sono, ancora una volta, da abbattere.

81. Campanella di Garuda

Negli Stati Uniti venne ritrovata una campanella di metallo identica a quelle tutt'ora prodotte ed utilizzate in India e nel mondo dei templi dove, più precisamente, si trovano le divinità di Radha-Krishna. La campanella, in se, non avrebbe nulla di particolare: è una campanella di metallo (o molto più probabilmente bronzo) con una statuetta di Garuda sulla cima, l'aquila che trasporta Sri Vishnu. La notizia del ritrovamento venne quindi segnalata attraverso un articolo postato su internet, dal quale si scoprì che, quando vi fu il ritrovamento, nessuno sapeva di cosa si trattasse e, soprattutto, come poteva essere arrivato sulla terra milioni di anni fa dal momento che si parla di un oggetto che sarebbe stato datato a 300 milioni di anni fa. Secondo le teorie, già centinaia di milioni di anni fa vi era una civilizzazione Vedica sul pianeta, lo stesso anche in America... ma sarà veramente così?

"Nel 1944, un bambino di dieci anni, Newton Anderson, per sbaglio fece cadere a terra un pezzo di carbone che stava trasportando dalla sua cantina, e al suo interno trovò questa campanella. Il carbone bituminoso, che era stato estratto da una cava nei pressi della sua casa, nella Contea di Upshur in West Virginia (USA), si presume risalga a circa 300 milioni di anni fa. Che cosa ci faceva una campana di bronzo con un batacchio di metallo all'interno di un pezzo di carbone risalente al periodo Carbonifero Secondo il libro delle munizioni di Norm Sharbaugh (che include diversi "aneddoti sul carbone"), questa campana è un artefatto antidiluviano, risalente ancor prima del diluvio universale e della Genesi.

L'Institute for Creation Research consegnò la campana al laboratorio presso l'Università di Oklahoma. Lì, un'analisi ad attivazione nucleare rivelò che la campana conteneva un insolito mix di metalli, differente da qualsiasi produzione di leghe moderne conosciute (comprendenti rame, zinco, stagno, arsenico, iodio, selenio). Forse, quando giunse il diluvio, questa campana fu sepolta con la massa di vegetazione che si è trasformata poi in carbone e, dopo milioni di anni, è finita nel contenitore del carbone di Newton Anderson.

La campanella è poi stata presentata nel 1992 in un programma televisivo della CBS intitolato 'Gli antichi segreti della Bibbia', ed ora è diventata parte della collezione del Genesis Park. Da notare i dettagli che includono l'immagine di una figura demoniaca in cima alla campanella. Nella stessa zona sono stati ritrovati pochi altri oggetti all'interno di blocchi di carbone, come un'intricata catena d'oro (Sanderson, Ivan T., Uninvited Visitors, 1967, pp. 195-196.) e una pentola di ghisa ritrovata in un giacimento di carbone vicino alla centrale elettrica comunale di Thomas in Oklahoma, ora conservata nel Creation Evidence Museum."

Campanella di Garuda

Anche se la stragrande maggioranza degli oggetti rinvenuti in un blocco di carbone si è dimostrata una bufala, per questa campana non esistono grandi informazioni in merito; anzi... è difficile già di per se riuscire a reperire informazioni relative alla semplice scoperta dell'oggetto.

Se dovessimo smascherare anche il ritrovamento di questo oggetto troppo antico per essere vero, allora potremmo dire che, molto probabilmente, la bufala venne inscenata già dal principio: la campana che, sottolineo, è "di moderna fattura", potrebbe non essere stata ritrovata in un blocco di carbone ma sarebbe potuta essere appartenuta già dall'inizio alla famiglia Newton, i quali, per cercare di puntare il riflettori verso di loro oppure per avere qualche soldo in più, inscenarono il ritrovamento partendo dal nulla.

Il problema è che, come ho già detto, non vi sono numerose fonti e grandi informazioni nei confronti di questo reperto, quindi, purtroppo, in questi casi bisogna limitarsi a prendere questi dati (seppur con le pinze) e, in ogni caso, effettuare qualche altra ricerca in merito.

Personalmente non so se questo oggetto avrà ancora una lunga storia davanti, dal momento che le notizie più recenti risalgono al 2016 e sono molto criptiche e blande: forse il ritrovamento fu realmente una bufala e venne messo sotto silenzio solo poco tempo dopo...

...da non lasciar così trapelare informazioni non-senso relative ad un oggetto insensato e con una storia inventata di sana pianta.

82. Note generiche sulle piramidi

In questo breve capitolo affronteremo alcuni temi generali sulle piramidi. E' impossibile descrivere in un libro del genere tutte le tipologie di piramidi fin ora ritrovate, quindi analizzeremo soltanto qualche esempio per questioni di completezza del capitolo sugli OOPARTs e sugli oggetti e edifici misteriosi. Del resto, per chi volesse approfondire questo tema, sono stati scritti numerosi libri a proposito di esso, tant'è che è possibile ritrovare un libro per ogni sito archeologico.

Premetto quindi che questo non sarà un capitolo che si pone come obbiettivo di analizzare alla perfezione ogni singola piramide che si trova nel mondo, bensì semplicemente dare un infarinatura sulle metodiche di costruzione, sull'utilizzo e sulle teorie che sono state formulate a proposito di queste ultime.

Per quanto riguarda le teorie che si aggirano nei confronti di queste costruzioni imponenti, esse sarebbero state realizzate dagli extraterrestri o, per meglio dire, il progetto sarebbe stato realizzato da questi ultimi poiché, sempre stando alle informazioni che ci vengono riportate dai libri di Kolosimo e Daniken, gli esseri umani non sarebbero mai stati in grado di edificare queste ultime dal momento che avrebbero richiesto una preparazione tecnico-scientifica di molto superiore rispetto a quella che in realtà sarebbe stata posseduta dagli antichi.

Dobbiamo ricordare però che alcune piramidi sono state ritrovate in Alaska, in Algeria, in Antartide (in realtà soltanto una montagna naturale), in Arabia Saudita, in Australia, in Austria, in Belize, in Bermuda, in Bolivia, in Bosnia, in Brasile, in Bulgaria, in Cambogia e, ancora, Cina, Egitto, Ecuador, El Salvador, Francia, Germania, Giappone e così via; tutti luoghi che avrebbero permesso ai teorici del paleocontatto di ipotizzare una venuta aliena di massa e un insegnamento, da parte di questi ultimi, di architettura e tecnologia nei confronti degli esseri umani. Cerchiamo di approfondire.

Le teorie nei confronti della costruzione delle varie piramidi sono tutte sotto una sorta di matrice aliena: essi avrebbero non solo insegnato agli umani a costruire determinate strutture, bensì a creare delle tecnologie particolari; le piramidi, infatti, vengono viste come degli accumulatori di energia. Lo stesso Daniken esprime le sue perplessità in "Chariots of the Gods" dicendo che

> *"gli antichi Egizi non avevano gli strumenti più avanzati per costruire in realtà la piramide, non ci sono prove dei lavoratori, e non v'è troppa conoscenza 'intima' sulla Terra e la sua geografia per gli egiziani per costruire la piramide in quella posizione esatta."*

...peccato però che il modo in cui vennero costruite si conosce bene, dal momento che venne ritrovato in prossimità delle piramidi un papiro che illustrava la metodica di costruzione.

Egli andrebbe avanti dicendo che ci sarebbe voluto troppo tempo per tagliare tutti i blocchi necessari e trascinarli al cantiere in tempo per costruire la Grande Piramide in soli 20 anni ma, ancora una volta, il divulgatore fu smentito da un programma messo in onda su Nova, il quale mostrava la velocità con la quale era possibile intagliare un blocco, oltre che il conseguente trasporto su rulli.

Sosterrebbe quindi che gli egiziani iniziarono subito a produrre piramidi perfette ma, purtroppo per lui, tante sono le piramidi dell'antico regno non perfette e giunte sino a noi che ci permettono di osservare i numerosi errori di costruzione e di pianificazione.

Per quanto riguarda invece la coincidenza stellare delle piramidi gli egiziani, come tutte le antiche civiltà, conoscevano bene le stelle e l'universo per via dei loro studi quindi, per accordarsi con la mitologia, questi ultimi decisero di edificare le loro costruzioni ponendole in relazione con quelle che sono le loro tradizioni e i loro costumi, nonché con la loro religiosità.

Ovviamente questi esempi che abbiamo posto in essere mediante l'ausilio di alcune testimonianze scritte e sostenute dallo stesso Daniken, scrittore da sessantatré milioni di copie, si ripercuotono anche su altre civiltà costruttrici di piramidi, le quali, secondo le teorie del paleocontatto, non avrebbero avuto le capacità di edificare simili costruzioni: un'affermazione che però sarebbe priva di fondamento dal momento che vennero ritrovate (praticamente per ogni piramide) dei documenti che attestavano il sistema in cui esse furono costruite.

Ma veniamo quindi alla forma e al funzionamento delle piramidi: stando all'archeologia misteriosa, esse avrebbero una forma molto particolare dal momento che, quest'ultima, permetterebbe di convogliare alla sua base un ingente quantitativo di energia universale che poi sarebbe servito ai sacerdoti dell'antichità per venerare le proprie divinità: i cosiddetti "alieni celesti". Non è un caso infatti che la religione antica, molto spesso, venga connessa con quelli che possono essere chiamati "elementi celesti" ovvero concetti, ipotesi, teorie o somiglianze con quelli che sono gli extraterrestri che oggi "conosciamo".

Vi sarebbero quindi tre tipi di piramidi: a punta, a gradoni o a terrazze; ognuno dei quali avrebbe un compito diverso a seconda del luogo che ci si trova e del periodo storico che si affronta. La piramide a facce lisce e che termina a punta si rifà perfettamente alle concezioni delle piramidi egiziane della piana di Giza, niente altro che delle tombe. L'archeologia misteriosa però allegherebbe a queste ultime un interpretazione che, con la storia, sembrerebbe non c'entrare nulla: potrebbero essere stati dei grandissimi fienili, dei contenitori per proteggere qualcosa di fondamentale (lo Djed) o delle imponenti antenne per permettere al defunto all'interno della piramide di ricaricarsi con delle energie universali mandate dallo spazio. Ancora, quelle a gradoni, tipica quella di Djoser (la prima piramide egiziana), sarebbe stata creata in questo modo per mantenere elevato qualcosa di fondamentale (lo Djed) che sarebbe servito come una sorta di pseudo antenna che avrebbe permesso al defunto di assorbire, ancora una volta, le energie celesti. Vi sarebbero quindi le piramidi a terrazze, come quelle maya, sulla cui cima vi si trova un tempietto o un tavolo per sacrifici di modo da rendere più facile la connessione tra sacerdoti e alieni/divinità.

Per capire al meglio il concetto bisogna però risalire al fatto di comprendere il perché della forma piramidale: questa specifica forma geometrica è qualcosa di molto particolare perché permette di essere orientata verso i punti cardinali e, inoltre, richiamerebbe quello che è il concetto di scala celeste: più essa sale verso l'alto, più si fa piccola la parte sommitale... un gioco di prospettiva che permetterebbe alla piramide di richiamare il concetto di "scala verso il cielo", luogo in cui (secondo molte culture ma non tutte) vi sono le divinità. Il fatto di costruire quindi una struttura a punta che si dirige verso l'alto permetterebbe a colui che svolge il rituale in cima o al defunto all'interno, di raggiungere il cielo e di connettersi con i genitori divini.

Infatti, aprendo un libro relativo alla pseudoscienza e leggendo le teorie che vi sono iscritte, non importa quale piramide venga presa in considerazione; le teorie che si ritrovano iscritte sono sempre le stesse e suonano sempre in questo modo: "gli alieni hanno costruito le piramidi per permettere agli esseri umani di avvicinarsi a loro e di apprendere al meglio l'evoluzione tecnologica; per questo vengono ritrovati un grande numero di oggetti [Molti dei quali smentiti N.d.A.] che sembrerebbero confermare l'avvento di un avvenuto contatto alieno di origini antiche".

La piramide in se e le teorie che vi circolano intorno sarebbero quindi state associate a quella che è la vera e propria teoria del "Paleocontatto"; quindi, per spiegare al meglio anche il compito di queste strutture, non basta accennare "il funzionamento" o "la metodologia di costruzione", bensì bisognerebbe analizzare anche ciò che vi è alla base.

Tornando a noi, cerchiamo di analizzare almeno due piramidi poco conosciute: la prima, quella subacquea di Lampedusa e quella a largo delle coste giapponesi.

Per quanto riguarda la prima si può dire che, anche se il ritrovamento venne divulgato molteplici volte e su diverse testate, ne uscì fuori poco tempo dopo che fu una fake news; questo perché la piramide di Lampedusa non esiste e non venne mai ritrovata, tant'è che sulle immagini che girano in rete ci si può accorgere dei fotomontaggi delle presunte foto che, altro non sarebbero, se non le piramidi egiziane o la piramide di Cheope tagliata dal suo ambiente naturale per essere incollata su di una foto ritraente un ambiente marino e colorata di azzurro.

Diversa è invece la situazione di quella giapponese di Yonaguni, la cui scoperta viene menzionata da Kikachiro Aratake, un Sub giapponese che scoprì questi resti nel 1985:

"Nuotavo spinto dalla corrente quando improvvisamente mi si parò davanti una ripida parete di pietra. Dovetti aggrapparmi con le mani alla roccia per costeggiare la struttura e non essere spinto lontano. Dopo la lunga passeggiata subacquea mi ritrovai di fronte ad uno spettacolo da mozzare il fiato: la facciata era percorsa da scalinate, ognuna delle quali conduceva a terrazzamenti su vari livelli, in un insieme irregolare, ma continuo fino alla cima. La costruzione era così perfetta che mi aspettavo da un momento all'altro di vedere qualcuno uscirne. Ma gli unici abitanti erano i pesci che nuotavano intorno a me, e il silenzio del luogo era rotto solo dal battito del mio cuore".

I ritrovamenti vennero quindi notificati mediante alcune testate giornalistiche durante il 1986/1990 e, secondo alcuni studi fatti in loco, si disse che questa piramide doveva avere non meno di 9.000 o 10.000 anni, questo anche per via dell'avvento dell'ultima glaciazione. Si iniziò a pensare che questa piramide non fosse altro che un segno lasciato da Atlantide o di un similare giapponese… ebbene:

"La prima cosa che si nota nella sezione inferiore è un corridoio che si sviluppa lungo l'intero perimetro e che descrive, nell'estremità occidentale, una curva perfetta intorno alla parete. Dalla facciata Sud, quella principale, partono le scalinate che portano alla zona dei terrazzamenti ad Ovest e a quella che abbiamo definito "sacra" ad Est. Senza dubbio i gradini di alcune scalinate sono alti, alcuni arrivano persino a un metro, tanto da risultare poco agibili per l'uomo. Obiezione alla quale io ribatto che su cinque scalinate, ben tre sono a misura di passo umano e perfettamente percorribili. La piramide è un monolito, cioè un unico blocco di pietra, ma durante le analisi abbiamo trovato numerose pietre aggiuntive di diverse forme e dimensioni. Quelle squadrate, concentrate solo nelle vicinanze della piramide, sembrano frammenti derivanti dai processi di lavorazione della struttura (per esempio l'intaglio delle terrazze e delle scale). Le pietre rotonde, invece, potrebbero far parte di un rudimentale sistema per drenare l'acqua piovana. Si trovano, infatti, concentrate solo vicino a solchi scolpiti sulle superfici di roccia, che probabilmente fungevano da grondaie"
Ma-saaki Kimura, docente di Oceanografia all'Università delle Ryukyu

Secondo Kimura, infatti, vi sarebbe stata una popolazione dell'Asia sud-occidentale capace di realizzare queste costruzioni. Considerata l'antichità della struttura e la capacità di costruzione di questa popolazione, sicuramente la struttura deve essere aliena. Questa una delle interpretazioni date dai sostenitori della pseudoscienza... peccato che la realtà sia ben diversa e verrà data da un certo Robert Schoch, geologo, il quale farà sapere che...

> *"Le rocce in questione "sono tutte naturali...e sono il risultato di una geologia di base e di una classica stratigrafia di rocce arenarie, che tendono a staccare tra loro diverse placche di fondali marini creando l'effetto particolare dei bordi, specialmente in un'area con forte attività sismica come quella di Yonaguni"*

Le piramidi non erano altro che magnifiche costruzioni adibite alla religiosità e alla spiritualità; nulla a che vedere con l'arrivo di alieni o di tecnologia fuori dal proprio tempo.

Chiudo quindi con il dire che il tema delle piramidi è davvero molto vasto e completamente impossibile da trattare in un solo capitolo/articolo; ergo, probabilmente rilascerò degli articoli specifici sul mio blog oppure realizzerò un libro ad hoc per affrontare questo argomento in maniera più approfondita.

83. Vimana

Secondo alcuni sostenitori della teoria degli antichi astronauti una delle prove più grandi dell'arrivo di extraterrestri sulla Terra sarebbero i Vimana, un concetto generico e mitologico che si rifarebbe ad un oggetto volante. Il temine qui menzionato sarebbe stato descritto in numerosi testi religiosi indiani ma, per un motivo o per l'altro, non vennero mai evidenziate delle prove fisiche in grado di sottolineare la loro reale esistenza, il che è paradossale dal momento che questi oggetti, come vedremo, sono di dimensioni veramente ciclopiche.

Vimana

Questi velivoli, che tanto verrebbero ricollegati alle navi extraterrestri, sarebbero stati descritti all'interno del Mahābhārata e del Rāmāyaṇa dove, all'interno di essi, erano visti come dei grandi carroarmati divini utilizzati come macchine da guerra. Secondo i Veda, questi oggetti sarebbero in grado di volare nell'aria, nello spazio e anche di immergersi sott'acqua. Le loro forme sarebbero quindi diverse l'una dall'altra e, la stessa cosa, vale per le loro dimensioni: si parla di carri volanti che ruotano tirati da animali, navi con due o con più motori; insomma, delle vere macchine in grado di spostarsi ovunque con all'interno dei piloti! Tant'è che si pensa che il Vaimanika Shastra[1] non sia altro che un vero e proprio manuale che descrive funzionamento, struttura e metodica di guida di ogni singola macchina!

La parola che indicherebbe questi oggetti volanti sarebbe stata quindi soggetta ad un grande numero di interpretazioni atte a definire il concetto e la funzione di questi velivoli: secondo alcuni, infatti, la parola Vimana dovrebbe derivare dal termine Vi-Mana, ovvero "Luogo di cui sono state prese le misure (?)" o "Tempio indù" mentre, secondo altri, la parola Vimana deriverebbe dall'unione di due termini completamente diversi, ovvero "Vi" (uccello) e "Mana" (qualcosa di artificiale e abitato) o, ancora, secondo l'ufologo Roberto Malini, Vimana deriverebbe etimologicamente dal nome Vamana, il quinto avatar del dio Vishnu. Con il tempo si pensò quindi di traslitterare la parola con "Area delimitata e destinata a scopi sacri" piuttosto che "Tempio" o "Luogo di Dio".

Ritornando ancora un momento al già citato Vimanika Shastra, esso sarebbe composto da ben otto capitoli, ovvero:

- segreti per la costruzioni di aeroplani, come evitare di spezzarli, tagliarli, incendiarli, e distruggerli;
- segreto per immobilizzare l'aeroplano;
- segreto per rendere invisibile l'aeroplano;
- segreto per ascoltare conversazioni del nemico in altri luoghi;
- segreto per effettuare fotografie dell'interno di aerei nemici;
- segreto per accertare la direzione di un aereo nemico in avvicinamento;
- segreto per fare perdere conoscenza ai piloti degli aerei nemici;
- segreto per distruggere aerei nemici,

Dai quali si verrebbe a sapere che la propulsione dei Vimana sarebbe dovuta ad un "Motore a vortice di mercurio", qualcosa di molto simile alla propulsione elettrica.

Ebbene, il libro conterrebbe ben trentadue segreti che verranno poi ripresi in mano da un certo Davenport e da un collega chiamato Vincenti all'interno del libro "2000 a.C.: Distruzione atomica", il quale verrà pubblicato nel 1979. In questo testo, i due autori analizzeranno le varie documentazioni relative ai Vimana e proveranno a dare un interpretazione anche a questi segreti che "ogni pilota deve conoscere per poter guidare un Vimana". Eccoli quindi qui di seguito:

"Il pilota deve imparare 32 segreti da precettori competenti e soltanto ad una persona che li avrà imparati può essere affidato un aeroplano, e non ad altri. Questi segreti sono così spiegati da Siddhanaatha:»

1) Maantrika

«*come prescritto nel Mantraadhikaara, invocando le Mantras di Chhinnamasta, Bhairavee, Vgine, Siddhaamba, si acquista il potere di ghutikaa, paadukaa, visibile ed invisibile, ed altre Mantras con potenti erbe ed olii efficaci e Bhuvaneswaree Mantra, che conferisce poteri spirituali, per costruire aeroplani che non si rompono, non possono essere tagliati, non possono essere bruciati e non possono essere distrutti.*»

2) Taantrika

«*acquisendo Mahaamaaya, Shambara ed altri poteri tantrici si possono trasferire all'aeroplano*».

3) Kritaka

«*studiando architetti come Vishwakarma, Chhayaaparusha, Manu, Maya ed altri (il pilota o lo specialista) imparerà a costruire aeroplani di vari modelli*».

Questi primi tre segreti sarebbero l'obiettivo del manuale, precisando alcune prerogative cui il pilota deve far fronte. Come i moderni piloti di velivoli, anch'essi avrebbero dovuto conoscere la tecnica costruttiva, in modo da saperli pilotare meglio e saper fare piccole riparazioni. Secondo il testo, i vimana sarebbero stati indistruttibili, in relazione con i materiali disponibili all'epoca (legno, ferro, bronzo, tela, vetro) e presumibilmente ci sarebbe stata bisogno di una scuola con tecnici e specialisti capaci di realizzare e mettere a punto il veicolo.

4) Antaraala

«*nel cielo, nelle regioni atmosferiche battute dal vento, nello scontro ai bordi di correnti potenti, l'aereo inavvertito ha probabilità di essere schiacciato e ridotto in pezzi. Ma essendo avvertito dell'avvicinarsi di tali punti pericolosi, l'aereo può essere arrestato e guidato con prudenza*».

Il testo sembra indicare una possibile vulnerabilità dell'aeromobile ad alta quota. In effetti, oltre i 12.000 metri, soffiano correnti fortissime a velocità oltre 400 km/h, ben conosciute dai piloti militari durante la Seconda guerra mondiale. Tali correnti vennero scoperte solo negli anni trenta, quindi, sempre ammesso che il testo sia autenticamente antico, l'autore aveva a disposizione conoscenze avanzatissime oppure ha lavorato di fantasia azzeccando la cosa.

5) Goodha

«*come spiegato nel Vaayatstva-Parakarana, utilizzando i poteri Yaasaa, Viyaasaa Prayaasaa nell'ottavo strato atmosferico attorno alla terra, si attraggono i contenuti bui dei raggi solari e si possono usare per nascondere il*

Vimana ai nemici».

Davenport spiega questo segreto affermando che l'occhio umano è incapace di vedere bande di frequenza luminose oltre una certa soglia, azzardando anche l'ipotesi che i vimana riflettessero soltanto raggi luminosi ultravioletti o infrarossi; azzarda anche l'ipotesi che i vimana potessero essere intercettati da una sorta di radar, per difendersi dai quali avrebbero dovuto essere resi invisibili.

6) Drishya

«dalla collisione nell'atmosfera della forza elettrica e della forza del vento, viene creato uno splendore incandescente, il cui riflesso, catturato dallo specchio frontale del Vimana, può essere manipolato per produrre un Maaya-Vimana, o Vimana camuffato».

L'autore accenna solo alla possibilità di un gioco di luci tale da alterare l'aspetto esterno del vimana. Alla luce delle conoscenze attuali, pur senza riferimenti precisi nel testo, si potrebbe pensare a un fenomeno legato alla ionizzazione dell'atmosfera prodotta dal vento solare.

7) Adrishya

«secondo il Shaktitantra, per mezzo del Vynarathya Vikarana ed altri poteri nel cuore della massa solare, si possono attrarre le forze del flusso etereo nel cielo e mescolarle con il Balaahaa-vikarana shkati nel globo aereo, produrre in questo modo una copertura bianca che renderà il Vimana invisibile».

L'autore non azzarda nessuna ipotesi per spiegare il segreto. Con l'immaginazione potremmo pensare a un raffreddamento della superficie del vimana tale da produrre la condensazione del vapore acqueo e quindi una sorta di nebbia.

8) Paroksha

«secondo il Meghotpatthi-parakarana, o Scienza della Nascita delle Nubi, entrando nel secondo strato delle nubi estive e attraendo il potere interno con lo specchio di attrazione di forza del Vimana, e applicandolo al Parivesha o alone, del Vimana, si genera una forza paralizzante e i Vimana nemici sono messi fuori uso».

Davenport collega il segreto alle nuvole temporalesche delle quali gli antichi piloti sarebbero stati in grado di utilizzare la carica elettrica.

9) Aparoksa

«secondo il Shakti-tantra, con la proiezione del raggio di luce Rohinee, le cose di fronte al Vimana sono rese visibili».

Secondo l'autore, si tratterebbe di un dispositivo a raggi infrarossi capace di vedere nel buio.

10) Sanochka

«come prescritto nel Yantraango-pasamhaara, quando il Vimana sta andando in velocità, con le ali completamente stese e c'è un pericolo davanti, azionando il settimo interruttore del Vimana, le sue parti possono essere fatte *contrarre».*

Davenport interpreta il termine come *"contrazione"* e lega il segreto alla possibilità del vimana di viaggiare a due velocità differenti a seconda dell'altitudine; i velivoli avrebbero avuto la possibilità di far uscire ali e coda per aumentare la portanza. In caso d'emergenza avrebbe potuto ritrarle, con conseguente accelerazione verso l'alto.

11) Vistrita

«*secondo l'Akaashatantra quando il Vimana è nella corrente aerea centrale nella prima e nella terza regione del cielo, azionando l'interruttore nell'undicesima sezione del vimana, questi si espande convenientemente*».

Questo segreto rappresenterebbe il caso opposto al precedente.

12) Viroopa parana

«*come affermato nel Dhooma Parakarana, producendo il 32° tipo di fumo con l'apposito meccanismo, caricandolo con la luce delle ondate di calore nel cielo e proiettandolo attraverso il tubo Padmaka Chakra sullo specchio Vyroopya, cosparso d'olio bhiravee in cima al Vimana, e facendolo girare al 123° tipo di velocità, ne emergerà una forma fiera e terrificante del Vimana che causerà grande spavento in chi guarda*».

L'autore, come per il segreto successivo, pensa a una specie di cortina fumogena che terrorizzerebbe le popolazioni.

13) Roopaantara

«*come stabilito nel Tylaprakarana, preparando gli oli griddhrajihwaa, kumbhinee e kaakajangha e ungendone lo specchio distorcente del Vimana, applicandovi il 19° tipo di fumo e caricandolo col Kuntinee shakti nel Vimana, ne appariranno forme come il leone, la tigre, il rinoceronte e il serpente, la montagna e il fiume che confonderanno e stupiranno gli osservatori*».

14) Suroopa

«*attraendo i 13 tipi della forza Karaka menzionati nel Karaka-Parakarana, applicando aria sovraccarica di neve e proiettandola attraverso il tubo convettore d'aria verso gli specchi pushpinee-pinjula nel lato anteriore destro del Vimana e focalizzandoli sopra il raggio Suragha, apparirà a chi guarda il Vimana una donzella celeste coperta di fiori e di gioielli*».

Davenport non accenna a nessuna interpretazione; con un bel po' di azzardo potremmo pensare a un laser capace di disegnare una figura olografica.

15) Jyotirbhaava

«*come affermato nel Amshubodhinee dal Samgnaa e altri 16 digitis dello splendore solare, attraendo il 12° e 16° digitis e focalizzandoli sulla forza dell'aria nella sezione Mayookha del quarto sentiero del cielo, e similmente, attraendo la forza dello splendore etereo e mescolandola con lo splendore del settimo strato della massa d'aria e poi proiettando queste forze attraverso i tubi del Vimana sulla sezione dello specchio ghuaa-garha, sarà prodotto un ricco splendore come quello del sole del mattino».*

Per Davenport è un passo oscuro che potrebbe essere spiegato come la capacità del vimana di riflettere, a grandissima altezza, la luce solare illuminando una vasta zona dove è già notte.

16) Tamonaya

«come è descritto nel Darpana Parakarana per mezzo dello specchio della forza buia, catturando la forza dell'oscurità, passandola attraverso il meccanismo Thamo nella sezione Nord-Ovest del Vimana, e azionando un interruttore, si produce a mezzogiorno la totale oscurità di una notte di luna nuova».

Davenport reputa impossibile realizzare una cosa simile secondo le nostre nozioni, ovvero un annullamento della propagazione delle onde elettromagnetiche nella gamma del visibile su una zona molto vasta.

17) Pralaya

«come descritto nel libro della distruzione, attraendo i cinque tipi di fumo attraverso il tubo della macchina concentratrice, nella parte frontale del Vimana, e immergendoli nella nube del fumo menzionata in Shadgarbha-Viveka, e spingendola per mezzo di energia elettrica, attraverso il tubo aereo dai cinque rami, si distrugge tutto come in un cataclisma».

L'autore sostiene che il vimana potrebbe produrre una piccola tromba d'aria; si tratterebbe quindi di un'arma meteorologica.

18) Vimukha

«come menzionato nel RgHridaya, proiettando la forza del Kubera, Vimuka e della polvere velenosa Vyshawaanara, attraverso il tubo dello specchio Roudree e azionando l'interruttore del meccanismo dell'aria, si produce una totale insensibilità e coma».

Si tratterebbe, secondo Davenport, di un'arma chimica sparsa sul terreno tramite un irroratore.

19) Taara:

«mescolando con le forze eteree 10 parti di forza dell'aria, 7 parti di forza dell'acqua e 16 parti di splendore solare, e proiettandole, per mezzo dello specchio a stella attraverso il tubo frontale del Vimana, si crea l'apparenza di un cielo stellato».

Una possibile interpretazione è quella di un apparecchio per ottenere una specie di mimetismo.

20) Mahaashabda vimohana

«concentrando la forza dell'aria nei sette tubi del Vimana e azionando un interruttore si produce, come stabilito nel Shabda-parakaashikaa, un crescendo di tonante rumore che fa tremare la gente di paura, la stordisce e la rende insensibile».

Si tratterebbe di un'arma stordente che produce un'intensa e continua onda sonora capace di avere effetti sul sistema nervoso.

21) Langhana

«come stabilito nel *Vaayu tattva prakarna*, quando si passa da una corrente d'aria ad un'altra, il Vimana affronta lo splendore baadaba del sole e prende fuoco. Per evitare che ciò avvenga, l'energia elettrica e l'energia dell'aria del Vimana devono essere congiunte e concentrate nel centro vitale del Vimana e, azionando un interruttore, il Vimana salterà verso la salvezza».

Passo incomprensibile per l'autore; dovremmo ipotizzare un riferimento al rientro nell'atmosfera di un mezzo che si trova a passare da una corrente d'aria in un'altra (cioè dallo spazio esterno all'atmosfera terrestre); in questo caso, come noto, si crea una forza d'attrito in grado di distruggere il mezzo volante; ci sarebbe poi un dispositivo nella parte più protetta (centro vitale) capace di prevenirlo.

22) Saarpa-gamana

«attraendo il dandavaktra e le altre sette forze dell'aria, aggiungendovi raggi solari, passando attraverso il centro zig-zagheggiante del Vimana e azionando un interruttore, il Vimana assumerà un andamento a zig-zag come un serpente».

Secondo l'autore si tratterebbe di una serie di rapidi e bruschi cambiamenti di rotta.

23) Chapala

«quando si avvista un aeroplano nemico, azionando un interruttore nel centro di forza della sezione mediana del Vimana a 4087 giri all'ora atmosferica, sarà generata un'onda di velocità, che squasserà l'aereo nemico».

Secondo Davenport il vimana sarebbe stato capace di generare turbolenze per poi dirigerle verso un veicolo nemico; l'ora atmosferica è una classica misura del tempo locale.

24) Sarvatomukha

«quando una formazione di aerei nemici arriva all'attacco, azionando l'interruttore nella corona del Vimana, lo si fa girare con agilità per fronteggiare gli attacchi da ogni lato».

Si tratterebbe di una manovra a trottola, che avrebbe richiesto degli accorgimenti (per esempio delle postazioni attaccate cardanicamente al veicolo) per proteggere l'equipaggio; ancora una volta dal testo emerge che la tecnologia dei Vimana avrebbe controllato sia la forza elettromagnetica che quella gravitazionale.

25) Parashabda graahaka

«come spiegato nel *Sowdaaminee Kaala*, o Scienza dell'Elettronica, per mezzo del meccanismo catturatore di suoni nel Vimana, si possono sentire le parole e i suoni negli aerei nemici che volano nel cielo».

Per l'autore sarebbe qualcosa di simile a una radio capace di captare le conversazioni del veicolo nemico, oppure (addirittura) di un sistema capace di rilevare le vibrazioni sonore prodotte all'interno del veicolo nemico, come un *raggio laser puntato sulle pareti esterne dell'ambiente da spiare.*

26) Roopaakarshana

«*per mezzo del meccanismo fotografico del Vimana, si ottiene un'immagine televisiva dell'interno di vimana nemici*».

Per Davenport questa è fantascienza pura, oggi forse un po' meno, grazie alla diffusione dei videotelefonini e apparecchi simili.

27) Kriyaagrahana

«*girando la chiave sul fondo del Vimana, si fa apparire uno schermo bianco. Elettrificando i tre acidi nella parte Nord-Est del Vimana, e sottoponendoli a 7 tipi di raggi solari, passando la forza risultante dentro il tubo dello specchio Thrisheersha e facendo in modo che lo schermo sia di fronte allo specchio, e infine girando la chiave superiore, tutte le attività che sono in corso sul terreno verranno proiettate sullo schermo*».

Per l'autore si tratterebbe di un monitor collegato a una telecamera dotata di zoom.

28) Dikpradarshana

«*girando la chiave sul fronte del Vimana, il meccanismo dishaampati mostrerà la direzione dalla quale il vimana nemico si sta avvicinando*».

Davenport lo associa a un radar.

29) Aakaashaakaara

«*stando al Aakaasha-Tantra, mescolando una soluzione di mica nera con neem e decotto bhoonaaga, e ungendone le parti esteriori di un Vimana fatto di placche di mica ed esponendolo ai raggi del sole, il vimana apparirà come il cielo e diverrà indistinguibile*».

L'autore lo associa a un altro accorgimento mimetico; oggi del resto per i veicoli spaziali si usano placche di mica e mattonelle fatte di materiale ceramico, che, ungendole, possono cambiare il colore.

30) Jalaada roopa

«*mescolando succo di melograno, bilva o olio di bael, sale di rame, nero fumo, granthica o liquido gugul, polvere di mostarda e decotto di scaglia di pesce, aggiungendo conchiglie di mare e polvere di rocce di sale e raccogliendo il fumo della soluzione, inondandolo del calore solare che avviluppa la copertura, il Vimana apparirà come una nuvola*».

Altro accorgimento mimetico per Davenport, messo in forma di strana ricetta di cucina.

31) Stabdhaka

«*proiettando il fumo avvelenato Apsmaara nel tubo situato nella parte Nord del Vimana, e scaricandolo col meccanismo Stambhana, la gente negli aeroplani nemici sarà resa incosciente*».

Per l'autore, un'arma chimica ad alta penetrazione capace d'infiltrarsi dentro il velivolo nemico.

32) Karshana

«quando aeroplani nemici arrivano in forza per distruggere il tuo Vimana, mettendo in fiamme il Jwaakine shakit nel Vyshwaanara-naal, o tubo situato sull'ombelico dell'aereo, e girando le chiavi delle due ruote ad 87 gradi, il rovente Shakti avvilupperà l'aereo nemico e lo brucerà».

L'unico segreto in cui apertamente si parla di distruzione del nemico, secondo l'autore potrebbe essere un raggio laser o un missile incendiario.

Questi sono i 32 segreti che devono essere conosciuti dai piloti, secondo Siddhanaatha."

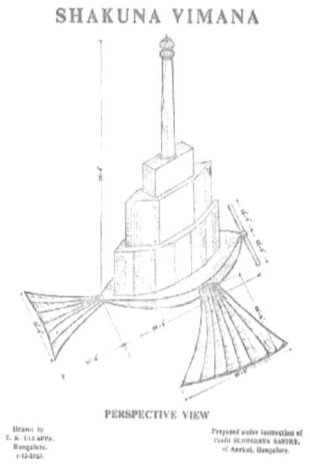

Un altro tipo di Vimana

Ma torniamo quindi a noi e facciamo un sunto di quello che abbiamo detto per poi cercare di fare luce su questa questione. Ciò che sappiamo nei con fronti dei Vimana è ben poca roba: abbiamo un termine che non sappiamo tradurre in maniera corretta, nessuna prova fisica di questi oggetti ma solo delle descrizioni su di alcuni testi religiosi; inoltre avremmo un documento che spiegherebbe alcune informazioni su questi ultimi ma venne scritto mediante una tecnica chiamata "Channeling" dove, un soggetto, si pone come condotto per una divinità o forza mistica e permette a quest'ultima di comunicare o di trascrivere determinate informazioni su dei documenti: ebbene, questa non può essere considerata una prova decisiva nei confronti dell'esistenza di questi oggetti dal momento che non è altro che una pratica esoterica, se non addirittura New Age, priva di qualsiasi fondamento scientifico. Tutti i casi di channeling giunti sino ad oggi sono stati considerati delle burle o delle descrizioni ingigantite derivanti da un semplice lampo di genio, il quale sarebbe stato poi attribuito a creature mitiche o divine. Tutto questo verrebbe quindi aggravato da un commento di J.B.Hare, rappresentante dell'Internet Sacred Text Archive, il quale, nel 2005, scrisse:

> "Il Vimanika Shastra venne fatto scrivere tra il 1918 ed il 1923 e nessuno dice che provenga da qualche misterioso manoscritto antico. La verità è che non esiste nessun manoscritto di questo testo precedente al 1918 e nessuno sostiene che esista. In questo caso non può essere considerato un falso, una burla. Uno deve però credere che il channelling funzioni per ritenerlo autenticamente antico. [...] Nel testo non sono presenti descrizioni sulla teoria dell'aviazione e tanto-meno sull'antigravità e non spiega direttamente come i vimana rimangano in aria. Inoltre il testo è sbilanciato nel presentare una lista di ingredienti, spesso bizzarri, utilizzati per la costruzione di vari sottosistemi. [...] Non c'è nulla che Giulio Verne non potesse sognare, non c'è alcun riferimento a qualche elemento esotico o ad avanzate tecniche di costruzione. Nel 1923 le illustrazioni sul quale si basa il testo sono... assurdamente prive di qualsiasi elemento di aerodinamica. Alcuni velivoli rassomigliano a bruttissime torte nuziali, alcuni a minareti, altri ad enormi ali di ornitotteri. In altre parole sembra una tipica rappresentazione fantastica di inizio ventesimo secolo condita in salsa indiana."

Ebbene, questi carri volanti utilizzati da alcune divinità per proteggere gli esseri umani da fantomatiche guerre mitiche inesistenti non sarebbero altro che una trasposizione o una leggenda basata su semplici costumi e tradizioni. La scienza fece quindi delle ricerche e degli studi seri su questo argomento di modo da approvare o meno l'esistenza di questi oggetti non identificati che, almeno apparentemente, avrebbero la possibilità di volare, immergersi sotto l'acqua e, ancora, di uccidere:

> "Si potrebbe concludere ovviamente che i velivoli descritti sopra sono un guazzabuglio di assurdità, piuttosto che espressione di qualcosa di reale..."

Così inizia la conclusione di uno studio effettuato da alcuni ricercatori indiani dell'Indian Institute of Science di Bangalore i quali, a loro volta, dimostrarono che quegli oggetti descritti su numerosi testi sacri non erano altro che elementi irrealizzabili sotto tutti i punti di vista, tra cui quello della fisica, patrona delle leggi di gravitazione universale, del volo e di tutto ciò che concerne l'aerodinamica, elemento fondamentale nel volo dal momento che è capace di decretare un buon decollo da un viaggio catastrofico.

Lo studio, in seguito, prosegue dicendo che:

> *"Nessuno dei velivoli ha proprietà tali che lo rendano adatto al volo, le geometrie sono inconcepibilmente orrende dal punto di vista aeronautico. I principi della propulsione fanno sì che piuttosto che consentire il volo lo impediscano. Il testo ed i disegni non sono correlati fra di loro. I disegni sono stati fatti da Shri Ellappa che ha frequentato l'università di ingegneria e pertanto era familiare con i dettagli di alcuni dispositivi. Naturalmente il testo è scritto in modo che non si possa dimostrare la natura moderna del contenuto, il che non implica la completa origine orientale del testo. Tutto ciò che si può dire e che i disegni tematicamente dovrebbero essere esclusi dalla discussione. Il testo, così com'è, è incompleto e ambiguo di per se stesso ed è scorretto in molti punti."*

Alla luce di tutto questo, i Vimana potrebbero essere considerati come una fantomatica prova per basare l'esistenza di una visita da parte degli alieni sulla nostra Terra, la quale però sprofonda inesorabilmente in qualcosa di completamente scorretto e fantasioso, rendendo il tutto soltanto un argomento molto affascinante e, a mio dire, quasi teatrale.

Nessun ritrovamento: solo informazioni tratte da una tecnica new age, delle descrizioni criptiche su testi religiosi ma nessuna prova che consenta di risalire, anche solo minimamente, ad una reale esistenza e ad un reale utilizzo di questi oggetti.

1: Testo scritto in sanscrito risalente agli inizi del XX secolo, ottenuto da un medium tramite "canalizzazione" (channeling) e scrittura automatica

84. L'uovo di Assuan

{Le foto di questo capitolo non sono state allegate per questioni di stampa; sono comunque disponibili sul Blog alla voce "Archeofake 86 – L'uovo di Assuan" ndr}

L'uovo di Assuan, questo l'argomento di questo ultimo capitolo sugli OOPARTs. L'oggetto di cui stiamo parlando sarebbe un classico uovo di struzzo che, mediante la datazione radiocarbonica, sarebbe stato datato tra il 4400 e il 4000 a.c., stiamo parlando di un periodo molto antico, quello di Naqada I.

L'uovo, attualmente, si troverebbe all'interno del Museo Nubiano di Assuan ma... qual'è il problema? Ebbene, quest'uovo ha destato curiosità, fascino ma anche numerosi interrogativi proprio per via della presenza di uno strano disegno sulla sua superficie: tre triangoli uno accanto all'altro e, accanto a questi ultimi, una striscia particolare che sembrerebbe essere molto famigliare nel campo dell'egittologia. Insomma, l'archeologia misteriosa ha preso quest'uovo, lo ha studiato e ha dato le sue conclusioni: l'oggetto ritrae una vera e propria cartina della Valle del Nilo con la rappresentazione del fiume sacro e le tre piramidi di Giza fatte costruire da Cheope, Chefren e Micerino. Attenzione; c'è un problema: ci troviamo in un periodo di molto anteriore alla costruzione delle tre piramidi.

Prendendo in mano i dati della storiografia ufficiale, sappiamo che la prima piramide di Giza, quella di Cheope, è stata fatta costruire dal medesimo faraone nel 2550 a.C.; allora, come è possibile che abbiamo una rappresentazione delle tre piramidi già nel 4000 a.C.? Stiamo parlando di un disegno che sarebbe stato realizzato ben 1450 anni prima della costruzione della piramide di Cheope; per poi non parlare delle altre due, quindi quella di Chefren (che sarebbe stata costruita nel 2500) e quella di Micerino (alla fine del XXVI sec a.C.). Se il disegno avesse ragione, le piramidi non sarebbero opera dei faraoni già citati per il semplice motivo che alla costruzione di queste monumentali costruzioni ancora non esistevano. Quindi, chi ha costruito le piramidi ben due millenni prima dei tempi prestabiliti dalla storiografia?

Bisogna dire che, in questi casi, non è tanto il disegno che conta, quanto le domande che ci si pongono: se ci poniamo una domanda sbagliata su un tema, è normale che quest'ultima non può fare altro che darci una risposta presumibilmente sbagliata, la quale viene presa per vera per via del contesto in cui la si applica.

Insomma, guardando questo manufatto l'archeologia misteriosa avrebbe detto anche che la gradazione con la quale sono stati realizzati i triangoli su quest'uovo era di circa 23° gradi che, a sua volta, non sarebbe altro che l'inclinazione dell'asse terrestre... ma non finisce qui; i sostenitori della pseudoscienza dichiarerebbero che sarebbe stato impossibile realizzare un disegno così preciso della Valle del Nilo mantenendo i piedi per terra: bisognava assolutamente volare per vedere la conformazione del terreno dall'alto!

L'uovo, di per se, venne ritrovato alla fine degli anni '10 del 1900 da un egittologo britannico chiamato Cecil Mallaby Firth presso una tomba infantile del cimitero 102 presso Dakka, un sito ora completamente sommerso dal lago Nasser. L'oggetto venne sin da subito interpretato come qualcosa con una doppia valenza, sia rituale che funzionale: esso, infatti, non solo veniva utilizzato come contenitore di liquidi, bensì veniva usato anche per simboleggiare la rinascita dopo la morte.

Stando alla ricostruzione pseudoscientifica, un uomo che aveva con se questo uovo che utilizzava come borraccia si era avventurato (forse per cacciare) lontano dalla sua tribù e, ad un tratto, vide in lontananza qualcosa di magnifico: le tre piramidi. Subito prese l'uovo e iniziò a grattarne la superficie per immortalare ciò che aveva visto e poi se ne tornò a casa. Insomma, una descrizione che sfuma man mano che si va avanti... forse inconsistente, forse veritiera; "non si sa": procediamo e guardiamo cosa ne pensa la scienza.

I motivi adottati, dicono gli archeologi tradizionali, sono perfettamente conformi alla produzione artistica predinastica e, proprio per questo, possono vedersi cose che in realtà non ci sono: il disegno che abbiamo interpretato come il "Nilo" altro non è che un'immagine di un serpente e uno struzzo.

Ma passiamo ad un altro dettaglio: le piramidi. In una vecchia puntata di Voyager il direttore del museo, chiamato Osama Abdel Meguid, avrebbe affermato che secondo lui quell'uovo ritraeva (accanto allo struzzo) un antica rappresentazione delle piramidi... ma non nominò mai la piana di Giza: secondo il direttore, queste ultime potevano essere piramidi generiche di un luogo incognito; ma avrà ragione? Ebbene, secondo la storiografia e la storia dell'arte, la rappresentazione raffigurata su quell'uovo non sarebbe altro che un interessante disegno che immortalerebbe montagne o alture mentre, il numero tre, indicava una pluralità indeterminata che venne poi adottata dal geroglifico stesso: i tre colli, con il tempo, diventeranno più sinuosi e rappresenteranno un vero e proprio segno determinativo: il N25 della lista di Gardiner, il quale simboleggiava "Località montuose" e "Paesi Stranieri". Del resto, non c'è da sorprendersi se abbiamo ritrovato un antichissimo esempio di geroglifico risalente al periodo Naqada, basti pensare alle impronte di sigillo e le etichette d'oro e d'avorio che, pur provenendo da un periodo correlato al regno di Scorpione I, riportavano geroglifici che, dopo aver subito una leggera modifica grafica, si ripercuoteranno per tutta la storia dell'antico Egitto.

Investigare il "Mistero"

Capitolo dedicato all'analisi di alcuni argomenti presi in considerazione dal programma televisivo "Mistero"

1. Starchild

Con la puntata del 22 luglio del 2009 (Starchild) Mistero prese a trattare in maniera copiosa di un argomento molto interessante, quello del teschio di Starchild. Questa rubrica riscosse molto scalpore e interesse da parte del pubblico, tant'è che, per approfondire, nella stessa puntata venne intervistato un certo Lloyd Pye (scopriremo nel corso di questo capitolo di chi si tratta). Quell'episodio ricevette un grandissimo numero di critiche atte a smentire quanto detto nella trasmissione televisiva dal momento che, in quella puntata, non solo fu data manforte alle teorie pseudoscientifiche ma, in realtà, furono messe anche sotto silenzio tutte le teorie alternative nei confronti di un interpretazione umana del teschio!

Ma non perdiamoci in chiacchiere: Starchild, "Il bambino delle stelle", non sarebbe altro che un cranio battezzato in questo modo per via delle sue deformazioni congenite; esso venne ritrovato nel 1930 da una bambina all'interno di una miniera dove, accanto ad esso, vi era il corpo di una donna ameringa umana e adulta.

Il nome di questo reperto venne dato da uno scrittore pseudoscientifico chiamato Lloyd Pye (1946-2013), il quale, inizialmente, divenne famoso per aver scritto dei libri che esplicavano una teoria sull'evoluzione e sull'origine umana completamente diversa da quella attualmente riconosciuta dalla scienza [Quella sulla "Conoscenza alternativa" ndr]. Egli attribuirebbe al teschio delle mutazioni genetiche basate, appunto, sulla sua teoria, ovvero: gli alieni avrebbero fatto degli esperimenti sugli esseri umani e, questi ultimi, avrebbero ottenuto un evoluzione sempre più rapida... tant'è che lo Starchild sarebbe la prova di questi esperimenti e sarebbe stato interpretato più volte come una sorta di anello mancante dell'evoluzione.

Riprendendo in mano la storia del ritrovamento e dell'attribuzione a questo teschio di un origine aliena, dovremmo ritornare allo scrittore

Pye, il quale venne a conoscenza del teschio dalla coppia di sposi Ray e Melanie Young nella città di El Paso (Texas). Essi avrebbero poi devoluto il reperto allo scrittore nel febbraio 1999 quando, sempre nello stesso anno, i coniugi avrebbero fondato un'associazione senza scopo di lucro chiamata "The Starchild Project". Gli Young, a questo punto, testimonierebbero di essere entrati in possesso del reperto nel 1930 per mezzo di una ragazzina messicana che, a sua volta, come abbiamo già accennato, dirà di aver trovato il reperto in una miniera a circa 160 chilometri a sud della città di Chihuahua.

Pye, studiando il cranio, ritrovò alcune ipotetiche somiglianze fra l'aspetto del cranio e quello dei Grigi, i quali, a loro volta, sarebbero stati da sempre al centro delle sue trattazioni. L'autore di testi pseudo-scientifici avrebbe quindi sostenuto, mediante le sue analisi, che quello non era altro che una prova delle sue teorie: Starchild doveva essere assolutamente un ibrido umano-alieno, forse un esperimento fallito o qualcosa di simile.

Ebbene, il teschio fu sottoposto alla datazione con il C-14 e, grazie a questo sistema, fu identificata l'età del teschio: solo 900 anni. Esso fu quindi sottoposto a delle analisi a raggi X, al microscopio atomico e anche alla TAC mentre, nel frattempo, le analisi chimiche confermavano la composizione del teschio non era altro che idrossiapatite di calcio, il materiale del quale è composto un normalissimo cranio od osso umano.

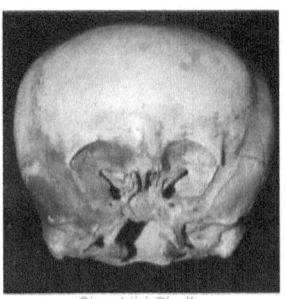 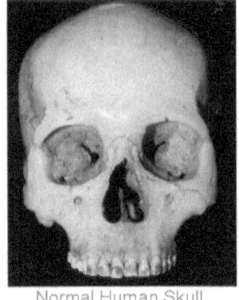

Differenze tra il cranio di Starchild e uno normale

Sul teschio vennero quindi sostenute delle analisi sulla mascella destra superiore e, stando ai risultati, il cranio sarebbe appartenuto ad un bambino di circa 4 o 5 anni: la particolarità del teschio è quindi da rivolgere principalmente al volume celebrale molto maggiore rispetto ad un cranio normale: stiamo parlando di 1600 centimetri quadrati, 200 centimetri quadrati in più rispetto alla media di un cervello umano adulto!

Ebbene, il teschio presenterebbe quindi alcune anomalie morfologiche come, per esempio, l'area parietale, che sporge da entrambi i lati delle orbite senza lasciare alcuna traccia delle tempie, le cavità oculari poco profonde, le orbite ovali e cave, i canali del nervo ottico deviati in basso e in dentro (mobilità del bulbo oculare inverosimile), un attaccatura anomala del collo e dei seni paranasali frontali completamente assenti.

Mentre la scienza cercava di dare un idea corretta nei confronti dell'origine del cranio, sull'altra sponda del fiume i seguaci di Pye cercavano in tutti i modi di ostacolare le ricerche e di rafforzare sempre di più la loro teoria che, giorno dopo giorno, sembrava barcollare sempre di più.

Ovviamente, le caratteristiche che abbiamo menzionato precedentemente, non sono da ricollegare ad una matrice aliena, bensì si verrà a scoprire che queste ultime segnalavano alcune importanti deformità completamente "normali", se pur rare, nel bambino: stando a quanto disse Steven Novella, il bambino soffriva di una patologia chiamata "Idrocefalo", la quale, nel corso del tempo, non sarebbe mai stata curata mentre, Adelina Chow, avvalendosi del parere di alcuni medici specializzati, concluse che lo Starchild soffriva di vari difetti umani congeniti che gli avrebbero prodotto una pronunciata brachicefalia [sviluppo del cranio in cui la larghezza prevale sulla lunghezza N.d.A.] e un anomalia della sutura frontale.

Il cranio venne quindi esaminato con un BOLD (*blood oxygenation level dependent*) a Vancouver nel 1999 e, questo test, dimostrò l'effettiva presenza di cromosomi X e Y, confermando quindi che lo Starchild era un individuo di sesso maschile. Solo nel 2003 il cranio subirà un altro test alla Trace Genetics, il quale, a sua volta, dimostrò che il corpo della donna e il teschio appartenevano a diversi aplogruppi amerindi, quindi... la donna, non poteva essere la madre.

Fatto sta che pur avendo dimostrato la completa umanità del cranio, nel 2011 alcuni tabloid iniziarono a sfornare fake-news relative al reperto, dicendo che alcuni genetisti mai identificati (forse inesistenti) avrebbero rivelato che il DNA materno dello Starchild presenterebbe maggiori differenze rispetto al DNA umano, confermando così (sulla base del nulla) un origine aliena completamente fittizia ed infondata e che non trova correlazione in ambito scientifico.

2. Sindrome di Morgellons: una malattia aliena?

{La foto di questo capitolo non è stata allegata per questioni di stampa; è comunque disponibile sul Blog alla voce "Lapislazzuli! 3 – Sindrome di Morgellons: una malattia aliena?" ndr}

La sindrome di Morgellons è un tema che Mistero conosceva bene dal momento che fu uno dei temi più ripetuti durante l'arco di tutta la serie, proprio come se volessero convincere il pubblico del fatto che quello che dicevano loro fosse vero.

Ovviamente il programma fece quello che era abituato a fare: tanta pseudo-scienza e ben poca scienza; la malattia venne spacciata per diagnosticata e confermata: io stesso, all'età di undici o dodici anni, mi ero anche preoccupato seriamente per ciò che stava uscendo dalle bocche dei presentatori e, non a caso, sulla pagina Wikipedia del programma, si cita questa frase estrapolata da Paolo Attivissimo (Il Disinformatico):

> *"Sin dalla prima stagione, il programma è stato criticato per la divulgazione di false notizie che FAREBBERO LEVA SULLE PAURE IRRAZIONALI DELLE PERSONE. Tali critiche derivano dalla metodologia investigativa antiscientifica e irrazionale utilizzata dagli autori del programma."*

Ma veniamo a noi: il morbo di Morgellons non è altro che il nome di una patologia completamente immaginaria caratterizzata da una serie di sintomi tra i quali possono essere ricordati quelli del prurito, delle fitte dolorose e altri sintomi cutanei... per non dimenticare la presenza di particolari fibre sopra o sottocutanee di matrice plastica nonché lesioni permanenti alla cute (piaghe e eruzioni cutanee).

Rileggendo infatti il primo paragrafo che ho descritto sopra con le date delle relative puntate, non è strano che il 14 giugno del 2012 viene presentato "un nuovo caso italiano" dopo che il primo venne mostrato il 7 giugno del 2012? Come è possibile che una malattia falsa saltata fuori dal nulla e non contagiosa abbia una capacità di diffusione così elevata?

Ebbene, la malattia non venne però inventata dagli "sceneggiatori" di Mistero, bensì il termine "Morbo di Morgellons" esisteva già dal 2001 per opera di una statunitense chiamata Mary Leitao, la quale rilevò delle formazioni sottocutanee al figlio di due anni e mezzo ma rifiutò le diagnosi che attribuivano a tale fenomeno la presenza di fibre di tessuto all'interno di alcune escoriazioni autocausatesi dal bambino durante i compulsivi sfregamenti. Ovviamente, questa malattia immaginaria nata in USA non poteva mancare in Italia...

Come abbiamo detto, non esiste alcun riscontro medico circa la veridicità di questa condizione che, a sua volta, sarebbe riconducibile soltanto a delle patologie cutanee preesistenti e a disturbi mentali come, per esempio, la sindrome di Münchhausen per procura.

Ma veniamo quindi alla storia della malattia: la già citata Mary Leitao era una casalinga che aveva lavorato per anni come tecnico di laboratorio e che, nel 2001, raccontò che suo figlio di due anni aveva iniziato a lamentare di alcune piaghe. La madre, a questo punto, si armò di microscopio giocattolo del figlio e guardò le piaghe, dicendo così che avrebbe visto delle fibre di vari colori. Solo dopo questa prima prova superficiale, Leitao avrebbe portato il figlio da otto differenti medici i quali, a loro volta, non riscontrarono alcun tipo di malattia e nessuna allergia; lo stesso fece uno specialista universitario di casi pediatrici complessi che richiese immediatamente una valutazione e terapia psichica alla madre. Effettivamente, dopo non molto tempo, si scoprì che la madre era effettivamente affetta dalla sindrome di Münchhausen per procura ma, ovviamente, la Leitao continuò a fare di testa sua e spese un ingente quantitativo di soldi per creare (nel 2004) la Morgellons Research Foundation per identificare e ricercare altri casi di questa malattia. La Morgellons Research Foundation, come prova della sua funzionalità e come testimonianza diretta della sua utilità, chiuse nel 2012 per totale bancarotta.

Prima di vedere però il parere della scienza, cerchiamo di dimostrare empatia nei confronti della Leitao e di capire di più su questa presunta malattia. Secondo alcuni teorici del complotto, la malattia avrebbe diverse cause e diverse origini ma, ricordo, nessuna è attualmente sostenuta dalla scienza. Nel programma Mistero, si punta spesso e volentieri a deglassare la malattia come diretta conseguenza alle scie chimiche, le quali... e ricordo ancora le descrizioni come se fosse ieri... composte di particolati chimici misteriosi, cadrebbero sulla cute e entrerebbero nel tessuto muscolare; vi sarebbe quindi una reazione chimica che permetterebbe a questi ipotetici composti di diventare dei fili plastici che poi verrebbero estratti dalla cute. Peccato che poi, nel 2006, la teoria complottistica cambia completamente: *"No, non sono le scie chimiche a causare questo morbo* - disse Coast to Coast AM [programma radiofonico americano N.d.A.] - *un ex-agente della CIA [chi?] ha fatto sapere che è il risultato di un esperimento francese che ha contaminato l'acqua!"*... peccato che in Francia non vennero mai pubblicizzate malattie del genere e non vennero mai ritrovate, tant'è che sul quotidiano "Le Soir" si può leggere un articolo interessante chiamato *"Les pseudosciences s'appuient sur notre ignorance"*.

Ebbene, qua l'è la realtà? Semplicemente la comunità scientifica non considera Morgellons come una vera e propria patologia bensì come un evoluzione assai ingigantita della "Sindrome delle gambe senza riposo", anche chiamata "Wittmaack-Ekbom" o, ancora, disturbi psichiatrici come la Parassitosi Allucinatoria[2].

I sintomi cutanei presentati sarebbero quindi da ricondurre a lesioni autoinflittesi dagli stessi pazienti per estrarre dalla cute fantomatici parassiti che, erroneamente, si pensano annidati nella propria pelle: guarda caso, e qui ci tengo a fare una parentesi, il morbo di Morgellons non era mai stato nominato prima del 2001, bensì solo dopo la fondazione della MRF sono stati rinvenuti dei "casi": sembra proprio un esempio del riflesso psicologico umano chiamato "imitazione", la stessa cosa che successe con i Cerchi nel Grano.

Ebbene, questi disturbi psichici avrebbero dei gradi di intensità: si passerebbe dalla già accennata ipotesi di nidificazione di parassiti a livelli ancor più gravi i quali, a loro volta, porterebbero l'individuo a considerare pezzi di carne strappata, peli o bulbi piliferi come parassiti o come residui di una presunta (ma inesistente) entità parassitante: non a caso il bulbo pilifero e il pelo (compreso di ghiandola sebacea) una volta estratti dal continuo sfregamento potrebbero venire incorporati all'interno delle ferite finendo così ricoperti da un sottile strato di cute che, a sua volta, lo renderebbe comunque visibile e porterebbe a pensare ad un parassita. Il pelo, una volta annidatosi, potrebbe portare alla creazione di forme particolari (come zampe o antenne) che poi, mediante il processo della pareidolia verrebbero ricollegate ad insetti o simili.

Vennero quindi eseguiti degli studi conclusivi dal CdC nel 2012 e, questi ultimi, avrebbero portato a galla un solo fattore anomalo comune in numerosi casi: un danno epidermico causato dal sole... gli altri sarebbero da imputare ad un impulso cronico nel grattarsi che, mediante l'attrito continuo e il calore da esso provocato, distruggerebbe le cellule epiteliali e scaverebbe nel tessuto epidermico sino a raggiungere strati umidi e appiccicosi situati sotto i primi strati epidermici.

E qui una piccola nota di disinformazione da parte di Mistero: infatti, il materiale di cui sono fatti questi fili non è mai stato "plastico", bensì "cotone", lo stesso materiale di cui sono fatti molti vestiti!

Detto chiaramente, non sto facendo questa serie di articoli per mettere in cattiva luce il programma televisivo (ora rivista), ma per sottolineare il fatto che dire cose incomplete o irreali in televisione crea un danno abissale nella popolazione che, a sua volta, si allarma! Il problema di Mistero, infatti, non è tanto il divulgare Fake-News ma, al contrario, produrre materiale e notizie su questioni mediche che possono portare a seri danni nel tessuto sociale... oltretutto, parlare solo di una faccia della medaglia (il pensiero pseudo-scientifico) porta ad arrecare altri danni.

1: Disturbo mentale che affligge genitori o tutori e li spinge ad arrecare un danno fisico alla prole per farlo credere malato e attirare l'attenzione su di sé.

2: Disturbo delirante in cui gli individui credono erroneamente di essere infestati da parassiti o insetti, mentre in realtà non è presente alcuna infestazione.

3. Alieni a Napoli

In questo breve capitolo affronteremo un altro tema interessante che prenderebbe spunto dalla puntata dell'8 febbraio del 2011.

Come abbiamo già detto in qualche articolo fa, l'ormai definitivamente chiuso "Mistero" ha sempre cercato di condividere notizie false; alcune che già si conoscevano e altre create da zero. Vista quindi la pochezza di argomenti trattati nel corso delle varie stagioni (tant'è che quasi ogni argomento trattato si ripeteva per almeno cinque volte), probabilmente anche questo tema fu generato dal nulla. Ricordo, infatti, che lo stesso "Gnomo armato di ascia" i cui avvistamenti venivano proposti nella rubrica "Real Mistery", non erano altro che degli scherzi del conduttore Bossari che, nello scartabellare vecchi libri, si era ritrovato davanti alla leggenda medioevale di questo gnomo... peccato che fu solo una leggenda che Mistero contribuì a spacciare per vera.

Ebbene, la puntata dell'8 febbraio 2011, la quale vide uno share dell'8,68% con ben 2 004 000 spettatori circa, propose un altra bufala che avrebbe visto, nei cieli di Napoli, degli avvistamenti di oggetti non identificati. La trasmissione, a questo punto, avrebbe spacciato i filmati proposti in cui si vedevano delle luci ordinate volare nel cielo, come dei documenti reali e approvati, peccato però che non passerà molto tempo prima che la bufala venga smascherata.

Pochi giorni dopo, il 25 febbraio del 2011, su Striscia la Notizia vennero analizzati i filmati proposti nella puntata di Mistero mandati in onda pochi giorni prima; ebbene, se l'8 febbraio il programma voleva spacciare per veri alcuni filmati ritraenti degli UFO, "Striscia" condivise con il proprio pubblico la verità: non erano altro che modellini radiotelecomandati guidati da alcuni membri della troupe del programma.

Oltre alla bufala, per Mistero, anche la beffa... dal momento che l'emittente televisivo dei due programmi (Italia 1), prima ha mostrato la fake-news e poi ha mostrato il "Dietro le quinte" mediante l'ausilio di "Striscia", questo proprio per sottolineare la natura pseudo-scientifica del programma.

Il mistero quindi non sarebbero tanto gli "UFO avvistati a Napoli" che, come abbiamo visto, non sarebbero mai esistiti, bensì la stessa Italia 1 che, molto probabilmente, ha studiato questo sistema proprio per avvisare i telespettatori del programma che, quello che stavano guardando, non era un programma di divulgazione bensì un mero programma di intrattenimento basato sulla divulgazione di bufale ormai comprovate.

4. UFO nazisti

Per questo capitolo prenderò ispirazione da un altra puntata di Mistero, quella andata in onda il 26 maggio 2010 e che è stata in grado di conquistare un grande quantitativo di pubblico: ben 2 365 000 persone circa (share 11,04%).

Illuminati, Agarthi, Vedere senza occhi, Giganti in Sardegna, Illuminati... tanti gli argomenti di questa puntata ma, uno in particolare sarà di nostro interesse in questo scritto; quello degli UFO nazisti.

I "Reichsflugscheiben", ovvero i dischi volanti del Reich, sono un argomento molto dibattuto e che lo stesso Mistero avrebbe portato in causa non concludendo però granché: infatti, caratteristica di questo programma, è quella di non concludere quasi mai nulla e, se dovesse trattare di qualcosa di palesemente falso, cerca sempre di mettere suspense nel pubblico e di lasciare sempre un vasto spiraglio per ipotizzare che quello che si dice sia effettivamente vero.

Ma torniamo a noi e cerchiamo di vederci chiaro. I V7 sono ipotetici velivoli sviluppati con l'ausilio di un alta tecnologia o, addirittura, navi spaziali sviluppate dalla Germania nazista nel corso della seconda guerra mondiale: dei prototipi che avrebbero quindi conosciuto un continuo sviluppo anche negli anni successivi alla conclusione della guerra. Ovviamente, le fonti nei confronti di questi oggetti, si ritrovano quasi completamente in opere di fantasia anche se, numerosi di questi riferimenti, sono stati presentati come veri.

I miti che circolerebbero intorno a questi dischi volanti ispirati agli alieni e civiltà più avanzate sembrerebbero però avere un fondo di verità; infatti, i V7 non sarebbero altro che un ingigantimento letterario di quelli che in realtà furono i velivoli a reazione che, effettivamente, nel corso di quegli anni, stavano conoscendo un incessante sviluppo tecnologico proprio da parte della Germania; basti citare il Me262 o l'Ho 229, il primo un aereo militare e il secondo un multiruolo... ma anche missili guidati come il Fieseler Fi 103 e l'Aggregat 4: una tecnologia che poi avrebbe contribuito all'evoluzione del programma missilistico e spaziale americano.

Le prime affermazioni nei confronti di questi UFO sarebbero state pubblicate attraverso non tanto la saggistica quanto la narrativa fantascientifica: uno dei libri che potrei citare è "Razzo G.2" di Robert A. Heinlein, il quale mette in campo l'esistenza di fantomatici UFO costruiti dai nazisti che però, sotto un punto di vista storico, non avrebbero alcuna validità. Ebbene, lo stesso sarà citato anche nella serie radiofonica della BBC "Dimension X" nella quale, un certo George Lefferts, racconta di una colonia tedesca sulla Luna e che sarebbe stata scoperta indagando sul rapimento di alcuni scienziati.

Le prime teorie a favore di una reale esistenza di questi oggetti sarebbero state concepite da un esperto italiano di turbine di nome Giuseppe Belluzzo, il quale pubblicò i suoi studi nel 1950 ottenendo però una smentita da parte dell'Aeronautica Militare anche se, in realtà, uno scienziato tedesco chiamato Rudolph Schriever, sostenne di essere stato uno dei costruttori di questi UFO nel corso del periodo nazista, sicuramente anch'essa una fake-news dal momento che la prima menzione di questi velivoli venne fatta su di un libro di narrativa per ragazzi... legge dell'"imitazione"?

Veniamo quindi a qualche citazione per comprendere al meglio il tema che stiamo affrontando:

> *"Ho visto abbastanza dei loro progetti* - disse l'ingegnere aeronautico Roy Fedden - *e piani di produzione da comprendere che se i tedeschi fossero riusciti a prolungare la guerra solo per alcuni mesi, avremmo dovuto reggere il confronto con una serie di sviluppi nel combattimento aereo del tutto nuovi e mortali"*

Un altra interessante dichiarazione viene fatta da Edward J. Ruppelt, capitano del progetto Blue Book dell'aeronautica statunitense:

> *"Alla fine della seconda guerra mondiale, i tedeschi stavano sviluppando molti tipi innovativi di aerei e missili balistici. La maggior parte dei progetti si trovavano per lo più allo stadio preliminare, ma si trattava degli unici velivoli*

conosciuti che avrebbero potuto anche solo avvicinarsi alle prestazioni degli oggetti di cui riferiscono gli osservatori degli UFO"

Ebbene, queste frasi non sarebbero da ricollegare a veri e propri velivoli a forma di disco volante, bensì a due progetti di aerei sperimentali (di cui la versione ufficiale mai costruita) con ali circolari: il Sack AS-5 e il Sack AS-6.

Del resto, questa bufala riguardante dischi volanti tedeschi, verrà utilizzata anche come una sorta di strategia di marketing per aumentare i propri guadagni; infatti, un certo Ernst Zündel, approfittò del caos mediatico generato dalle notizie sugli UFO nazisti per creare l'editore Samisdat, un sistema usato per pubblicare i suoi stessi libri da rivolgere principalmente agli ufologi. Egli, con i suoi testi, voleva divulgare quella che secondo lui era la realtà, ovvero l'esistenza di armi segrete e UFO nazisti nascosti agli occhi di tutti presso una base sotterranea in Antartide. L'affarista, a questo punto, avrebbe anche creato dei pacchetti viaggio molto allettanti che promettevano ai turisti di fare una spedizione per rintracciare la base: il prezzo? 9999 dollari per persona. Inutile dire che questa spedizione non fu mai compiuta dal momento che auto-confessò di aver creato una bufala per pubblicizzare la sua editrice... continuerà però a sostenere le sue tesi su UFO e base in Antartide sino al 2002 e, da li, rivelò nuovamente il fatto di aver creato delle fake News commerciali.

Sack AS-5

Fu però nel 1978 che un diplomatico cileno, Miguel Serrano, pubblicò un libro chiamato "Adolf Hitler, el último avatara", mandando alle stampe la sua idea nei confronti del dittatore: egli, secondo Serrano, sarebbe stato un avatar del Dio Kalki e, inoltre, sarebbe stato in grado di comunicare con le divinità dell'Hyperborea [terra leggendaria e inesistente N.d.A.]... ma non solo: egli scrisse anche che Hitler si sarebbe posto alla guida di una serie di UFO per fondare il quarto Reich; ovviamente non fu così.

Inutile dire che tutte queste idee non sono basate su fatti storici, non sono basate su documenti e nemmeno su informazioni estrapolate dagli stessi nazisti o dalle SS, bensì sono tutte idee, teorie e affermazioni che sarebbero state formulate solo in seguito al 1947, data in cui Heinlein pubblicò il suo fantomatico libro chiamato "Razzo G.2", un romanzo affascinante che avrebbe fatto partire la leggenda infondata degli UFO nazisti.

5. Approfondimento: Foo Fighters

Facciamo un salto indietro nel tempo e torniamo alla seconda guerra mondiale... un periodo nero e oscuro che ha però lasciato delle tracce di mistero: i Foo Fighters (o "Palle di fuoco dei crauti"), quelli che potremmo identificare come "gli UFO della seconda guerra mondiale". Cerchiamo di vederci chiaro...

Il termine Foo Fighters venne coniato da alcuni piloti dell'United States Army Air Forces e della Royal Air Force per descrivere alcuni fenomeni di oggetti volanti non identificati o, ancora, avvistamenti di aerei nei cieli di Europa e Oceano Pacifico. I testimoni degli avvistamenti pensarono che i Foo Fighters non fossero altro che armi segrete dei nazisti ma, attraverso dei rapporti, si scopre che la realtà è ben diversa: i Foo Fighters non hanno mai provocato danno ne a persone e nemmeno a cose... allora cos'erano?

Per quanto riguarda l'origine del termine, "Foo Fighters" sembra essere tratto dalle parole "fool fighters", ovvero "Combattente ~~Scemo~~ (o "sciocco")", questo perché poteva essere usato come appellativo denigratorio verso quelli che erano i caccia giapponesi A6M Zero che erano famosi per il loro volo non lineare... o ancora, "Foo" deriverebbe da "Fuel", "Benzina" o, ancora, "Feu", "Fuoco", rendendo l'espressione qualcosa di simile a "Caccia infuocati" o "Fou", "Caccia pazzi". Personalmente l'etimologia che io ritengo più affidabile è la prima che ho scritto, la quale è stata motivata e appare rispettosa di una certa logica.

Ebbene, il termine Foo Fighters ben presto si troverà a definire ogni tipo di oggetto volante, idem gli UFO, oggetti di difficile interpretazione e identificazione.

Questi oggetti vennero avvistati principalmente in tre occasioni: nel 1941 e due volte nel 1942:

Nel 1941 fu avvistato un oggetto non identificato nell'Oceano Indiano dal ponte della nave SS Pulaski. Due marinai avvistarono un globo che brillava di luce verdastra di circa metà del diametro della luna piena. Gli uomini avvistarono un ufficiale britannico che, a sua volta, osservò i movimenti dell'oggetto per più di un ora.

Segue l'evento del 1942: qualche ora prima della sua partecipazione alla battaglia del Mare di Giava, la nave battente bandiera americana, la Huston, avvistò un gran numero di strane e inspiegabili scie luminose e luci gialle che illuminarono il mare per molte miglia.

Il tutto si chiude con un altro avvistamento di poco successivo: Isole di Salomone, il sergente dei Marine Brickner, dopo un allerta di raid aereo, vide circa 150 oggetti raggruppati in linee di 10 o 12 ciascuna. Vennero descritti come delle strutture ricoperte da argento lucidato e che sembravano muoversi ad una velocità superiore rispetto ai comuni aeromobili: "Rispetto a tutto quanto, era lo spettacolo nello stesso tempo più sbalorditivo e tuttavia terrorizzante che io abbia mai visto nella mia vita" disse Brickner.

Tutto viene poi illuminato dall'intrigante luce mediatica emessa dal Time nel 1945:

> " [...] se non erano bufale o illusioni ottiche, erano certamente la più intrigante arma segreta che i caccia alleati abbiano mai incontrato. La scorsa settimana piloti americani di stanza in Francia hanno raccontato una strana storia di palle di fuoco che da più di un mese sono solite seguire i loro aeroplani nei voli notturni sulla Germania. Nessuno sa cosa siano o a cosa servano queste palle di fuoco. I piloti, pensando ad una nuova arma psicologica, li chiamano 'foo-fighter'... Le loro descrizioni e apparizioni variano, ma sono d'accordo che queste luci misteriose si piazzano vicine agli aerei e sembrano seguirli ad alta velocità per miglia. Un pilota ha detto che un foo fighter, in forma di palla di fuoco rossa alle estremità delle ali, è rimasto con lui in una picchiata a 360 miglia l'ora. Poi la palla è svanita nel cielo."

Vennero però ipotizzate delle teorie che miravano a spiegare il fenomeno. Stando ad alcune ipotesi, i Foo Fighters erano un aeronave segreta a forma di disco, la Feuerfighter della Luftwaffe... purtroppo però questa aeronave non venne mai trovata e l'ipotesi divenne una leggenda metropolitana. Secondo altri, i Foo Fighters non erano altro che avvistamenti notturni del Messerschmitt 163 Komet tedesco ma, quest'ultimo, era inadatto a voli notturni e aveva solo pochi minuti di carburante... in più non avevano radar a bordo.

Si proseguì quindi con altre teorie come un tipo di scarica elettrostatica generato dalle ali degli aeroplani (Un fenomeno simile al Fuoco di Sant'Elmo) o, ancora, fulmini globulari, i quali avrebbero però una durata brevissima (max. 8 millisecondi). Un ultima spiegazione ipotetica sarebbe quella dei palloni incendiari, arma segreta del Giappone sviluppata nel 1941 che cadde in un fallimentare tentativo di appiccare incendi sul continente americano: alla fine erano semplici palloni aerostatici che prendevano fuoco... ma ovviamente, anche in questo caso, le caratteristiche dei palloni incendiari con quelli dei Foo Fighters (velocità, colore, luce, movimento...) erano completamente diverse.

Insomma... caso chiuso? Non ancora: abbiamo uno scheletro, bisogna lavorarci sopra.

6. Abduction

Tempo fa esisteva un particolare sito chiamato ufomachine.org, il quale era pieno di informazioni relative ad abduzioni e a visite giornaliere da parte di alieni, per poi non dimenticarsi delle collusioni con i governi e tanto altro. Insieme ad ufomachine.org bisognerebbe quindi aggiungere tutte quelle testimonianze da parti di terzi che affermerebbero la questione secondo la quale sarebbero stati rapiti da degli alieni: ogni città ha almeno una decina di persone che sostengono di venire rapite saltuariamente da esseri extraterrestri e, ogni paese, ne ha almeno una... forse stiamo parlando del già citato caso dell'imitazione[1].

Quando si parla di un rapimento alieno (Incontro Ravvicinato del IV Tipo) si immagina sin da subito una grande astronave extraterrestre che punta un fascio di luce su di una persona che dorme e la traina verso l'alto, sotto l'effetto di forze misteriose e per niente scientifiche: ma cosa succede prima o dopo l'abduzione? Cosa farebbero gli alieni agli addotti?

Diciamo, per aprire questo capitolo, che l'abduzione è un presunto sequestro di esseri umani da parte di alieni pilotanti UFO ma – paradossalmente – nei luoghi in cui si verificano questi fenomeni non sono mai stati rinvenuti dischi volanti o persone che fluttuano nel cielo; questo potrebbe già smentire ogni idea fondata sull'idea dell'abduction; ma andiamo avanti. Relativamente a questi sequestri si può dire che ci sono molte persone che hanno espresso la credenza di essere stati rapiti e di essere stati caricati su navi spaziali per poi essere sottoposti a esami di tipo medico-scientifico sui dischi volanti o in basi segrete ma, ovviamente, la questione è completamente diversa.

Il programma Mistero, in uno dei suoi innumerevoli episodi incentrati su questo tema, intervistò una presunta addotta la quale, a sua volta, mostrò (spegnendo le luci della stanza in cui si trovavano) delle piccole impronte fosforescenti che, secondo il programma, sarebbero niente meno che delle pomate o dei farmaci bioluminescenti che servirebbero per velocizzare il processo di cura delle ferite... peccato che per fare quella rubrica non si sia tenuto conto di qualcosa di più terrestre: le vernici luminescenti dei trucca-bimbi che vengono vendute a meno di quattordici euro. Relativamente ai pochi risultati visibili e ai vari tagli causati da delle procedure mediche svolte sugli addotti si potrebbe anche dire che, queste ultime, sembrerebbero molto primitive, sottolineando così un incongruenza logica: *astronavi spaziali di ultima generazione contro una tecnologia medica poco evoluta rispetto alla nostra.*

Rimanendo quindi sulla puntata attualmente esaminata, la potenziale addotta comunica delle descrizioni relative al rapimento ma, queste ultime, possono essere anche ritrovate anche su Wikipedia. La rozzezza e la pochezza di informazioni trasmesse dall'addotta sembrano rientrare in quel corpus di informazioni che possono essere pescate dal pozzo dell'immaginario comune, salvo qualcuna che sembra essere di origine narrativa (libri di fantascienza). Bisogna infine dire che nessuno dei rapimenti alieni ipotizzati fino ad ora ha avuto l'onore di essere osservato da terzi; salvo il caso più famoso, quello di Cergy-Pontoise, il cui autore rivelò successivamente di avere pianificato tutta la burla insieme ai suoi accompagnatori.

Ritornando quindi alle dichiarazioni (prive di fondamento e di testimoni oculari) degli addotti, essi direbbero che gli alieni svolgerebbero delle particolari analisi e, addirittura, delle riprogrammazioni mentali per fare cancellare il ricordo del rapimento. I sostenitori di queste abduzioni concluderebbero dicendo che tali eventi potrebbero essere recuperati attraverso delle sedute di ipnosi regressiva, con l'ausilio della programmazione neurolinguistica o con l'analisi grafologica; tutti sistemi che si baserebbero sul fare entrare in trance il paziente per permettere a quest'ultimo di rievocare determinati ricordi; purtroppo, nessuno di questi metodi psichiatrici è stato considerato dalla scienza come funzionale, facendolo così rientrare il tutto nel campo della pseudo-scienza. Ovviamente, recuperare i ricordi dal subconscio, implica che gli alieni non abbiano cancellato completamente le tracce di questo ipotetico rapimento; ebbene, alcuni ufologi scettici dichiarano la loro incomprensione nei confronti di questo fenomeno: possibile che degli esseri così avanzati riescano ad eliminare i ricordi mentali e non quelli del subconscio?

Questi rapimenti, svolti per impiantare microchip sottopelle (mai ritrovati) o per fare esperimenti di manipolazione genetica su delle cavie umane, avrebbero quindi ottenuto un parere anche dalla stessa scienza, la quale deglasserebbe il tutto alla pseudo-scienza: essa dice che il fenomeno delle abduzioni non è completamente verificabile dal momento che, sostanzialmente, si parla di tagli e ferite in determinate parti del corpo che potrebbero essere benissimo auto-indotte mediante lame o, ancora, mediante sonni particolarmente agitati dovuti ad un particolare problema psicologico... ma non solo, alcuni potrebbero ricadere nel campo della paralisi nel sonno, la creazione di falsi ricordi posti in essere su dei soggetti già deliranti; seguirebbero le illusioni ipnagogiche [esperienze intense e vivide che si verificano all'inizio di un periodo di sonno N.d.A.] o ipnopompiche e, ancora, delle allucinazioni indote dall'interazione elettromagnetica di particolari fonti di energia elettrica con il sistema neuro-elettrico del cervello umano.

Restando quindi nella tematica scientifica, una delle prove più importanti nei confronti del *nihil fit* delle abduction sarà data da uno psicologo chiamato Chris French, il quale esaminò ben venti persone convinte di essere state rapite, rilevando così un accentuata tendenza alla fantasia, alle allucinazioni, alla dissociazione e alla credenza nel paranormale: ovviamente, French dirà che non ci sono motivi per credere che queste persone abbiano avuto un contatto ravvicinato del IV tipo.

Un analisi simile verrà fatta da Frederick Malmstorm, un altro psicologo, il quale sostenne che le descrizioni dei volti fatte da parte degli addotti non sarebbero altro che una blanda trasposizione della descrizione del volto della madre fatta da infanti: un immagine che si sarebbe fissata nel subconscio e che riemergerebbe (modificata) in uno stato di dormiveglia.

Per terminare, citiamo quindi un esempio interessante, deliberato e già citato, quello di Cergy-Pointose, avvenuto nel 1979 in Francia: un di rapimento su cui il creatore stesso dirà qualcosa di molto interessante:

> *"Dichiaro che il caso di Cergy-Pontoise è un falso dall'inizio alla fine. Io sono responsabile di tutto. Io ho ideato e organizzato tutto. Posso provarlo. Franck Fontaine ha trascorso gli otto giorni del rapimento nell'appartamento di un amico, a Pontoise; io l'ho condotto lì e poi l'ho riportato indietro.* **Come può qualcuno immaginare che gli alieni ti rapiscano come uno sciocco?***"*

Ancora una volta, nessun caso di abduzione; solo "una delle tre più grandi bugie della storia dell'ufologia".

1: Criterio di attuazione, oppure atteggiamento o comportamento chiaramente condizionato da un esempio o da un modello.

7. Classificazione Hynek

Ogni cosa scientifica e non scientifica si basa su delle classificazioni atte a suddividere i ritrovamenti o determinati fenomeni. Nel campo dell'ufologia e della clipeologia esiste una metodica di classificazione che servirebbe per contraddistinguere diverse tipologie di incontri ravvicinati, anche chiamati *"Close Encounter"* e abbreviati in CE. La tipologia di classificazione che andrò a spiegare in questo capitolo ispirato dalla rubrica "Incontri ravvicinati del III tipo" mandata in onda su Mistero, servirebbe per suddividere in trance delle tipologie di incontro con extraterrestri o presunti tali.

La prima classificazione venne creata dall'astrofisico e ricercatore ufologico Allen Hynek, il quale, attraverso il libro del 1972 *"The UFO Experience: A scientific inquiry"*, suddivide gli incontri in tre diversi tipi e ne detta le linee generali. In seguito a questi primi tre gruppi di incontro riconosciuti dall'ufologia tradizionale, ve ne saranno aggiunti altri quattro, i quali non sono però accettati.

Per quanto riguarda – prima di analizzare la classificazione – le tipologie di avvistamento, esse possono essere ad oltre 150 metri di distanza dal testimone (i "Dischi alla Luce del Giorno", "Luci Notturne" o "Resoconti Radar/Visivi") mentre, per quanto riguarda gli avvistamenti entro i 150 metri, essi possono essere etichettati come "Incontri ravvicinati", per quali, a loro volta, esistono le seguenti tipologie.

Incontro ravvicinato del I tipo: In questa categoria rientra l'avvistamento di uno o più oggetti volanti non identificati come i dischi volanti diurni o le luci vaganti notturne. Vengono quindi implementati degli oggetti aerei non riconducibili a tecnologia umana ma, quest'ultima categoria, è ovviamente molto difficile da appurare soprattutto se ci si trova a elevata distanza.

Incontro ravvicinato del II tipo: sotto questo nome si intendono tutti i fenomeni fisici provenienti da un UFO, ergo: cerchi nel grano [bufala], calore o radiazione, danneggiamento di terreno, paralisi umana, interferenze di vario genere provocate dai motori, animali spaventati e la "Lost Time", una falla temporanea nella memoria di una persona che, nello schema di Hynek, non era stata considerata.

Incontro ravvicinato del III tipo: una categoria che, sostanzialmente, racchiuderebbe un osservazione di esseri animati in associazione con un avvistamento di UFO (non per forza alieni o extraterrestri). Sarà però Bloecher, un altro ufologo, ad implementare un nuovo schema, istituendo una sotto-categoria di sei sottotipi che racchiuderebbero l'osservazione di:
- un entità in un UFO,
- un entità fuori da un UFO,
- un entità nei pressi di un UFO,
- un entità senza un UFO nella zona ma riportante un attività di oggetti non identificati nell'area,
- l'assenza di entità ma con la sperimentazione di una comunicazione intelligente,
- *abduction.*

Incontro ravvicinato del IV tipo: in questo caso si parla solo ed esclusivamente di abduction, le quali, a loro volta, non erano state presi in considerazione dall'ufologo Hynek. Sarà infatti Jacques Fabrice Vallée a implementare questa categoria.

Incontro ravvicinato del V tipo: anch'esso non presente nella scala di Hynek, prende in considerazione incontri bilaterali posti in essere tramite iniziative umane coscienti, volontarie e attive o, ancora, tramite la comunicazione cooperativa con intelligenze extraterrestri.

Incontro ravvicinato del VI tipo: categoria aggiunta dal già citato Vallée e da Naisbitt Michael, prenderebbe in considerazione tutti i contatti alieni causa di effetti fisiologici come lesioni gravi o morte.

Incontro ravvicinato del VII tipo [ipotizzato]: l'ultima categoria, ovviamente, non è ancora stata approvata ma solo ipotizzata dal *Black Vault Encyclopedia Project*, il quale pone in causa la presenza di ibridazioni uomo-alieno, teoria che prenderebbe spunto dalle idee di Daniken e Sitchin sugli antichi astronauti. Ebbene, il CE_VII sarebbe però in contrasto con le idee di Hynek, il quale, mentre stilava le prime classificazioni, evitò di usare la definizione "Alieni" o "Extraterrestri" perché insicuro sulla loro oggettiva consistenza fisica.

8. Area 51

{Per questioni di stampa non è stata riportata la foto della vista aerea dell'Area 51, la quale è disponibile sul blog nell'articolo "Lapislazzuli! 8 – Area 51" ndr}

Secondo alcuni non ci sono dubbi: l'Area 51 è la prova effettiva di avvenuti contatti alieni con gli Esseri Umani; al suo interno sarebbero rinchiusi dischi volanti e, addirittura, corpi di alieni defunti sui quali verrebbero svolte saltuariamente delle analisi mediche per verificare la composizione dei tessuti piuttosto che l'anatomia.

Ebbene, cos'è esattamente l'Area 51? Al suo interno vi sarebbero custoditi per davvero dei dischi volanti?

L'Area 51 sarebbe niente meno che una base sperimentale e militare che venne chiamata inizialmente con il nome di "Nevada Test Site – 51" per via della sua ubicazione. Essa, sarebbe stata quindi ribattezzata in seguito con il nome che oggi è ben conosciuto ma, ovviamente, il suo compito non è mai cambiato.

Questa grandissima area farebbe parte di una zona militare ancora più grande di circa 26 100 chilometri quadrati e sarebbe situata vicino al villaggio di Rachel a circa 150 chilometri di Las Vegas in Nevada.

L'area che stiamo prendendo in considerazione in questo momento non sarebbe quindi una base convenzionale e sarebbe stata utilizzata per lo sviluppo, il test e le fasi di addestramento per i nuovi aerei che, in seguito, verrebbero approvati dall'United States Air Force o da altre agenzie come la CIA; tuttavia, l'Area 51, viene conosciuta anche come un luogo in cui vi sarebbero alloggiati in maniera permanente degli aerei sovietici analizzati ed utilizzati segretamente per addestramenti Top Secret, molto probabilmente il vero motivo del perché la sorveglianza sia così stretta.

Ebbene, nell'Area 51 vennero lanciati numerosi programmi e test di aerei militari come l'U-2, l'OXCART, il Blackbird, Aurora, F-117 e il Lockheed Have Blue, fino a quando, nel 1995, il governo federale decise di ampliare l'area riservata intorno alla base e di restringere l'accesso ad alcune montagne circostanti dalle quali si poteva osservare l'interno della base. Ora è ancora possibile guardare il sito, ma solo utilizzando delle montagne molto distanti situate a Est.

Nel 2003, più precisamente il 14 luglio, il governo degli Stati Uniti dichiarò che la base esiste, ammettendo così che l'aeronautica militare ha una base operativa nei pressi del lago ma, per una questione o per un altra, non dichiarò altre informazioni. L'area sarebbe quindi protetta da radar, telecamere e sensori di movimento (anche nel terreno) che scovano il personale non autorizzato che viene quindi espulso velocemente dalla zona protetta e arrestato per violazione di proprietà privata governativa; la stessa cosa può succedere anche ai piloti militari che si addestrano nella vicina Nellis Air Force Range. La sicurezza della zona sarebbe quindi stata affidata a delle guardie private della agenzia EG&G, i quali userebbero mezzi di pattugliamento quali Jeep Cherokee, Humvee, Pickup o Ford F-150 più alcuni fucili d'assalto M-16, anche se non vennero mai utilizzati dal momento che non vennero mai dichiarati episodi di uso di armi in tutta la zona... solitamente i trasgressori vengono accompagnati fino al perimetro e viene avvisato per radio lo sceriffo della Contea di Lincoln, il tutto terminerebbe con una multa di seicento dollari (510,50€) più alcune visite periodiche di agenti dell'FBI.

Lo Stato del Nevada, inoltre, riconoscendo le credenze nei confronti di questa base (che ovviamente non sono tali) ha scherzosamente rinominato la statale 375 "The Extraterrestrial Highway" posizionando anche numerosi cartelli ironici lungo la stessa; ovviamente, se ci fossero stati davvero degli extraterrestri all'interno della base, non avrebbero mai potuto fare così tanta pubblicità.

Guardando la base da Google Earth è quindi possibile vedere una lunga pista di 3775 metri con un prolungamento di asfalto e numerosi hangar, caserme e uffici: l'idea che all'interno dell'area ci siano degli extraterrestri troverebbe origine dall'incidente di Roswell nel 1947 e, in più, anche dal segreto militare che, a sua volta, favorirebbe lo sviluppo di leggende e teorie cospirative: la storia (probabilmente) è completamente diversa.

Il contenuto dell'Area 51 venne rivelato dal National Security Archive dell'Università di George Washington, il quale produsse una corposa documentazione di oltre quattrocento pagine ("Central

Intelligence Agency and Overhead Reconnaissance: The U-2 and Oxcart Programs") per sfatare la questione relativa agli alieni e, addirittura, anche di portali per altre dimensioni. Tutto questo venne reso possibile grazie alla "Freedom of Information Act", una legge emanata nel 1966 ma entrata in vigore nel 2009 che vincola le amministrazioni pubbliche a consentire a chiunque l'accesso alle loro regole, alle loro opinioni ma anche ai loro documenti e alle loro procedure. Se siete quindi così curiosi di scoprire la verità, non posso fare altro che consigliarvi il libro citato in precedenza e fare una bella lettura.

Concludo dicendo che alcuni teorici della cospirazione aliena sostengono che l'Area 51 sarebbe il quartier generale del Majestic 12 (Mj-12), gruppo di intelligence che controllerebbe tutte le informazioni riguardanti la presenza aliena sulla Terra. Anche qui, la verità è molto diversa dalla leggenda e nel capitolo delle "Falsificazioni ufologiche" capiremo perché.

Extraterrestrial Highway

9. L'incidente di Roswell e l'autopsia aliena

{Per questioni logistiche non è stato possibile allegare il video dell'autopsia aliena, il quale è disponibile sul blog nell'articolo "Lapislazzuli! 9 e 10 – L'incidente di Roswell e L'autopsia Aliena" ndr}

Quando si pensa agli extraterrestri ci si ricorda subito dell'Incidente di Roswell, una città capoluogo della contea di Chaves nel Nuovo Messico. Il clamoroso incidente ipotetico di una navicella che si schianta al suolo avvenne precisamente il 2 luglio del 1947 e, ben presto, il fenomeno divenne famoso su scala mondiale. Ovviamente, a questo incidente, seguì l'idea secondo la quale dei militari avrebbero rapito gli alieni all'interno dell'UFO e gli avrebbero portati all'interno dell'Area 51 per analizzarli e per studiarli.

Ovviamente, nessuna di queste ipotesi e queste idee si basa su elementi reali e approvati, bensì sono tutte ipotesi campate in aria.

La prima notizia stampata relativa all'incidente di Roswell fu diramata l'8 luglio del 1947 sul Roswell Daily Record e, su quest'ultima, fece capolino la dicitura "Disco volante" anche se, in realtà, la questione sarà ben diversa dal momento che questa notizia venne subito smentita: si trattava semplicemente di un pallone sonda (≠ Pallone Bomba).

A supporto dell'idea trascritta su carta da parte della RDR vi sarebbero quindi i media e alcuni ufologi secondo i quali, nei pressi di quella zona, tra il 2 e il 3 luglio vi sarebbero stati degli strani fenomeni ricollegabili ad una matrice ufologica.

Al caso Roswell intervenne quindi il Congresso degli Stati Uniti per avviare delle indagini approfondite mediante l'ausilio del "General Accounting Office", il quale inviò un inchiesta all'Ufficio del Segretario dell'Air Force. Il risultato venne pubblicato in due relazioni, la prima del 1995 (*The Roswell Report: Fact versus Fiction in the New Mexico Desert*) e la seconda del 1997 (*The Roswell Report: Case Closed*). Per quanto riguarda il primo, si è concluso che i materiali del 1947 non erano altro che detriti di un programma segreto del governo chiamato Progetto Mogul[1], il quale utilizzava microfoni collegati a palloni sonda per rilevare le onde sonore rilevate da missili balistici sovietici o test di esplosioni nucleari nell'atmosfera mentre, il secondo, avrebbe rivelato che i presunti corpi alieni recuperati non fossero altro che manichini antropomorfi usati nei programmi militari come il Project High Dive, il quale sarebbe dovuto essere condotto solo tre anni dopo lo schianto ufologico, nel 1950; tutto il resto sarebbe da dover imputare all'effetto psicologico della vicenda che, a sua volta, avrebbe creato una grande confusione... dando origine così al ritrovamento di corpi alieni.

Tornando alla vicenda, essa avrebbe avuto inizio la notte del 3 luglio del 1947: si verificò uno schianto nella contea di Chaves a 90-100 km da Roswell e, la mattina successiva, un allevatore chiamato William Ware Mac Brazel trovò, all'interno del suo ranch, alcuni rottami (lamine, asticelle e lattice). Il 6 luglio, Brazel si recò a Corona per informare lo sceriffo e mostrare i resti; in città circolavano già voci infondate riguardanti dischi volanti. Lo sceriffo e alcuni militari si recarono quindi sul posto e iniziarono a visionare e analizzare i detriti: da un primo rapporto si scoprì che non furono altro che "pezzi di gomma, stagnola, carta robusta, asticelle di legno e un filo di nylon di provenienza ignota". Vista la natura degli oggetti rinvenuti, l'oggetto avrebbe dovuto avere comunque una matrice terrestre.

L'8 luglio venne quindi emesso un comunicato stampa da parte della RAAF (Roswell Army Air Field), il quale venne poi pubblicato sul già citato RDR, in cui si parlava del recupero di un oggetto volante non identificato. Già dal giorno dopo arrivò una prima smentita dall'aeronautica dicendo che quelli della RAAF avevano recuperato dei resti di un pallone sonda. Ovviamente le voci di corridoio continueranno a girare e, il San Francisco Chronicle, senza perdere tempo, contribuì alla diffusione della bufala il 9 luglio, proprio il giorno della smentita:

"Le numerose voci riguardanti il disco volante sono diventate realtà ieri quando l'intelligence del 509º Bomb Group dell'Ottava Air Force, Roswell Army Air Field, ha avuto la fortuna di entrare in possesso di un disco volante con la collaborazione di uno degli allevatori locali e dello sceriffo della contea di Chaves. L'oggetto volante è atterrato in un ranch vicino a Roswell la scorsa

settimana. Non avendo un telefono, l'allevatore ha tenuto il disco fino a quando non è stato in grado di contattare l'ufficio dello sceriffo, che a sua volta lo ha riferito al Maggiore Jesse A. Marcel del 509° Bomb Group Intelligence Office. Sono immediatamente scattate misure e il disco è stato subito prelevato a casa dell'allevatore. È stato perquisito dalla Roswell Army Air Field e successivamente trasportato dal maggiore Marcel al quartier generale più alto."

Nel 1978 si avrà una nuova ripresa del caso, infatti, un ex-ricercatore di fisica nucleare chiamato Stanton T. Friedman, intervistò un certo Jesse Marcel, il quale fu il maggiore che nel 1947 fu fotografato con i resti del pallone sonda: egli dichiarò che la versione dell'aeronautica non era altro che un falso per insabbiare la verità e, proprio questo input, diede modo di ritornare alla questione dell'incidente ufologico.

Gli scarti del Pallone Sonda

Sarà nel 1980 che verrà pubblicato "The Roswell Incident" di William Moore e Charles Berlitz, il quale permise all'evento di ritornare sotto ai riflettori dei media mondiali. Il libro avrebbe quindi portato un nuovo scenario, quello dell'esplosione di un astronave e la caduta di quest'ultima in frammenti mentre, il corpo del velivolo, sarebbe precipitato nella Piana di San Augustin a circa duecento chilometri da Roswell, luogo in cui sarebbero stati recuperati anche alcuni umanoidi. Venne quindi scritto un altro libro pubblicato poi nel 1991, "UFO Crash at Roswell" (Kevin Randle), il quale contribuì ad arricchire la storia trascritta sul libro precedentemente citato. Friedman, dopo il secondo libro, iniziò quindi a svolgere da solo delle indagini e, nel 1992, venne pubblicato un terzo libro: "Crash at Corona".

Dopo questo susseguirsi di testi venne quindi bandita una nuova smentita, la quale avrebbe ricollegato nuovamente i resti a quelli dei palloni sonda utilizzati per il progetto Mogul, tant'è che un osservazione interessante viene fatta da un certo Massimiliano Teso del CICAP che, in un articolo, scrive:

> *"L'ipotesi extraterrestre però è sicuramente meno solida dovendo fare ricorso a un'elaborata operazione di cover-up, finalizzata a nascondere fino a oggi le prove del ritrovamento di un disco volante precipitato nel 1947 e dei corpi dell'equipaggio alieno. Risulta inoltre difficile pensare che un'ipotetica astronave aliena possa essere costituita da materiale come gomma, stagnola, asticelle di legno di balsa e nastro adesivo"*

Le testimonianze del progetto Mogul risalirebbero comunque ad anni precedenti al 1947 dal momento che fu ideato dal geofisico Maurice Ewing, il quale suggerì un metodo per rilevare eventuali test atomici sovietici: dal momento che nessun aereo poteva raggiungere i 14 000 metri di altezza (luogo che presenta un canale acustico utile ai fini di Ewing) si utilizzarono dei palloni sonda specifici realizzati dalla New York University. Nel 1947, tra il due e il tre luglio, avverranno quindi i primi lanci di prova dal campo di football della Leigh University a Bethlehem. Passati i primi lanci di prova, il luogo di partenza sarebbe stato cambiato, diventando così la base aerea di Alamogordo nel Nuovo Messico: non a caso il modulo precipitato tra il 2 e il 3 luglio del 1946 fu appartenente al volo n.4, la cui partenza è da attribuire alla base aerea precedentemente citata.

Comparirebbero dunque numerose teorie basate sul nulla che servirebbero per aumentare l'indignazione del pubblico semplicemente per incrementare atti rivoltosi o semplicemente come trovate di marketing per vendere più libri di un caso ormai risolto. Il primo di questi casi si avrà nel 1995 da parte di Johannes von Buttlar il quale dichiarò ad un congresso di ufologia di aver visionato dei documenti segreti che farebbero trapelare un assurda verità: i resti dell'UFO non sarebbero altro che dei rottami facenti parte di una macchina del tempo. La sua teoria fece successo e scriverà un libro le cui vendite andranno alle stelle (Johannes von Buttlar, *Die Ausserirdischen von Roswell*, Bergisch Gladbach, Bastei Lübbe, 1996).

Seguirà quindi Nick Redfern che, nel 2005, scrisse in un libro diventato molto famoso (Nick Refern, *Body Snatchers in the desert: The Horrible Truth at the Hearth of the Roswell Story*, Simon and Schuster, 2005) di aver ricevuto delle confidenze da parte di un agente dei servizi segreti britannici, il quale gli avrebbe confessato che all'interno della navicella vi erano dei prigionieri di guerra giapponesi utilizzati come cavie umane per studiare gli effetti dell'alta quota sull'organismo umano.

Ebbene, farebbe capolino un altro best-seller intitolato "Area 51", scritto dalla penna di Annie Jacobsen, la quale dichiarerebbe di aver ricevuto delle informazioni da parte di un ingegnere della EG&G [ditta che mette in sicurezza l'Area 51 N.d.A.] secondo cui l'UFO crash sarebbe stato architettato da Stalin per seminare il panico negli USA: peccato che l'idea era completamente basata su di uno sceneggiato radiofonico di Orson Welles chiamato "La guerra dei due mondi" (1938) dove si parla di un cacciabombardiere carico di esseri umani deformi e mutati da inviare negli USA per disseminare panico nella popolazione.

Ebbene, analizzando alcune testimonianze, Karl Pflock, in un libro pubblicato nel 2001, dirà che su circa 300 testimoni, solo 41 avevano avuto informazioni dirette o di seconda mano e, solo 23, riuscirono a riscontare delle evidenze fisiche. Di questi 23, solo 7 pensarono che si trattasse di qualcosa di alieno. Pflock, procedendo con le sue analisi, scoprì anche che su 300 testimoni solo 4 reputavano di aver visto dei corpi alieni... purtroppo però ben 3 di questi 4 non furono considerati attendibili perché continuarono a cambiare più volte la loro versione.

Pflock ipotizzò però che a distanza di decenni queste persone potrebbero aver confuso i propri ricordi e aver sovrapposto due avvenimenti, il primo del 1947 con l'incidente del pallone sonda e il secondo del 1956, con la caduta di un aereo cisterna a pochi chilometri da Roswell.

Ebbene, a contro-riprova di tutto questo vi sarebbe una foto che sarebbe comunque ricollegabile all'incidente di Roswell: quella dell'alieno di Penthouse, la quale fu inviata alla testata giornalistica omonima da una donna ignota. Penthouse pubblicò la foto spacciandola per vera ma, purtroppo, la foto ritraeva il manichino dell'International UFO Museum di Roswell realizzato da Steve Johnson, esperto di effetti speciali.

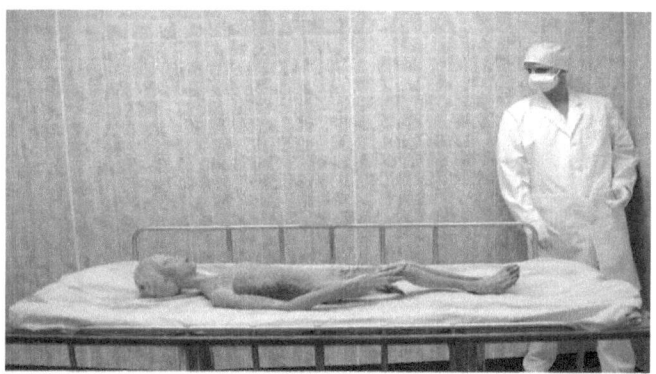

Foto del manichino

A questo punto farebbe quindi capolino un'altra bufala che sarebbe da considerare comunque come parte dell'incidente di Roswell, quella dell'autopsia dell'alieno, la quale non fu altro che una sorta di "corto cinematografico" dal momento che lo stesso produttore disse che le riprese non erano altro che un falso ben architettato. Ma andiamo con ordine...

La rivelazione del filmato arriverà nel 1991 dal produttore londinese Ray Santilli, il quale affermò di essere entrato in possesso di alcune bobine che ritraevano uno degli alieni precipitati a Roswell mentre stava cercando dei video musicali di Elvis Presley... dirà anche che le pellicole prese in causa gli sarebbero state vendute da un inesistente Jack Bernett, il quale gli descrisse il video come una prova dell'autopsia su di un "Grigio".

Le riprese sono ovviamente in bianco e nero, oltre che in muto ed, inoltre, presentano una grande serie di tagli. Il filmato verrà trasmesso sulla RAI solo nel 1994 sul programma Misteri e, in seguito, verrà accennato nella puntata del 1 febbraio 2011 dal programma Mistero.

Le sequenze, ovviamente, fecero scalpore ma, dopo alcuni studi su location, fotogrammi e laboratorio, gli esperti classificarono il filmato come un falso; non a caso Santilli dichiarerà il tutto un enorme bufala creata con un amico: telefoni, prese elettriche e altri dettagli risultano infatti anacronistici rispetto al 1947, ma possono essere interpretati come una sorta di "punto di presa" per decriptare l'origine falsa del filmato. Del resto, tanti medici noterebbero un grande quantitativo di errori nel filmato, soprattutto nei confronti degli strumenti che sarebbero stati, a loro dire, decisamente rozzi.

Ancora una volta, caso chiuso.

1: Il progetto Mogul è stato un progetto top secret della United States Air Force che consisteva in microfoni posti ad alta quota tramite l'ausilio di palloni sonda; lo scopo primario era il rilevamento a lunga distanza delle onde sonore generate da eventuali test di bombe atomiche dell'Unione Sovietica. Il progetto è stato condotto dal 1947 fino agli inizi del 1949 e fu un moderato successo, essendo però molto costoso venne sostituito da una rete di rilevatori sismici e di campionamento dell'aria per fallout nucleare.

10. Caso Caponi: Riavvistato l'alieno?

{Per questioni di stampa non è stata riportata la foto dell'alieno, la quale è disponibile sul blog nell'articolo "Lapislazzuli! 11 – Caso Caponi: Riavvistato l'alieno?" ndr}

Era l'anno 1993 quando un ventitreenne chiamato Filiberto Caponi fu protagonista di una sconcertante serie di incontri con un essere di sembianze non propriamente umane. Filiberto, da parte sua, fece un grande numero di fotografie all'alieno e, a sua volta, inviò queste ultime ai media: vennero fatte interviste, scritti libri e fatte denunce alla magistratura... ma qual'è la verità?

Ci troviamo ad Ascoli Piceno, più precisamente in un piccolo paesino chiamato "Pretare di Arquata del Tronto" dove, il ceramista menzionato precedentemente, divenne testimone di un contatto extraterrestre che, a suo dire, cambiò completamente la sua vita.

Ovviamente vi sono ufologi che fanno ricadere questo caso nella categoria degli incontri ravvicinati, ma ci sono anche quelli che nutrono una grande serie di dubbi sul ritrovamento dell'extraterrestre, tant'è che si è deciso di chiudere il caso.

Caponi avrebbe avuto quindi ben cinque incontri ravvicinati del terzo tipo e, dal canto suo, riuscì a documentarli tutti con una macchina fotografica: almeno, questo secondo il racconto dal momento che in rete non si trovano più di due foto diverse l'una dall'altra... (le altre erano caricate sul suo sito ora chiuso).

Fatto sta che le foto da lui eseguite avrebbero risvegliato notevolmente la cronaca, tant'è che raggiunsero l'attenzione di Giancarlo Magalli che mostrò la documentazione nella trasmissione "I Fatti Vostri". La tensione sociale crebbe e raggiunse un livello talmente elevato che bisognò ricorrere all'uso delle forze dell'ordine per evitare eccessivi allarmismi.

Le foto sembrerebbero ritrarre sempre la stessa piccola creatura boccheggiante, dolorante e ferita; essa avrebbe due gambe, due braccia e un altezza ipotetica di settanta centimetri; priva di orecchie, occhi piccoli, tondi e neri, una testa tonda e una bocca particolarmente piccola: la pelle, stando al colore della macchina fotografica, ha una tonalità aranciata e, molto probabilmente, doveva essere anche notevolmente spessa e rugosa.

Il caso fu quindi posto sotto lo sguardo di alcuni ufologi, i quali invitarono Caponi ad una serie di interrogatori per cercare di comprendere di più su come fosse avvenuto il ritrovamento: egli disse che nel primo incontro datato 9 maggio notò una figura che si lamentava e che gli ricordava un animale; lo scosse e notò mani e piedi. La creatura si allontanò quindi rapidamente e, durante la notte, sentì nuovamente i suoi lamenti e la vide con il padre.

Del resto, Caponi fu quindi sottoposto a procedimento delle autorità per diffusione di notizie false e turbamento dell'ordine pubblico ma venne assolto.

Ovviamente, pur essendo una bufala, nel corso degli studi vennero rivelati alcuni punti a favore che avrebbero potuto (se la storia fosse andata in altro modo) rendere la bufala qualcosa di confermato e plausibile. Ebbene: la creatura presenterebbe una pelle molto deformata, forse ustionata; si pensò quindi che potesse essere la vittima ad un UFO crash ma, ovviamente, non ne sono stati documentati nella zona... ancora potrebbe essere scappata da altri alieni che la tenevano prigioniera o, ancora, la torturavano. Addirittura si pensò che fosse una mutazione genetica per via della nostra atmosfera o perché sottoposta a degli esperimenti genetici alieni. Si passò quindi ad analizzare i piedi, i quali mostravano solo due dita, molto simili a quelli di un equino.

Purtroppo però in tutte le fotografie scattate da Caponi la creatura è sempre immobile: tra una foto e l'altra essa rimane sempre nella medesima posizione e, in più, la sua struttura anatomica è molto approssimativa... tant'è che in alcune foto (come quella riportata sul blog) si vede anche un grande sasso posto dietro di essa, come se fosse stato messo li per farla stare in piedi: si pensò quindi che, molto probabilmente, la creatura fu modellata con l'argilla, anche perché la colorazione della sua epidermide era molto strana. Secondo altri, invece, la creatura sarebbe stata liberata per saggiare il terreno e per vedere le nostre reazioni: forse un esperimento sociale alieno o, perché no... dello stesso Caponi.

Ancora una volta nessun alieno è sceso a dare un occhiata al nostro mondo: solo il tempo ci riuscirà a dire se l'ufologia, un giorno, diventerà scienza.

Altre note di interesse

Una sezione dedicata all'approfondimento

1. Man In Black

Gli "Uomini in Nero", questo il nome che viene dato ad un ipotetica agenzia governativa americana: chi sono? Cosa fanno?

Stando a quanto dice la storia, il primo resoconto sui MIB risalirebbe al 1947, più precisamente il 21 giugno, in occasione dell'Incidente di Maury Island, un altro caso di avvistamento UFO che, per svariate ragioni, è stato considerato una bufala. Stando a quanto si dice, un pescatore di nome Harnold Dahl e suo figlio stavano pescando su di una barca in tutta serenità quando, sopra le loro teste, sfrecciarono sei dischi volanti. Scattarono quindi qualche fotografia e, in quell'istante, ammisero che da uno di questi dischi iniziarono a cadere delle scorie che uccisero il cane e ferirono il figlio.

Il giorno successivo, a casa di Dahl si presentò un uomo alto, robusto ed imponente con indosso un completo nero: il pescatore immaginò sin da subito che doveva essere un uomo di qualche agenzia governativa. L'uomo portò il pescatore con se, lo fece salire sulla sua macchina anch'essa nera (una Buick del '47) e andarono a fare colazione. Dopo questo *break*, Dahl dovette raccontare all'uomo tutti i dettagli dell'avvistamento di cui non ne fece pubblicità: come poteva quell'uomo essere venuto a conoscenza del suo avvistamento?

L'uomo in nero, a questo punto, gli avrebbe dato un avvertimento che il pescatore, a sua volta, interpretò come una minaccia: non avrebbe mai dovuto dire nulla di quel ritrovamento, altrimenti avrebbe messo in pericolo la sua stessa vita e quella della sua famiglia.

Dahl, alla fine, rivelò tutto e, le sue descrizioni vennero messe in discussione molteplici volte... appunto, dopo qualche tempo, il pescatore dichiarò che non era altro che uno scherzo. Ovviamente nei sostenitori delle teorie del complotto permane il dubbio: forse lo ha fatto per evitare ritorsioni nei confronti dei suoi famigliari? Purtroppo no: i Man in Black non sono mai esistiti ma, giustamente, lo scherzo di Dahl era riuscito pienamente.

Esisterebbero quindi diverse varianti scaturite dal primo scherzo di Dahl: gli uomini lascerebbero trasparire il fatto di essere agenti federali segreti, con tanto di tessere identificative: essi visiterebbero il testimone di un avvistamento alieno esibendo i loro riconoscimenti e chiedendo a quest'ultimo di mostrare prove e raccontare la storia. Se il testimone dovesse rifiutarsi, i MIB, più o meno sottilmente, arriverebbero a minacciare l'incolumità fisica del testimone o della sua famiglia; purtroppo non sappiamo se queste ipotetiche minacce abbiano ricondotto a qualche effetto positivo; ebbene, si sa che alcuni testimoni resistenti (storie basate sul filone di Dahl) avrebbero subìto ritorsioni e anche maltrattamenti da parte degli agenti che, a loro volta, avrebbero saccheggiato e dato fuoco ad alcune abitazioni per ridurre al silenzio il testimone.

In tali racconti, i MIB utilizzerebbero macchine nere modello Cadillac e, sovente, elicotteri neri.

Nell'ambito ufologico, l'esistenza dei MIB sarebbe al centro di ampie discussioni dal momento che sono molto poche le persone che ammettono di aver avuto contatti con questi ultimi: un paradosso se dovessimo considerare il fatto che ogni anno ci sono almeno un centinaio di persone che sostengono di aver visto degli oggetti non identificati; per poi non parlare degli ufologi stessi che fanno di tutto per divulgare la presenza di alieni e di oggetti non identificati... e ancora... le teorie degli antichi astronauti di Daniken e Kolosimo; insomma, *se i MIB dovessero fare parte di un associazione di insabbiamento relativo alle prove di avvistamenti extraterrestri sono molto scarsi nel farlo: in confronto Will Smith ha silenziato più persone in tre film che un associazione intera in anni!*

Secondo altri, invece, vi sarebbe un ipotesi di complottismo ideologicamente più simpatica: i MIB non sarebbero altro che un associazione di persone sotto mentite spoglie che, con le loro stranezze, cercherebbero di alimentare le storie sugli UFO per renderle ancora più strane e appetibili dal punto di vista mediatico; quindi, farebbero esattamente il contrario: il loro compito non sarebbe silenziare quanto "dare da parlare".

Ebbene, purtroppo sono stati analizzati alcuni incontri con questi ipotetici MIB e si scoprì che alcuni di questi contatti non erano altro che enfatizzazioni di conversazioni con agenti della polizia o militari mentre, altri ancora, non si sarebbero rivelati altro che degli impostori; tant'è che nel 1967, il portavoce del pentagono per il progetto Blue Book rese noto che alcuni ignoti si presentarono ad alcuni testimoni di avvistamenti UFO spacciandosi, con tanto di tesserino riconoscitivo, per ufficiali dell'USAF (United States Air Force) o funzionari governativi.

Insomma, come direbbe l'Agente K: "Non sono che un parto della tua immaginazione".

2. Progetto "Blue Book"

Il Progetto del Libro Blu (1947-1969) è l'ultimo di una lunga serie di studi sistematici compiuti a larga scala e condotti dalla USAF (Aeronautica Statunitense) per ritrovare e trarre informazioni da alcuni oggetti volanti non identificati in America e in Europa.

Lo scopo delle indagini sotto il nome di "Libro azzurro" era niente meno che quello di determinare se gli UFO costituissero o meno una minaccia per la sicurezza degli Stati Uniti e, inoltre, anche quello di classificare e analizzare scientificamente tutti i dati raccolti. Ovviamente bisogna mettere in correlazione due concetti agli estremi: l'ufologia, una materia pseudoscientifica e la scienza, la quale si rifiuta di collaborare con quest'ultima. Il progetto Blue Book, alla luce di questo, non voleva soltanto analizzare scientificamente gli UFO, ma rendere anche l'ufologia una materia scientifica.

Avviato nel 1947, esso venne concluso nel corso del 1969 dopo aver indagato ben 12.618 casi di avvistamento di cui solo 701 (5% circa) classificati come "non identificati". Il progetto venne quindi sospeso in seguito alla pubblicazione di un rapporto chiamato comunemente "Condon" maturato dall'Università del Colorado e scritto sotto la direzione di Edward Condon, il quale concluse che ventuno anni di studi sugli UFO non avevano portato a nulla di rilevante dal punto di vista scientifico.

La conclusione del progetto fu un semplice: "Gli UFO non costituiscono una minaccia per la sicurezza degli Stati Uniti e, i pochi casi non identificati, non mostrano alcuna evidenza di sviluppo tecnologico e principi sconosciuti alla scienza moderna; inoltre, non possono essere valutati come veicoli extraterrestri". Insomma, un lungo paragrafo che dice, in poche parole, "Non sono mai stati ritrovati UFO, quindi non sono pericolosi".

Prima del Blue Book (il cui consulente vi era Josef Allen Hynek) vennero però creati altri progetti come, Project Sign, Project Grudge e

Project Twinkle i quali, più brevi del "Libro Azzurro", avrebbero portato ad ancor più minori informazioni di cui molte delle quali poco esaustive. Del resto, i risultati ottenuti con Blue Book furono comunque insoddisfacenti dal punto di vista scientifico; tant'è che le conclusioni potrebbero essere riassunte in soli tre punti tutti negativi:

- *Nessun* UFO riportato, analizzato e valutato è stato una minaccia alla sicurezza nazionale.
- Gli oggetti classificati come "Non identificati" *non* rappresentavano sviluppi tecnologici al di là della gamma delle moderne conoscenze tecnico-scientifiche.
- *Non* è stato dimostrato che gli oggetti "Non identificati" rappresentassero dei veicoli extraterrestri.

Sarà però sul rapporto Condon, documento contenente tutti i dati del progetto, che ospiterà nuove informazioni, infatti, stando alle descrizioni, gli avvistamenti UFO non erano altro che frutto dei seguenti casi: lieve isteria di massa, individui che cercavano il successo fabbricando fake-news, individui psicopatologici e errori di identificazione di oggetti convenzionali.

3. L'evoluzione secondo Michael Masters (Una nuova teoria)

Nel corso di questo libro abbiamo affrontato numerosi argomenti coincidenti che ci hanno dato numerose informazioni su un ipotetico contatto alieno avvenuto in tempi antichi e odierni. Di tutti questi oggetti qui affrontati nella serie "Archeofake" e di tutte le storie narrate in "Lapislazzuli!" abbiamo però un grande filo conduttore che le manterrebbe tutte unite. Stando alla teoria degli antichi astronauti, infatti, si dice che degli alieni subentrati in uno stadio primigenio dell'evoluzione ci aiutarono ad evolverci rapidamente: insomma, l'anello mancante dell'evoluzione non sarebbe altro che l'extraterrestre venuto a farci visita per velocizzare il nostro cambiamento e per migliorare le nostre conoscenze tecnico-scientifiche.

Ebbene, questa teoria andrebbe completamente contro l'idea di Darwin della legge del più forte, secondo la quale un essere si evolverebbe mediante l'eliminazione delle specie deboli e la resistenza della specie più forte o più adatta all'ambiente stesso... la teoria degli antichi astronauti vedrebbe quindi uno scenario completamente diverso che porterebbe a pensare l'essere umano come un ibrido-alieno.

Accanto alla teoria degli antichi astronauti se ne starebbe creando una nuova che vedrebbe una base leggermente più scientifica dal momento che non annullerebbe la legge di Darwin: se la teoria degli antichi astronauti si basava su una modificazione genomica effettuata nel corso dell'evoluzione dell'essere umano, quest'ultima vedrebbe uno stadio finale dell'evoluzione umana: l' *"Homo aliena"*.

Secondo Masters (che non è esattamente il primo a sostenere questa teoria), è inutile andare a prendere esseri provenienti da altri pianeti di cui non conosciamo nemmeno l'esistenza: sarebbe meglio basarsi su qualcosa di certo e di effettivo; gli esseri umani che, ancora oggi, starebbero seguendo un processo evolutivo che li porterebbe ad un sempre migliore adattamento: la cosa più sorprendente sarebbe quindi associare a questo discorso la questione legata alla vita su Marte scaturita da Elon Musk; possibile che una volta su quel pianeta, il nostro corpo subisca degli adattamenti fisiologici e organici per adattarsi meglio al nuovo ambiente? Ebbene, andare a vivere su Marte non è proprio cosa semplice: vi è un atmosfera diversa, forse lievemente tossica, sali minerali diversi, un clima completamente differente da quello che siamo abituati... insomma, se non vogliamo vivere perennemente con il casco da astronauta, il corpo, nel corso di generazioni, dovrebbe mutare per permetterci l'adattamento ipotizzato dallo stesso Darwin, quindi un adattamento scientifico.

"*Sappiamo che siamo qui. Sappiamo che esistono gli umani. Sappiamo che abbiamo avuto una lunga storia evolutiva su questo pianeta. E sappiamo che la nostra tecnologia sarà più avanzata in futuro* – spiega Masters – *Penso che la spiegazione più semplice sia questa.*"

Del resto, Master è un professore di Antropologia Biologica del Montana Technological University e, quello che ha detto, non sembrerebbe poi così strano: insomma, Musk o chi per esso ci porta a vivere su di un altro pianeta e, giorno dopo giorno, il corpo capisce cosa deve mutare nelle generazioni successive per essere più adatto al nuovo mondo: si parte quindi con il vivere con caschi e tute e si arriva, dopo qualche centinaio di anni, a divenire esserini di due metri, di pelle grigia, con occhi grandi e neri, dalla bocca piccola e naso semivisibile, completamente depilati per via delle temperature miti e con un altra serie di modificazioni corporali che permetterebbero a noi, esseri umani 3.0, di vivere la nostra vita sul nostro bel pianetino in tutta tranquillità. Il parere di Masters non è quindi fantascientifico ma tiene i piedi per terra... almeno sotto alcuni aspetti.

Il professore, infatti, arriverà a dire qualcosa di molto fantasioso per concordare con il fatto che gli alieni avrebbero visitato popoli antichi e il mondo odierno:

"*I **nostri** lontani discendenti ritorneranno indietro nel tempo per studiarci nel **nostro** passato evolutivo*"

Masters attribuirebbe quindi ai Grigi che vengono a visitarci un ruolo come quello degli antropologi, storici e linguisti che tornerebbero nel passato per studiarci. Dal momento che però non ci troviamo in Doctor Who, tutta la questione è da ritenere un epocale bufala dal momento che, secondo la fisica, si può viaggiare nel futuro... ma non nel passato: se un viaggiatore torna indietro nel tempo, questi non può cambiare gli eventi a causa di una sorta di "legge naturale" legata alla predestinazione degli eventi stessi; inoltre, il viaggiatore avrebbe la sua "copia ridondante" priva di passato. Alcuni scienziati come i celebri Stephen Hawking e Roger Penrose ritengono che, qualora tentassimo in qualche modo di fare qualcosa in grado di mutare significativamente il passato, ad impedirlo interverrebbe una sorta di censura cosmica[1].

Quelle che abbiamo brevemente menzionato sono "il paradosso di predestinazione" e la relativa "ipotesi di censura cosmica", due elementi che impediscono il viaggio nel passato. Ebbene, alcuni dicono che nel futuro le cose saranno diverse e il viaggio nel passato diventerà possibile e semplice, un po' come prendere un treno da Milano per Roma... il vero problema è che però si sta parlando di scienza, logica e fisica; se dovessimo fare un esempio, la forza di gravità sulla Terra vale $9,80665$ $m \cdot s^{-2}$ e varrà sempre $9,80665$ $m \cdot s^{-2}$; dire che in futuro cambierà la logica dei viaggi nel tempo è un po' come dire che se oggi 2+2 fa quattro, fra cento anni 2+2 farà centodieci: dietro questo processo di pensiero vi è una logica scientifica immutabile e non vi sono tecnologie per poterla cambiare.

Proseguendo nel discorso, dire che gli alieni siano venuti da noi per studiare la loro stessa storia mette in correlazione diversi paradossi: il primo sarebbe quello della "dimenticanza", ovvero quello secondo il quale gli alieni avrebbero dimenticato ciò che erano in passato, una cosa molto contorta dal momento che oggi siamo in grado di risalire (senza macchine del tempo) alla storia avvenuta secoli fa... e poi, con tutti questi computer e tutte queste tecnologie, è strano che gli alieni perdano tempo a viaggiare nel tempo invece che dare un occhiata ad uno dei numerosissimi database medici, scientifici e tecnologici lasciati per loro dai loro stessi predecessori: alla fine, perché noi oggi salviamo dati e documentiamo informazioni? Per lasciare ai posteri informazioni sul passato e per semplificare le operazioni di evoluzione del futuro ovviamente... ebbene, non sarebbe paradossale creare una macchina del tempo per prendere informazioni che già sono organizzate in maniera ottimale in dei computer sempre più evoluti? Allora vorrebbe dire che quello che stiamo facendo noi oggi per il nostro futuro è completamente inutile. Se servono informazioni mediche sul passato esiste un libro fenomenale, il "Gray's Anatomy, The Anatomical Basis of Clinical Practice" (arrivato alla quarantunesima edizione!), se servono libri sulla conoscenza scientifica ci sono centinaia di migliaia di saggi scritti da persone importantissime e così via...

Del resto, la teoria di Masters metterebbe in pratica un fattore molto interessante, ovvero che gli alieni siano effettivamente venuti ad ispezionare il nostro modo di vivere: peccato che il Project Blue Book non abbia rinvenuto mai UFO e, tutti gli OOPARTs che si possono davvero definire tali, *non hanno nemmeno una briciola di impronta aliena* dal momento che sono praticamente tutti descrivibili come elementi costruiti da esseri umani e/o dalla natura.

Ebbene, vi rimarrebbe l'idea di base: "Gli alieni siamo noi". Nessuno, effettivamente, li ha mai visti davvero: l'idea comune che si ha su di loro è quella che ci è stata data da Spielberg con il film del '77 "Incontri ravvicinati del terzo tipo", film in cui gli alieni denominati Grigi fanno la prima apparizione mondiale e che, successivamente, verranno ripresi da X-Files nel '93... ma altre informazioni?

Certo, precedentemente vi sono state altre idee legate a presunti avvistamenti che avrebbero descritto questi esseri molto simili a noi ma, come abbiamo già detto nel capitolo delle Abduction:

> *"Frederick Malmstorm, [...] sostenne che le descrizioni dei volti fatte da parte degli addotti non sarebbero altro che una blanda trasposizione della descrizione del volto della madre fatta da infanti: un immagine che si sarebbe fissata nel subconscio e che riemergerebbe (modificata) in uno stato di dormiveglia."*

Infatti non sarebbe un caso se la nostra idea di "alieno" sia molto simile al nostro aspetto fisico.

Del resto, manteniamo pure buona l'affascinante teoria di Masters e... aspettiamo di vedere cosa accade. L'Elon Musk di turno sarà davvero in grado di stravolgere la nostra evoluzione?

1: Una congettura matematica sulla struttura delle singolarità che si ottengono nel contesto della teoria della relatività generale.

4. Sette esempi di UFO nell'Arte

Nel corso del tempo sono stati creati numerosi dipinti che, ad un attenta rilettura da parte di alcuni ufologi, sembravano possedere alcuni dettagli particolari. Quelli che vedremo in questo capitolo sono solo alcuni dei tanti quadri che sembrano avere questa caratteristica in comune.

Analizzeremo ogni quadro e ogni dipinto nella maniera più approfondita possibile per cercare di capire cosa vi è di vero nelle interpretazioni degli ufologi e, in più, cercheremo di dare una spiegazione... di interpretare, il vero senso del dipinto e/o dell'oggetto raffigurato.

Purtroppo, per questioni di stampa, i colori delle immagini sono in bianco e nero ma, andando sul mio blog e scrivendo nella barra di ricerca il nome del capitolo sarà possibile visionare (una volta entrati nell'articolo omonimo) un immagine a colori di quello che stiamo trattando. Vi è anche da dire che, proprio per la questione della scala di grigi, ho dovuto fare anche una cernita delle immagini da apporre al libro.

4.1 Madonna del Cardellino, Sebastiano Mainardi

La Madonna con Bambino e San Giovannino è un dipinto esposto all'interno del Palazzo Vecchio di Firenze, più precisamente nella sala Ercole. L'opera viene spesso attribuita ad un pittore chiamato Jacopo del Sellaio ma, nella scheda del catalogo contenente le informazioni su quest'opera, si legge che il dipinto non è attribuibile tanto a del Sellaio (1442-1493) quanto a Sebastiano Mainardi (1466-1513) il quale non era altri che un pittore della scuola del Ghirlandaio, attivo a Firenze alla fine del '400.

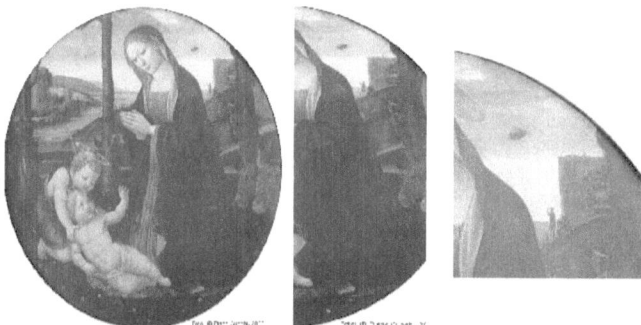

Il dipinto si potrebbe descrivere in un modo molto semplice: in primo piano vi è la Madonna che prega davanti ad un piccolo Gesù Bambino il quale, a sua volta, è sostenuto dall'altrettanto piccolo San Giovannino. Il mistero del quadro giace quindi non tanto in primo piano, bensì in secondo, dove un uomo con una mano sulla fronte e il suo cane guardano verso un preciso punto del cielo. Seguendo in linea retta la direzione in cui punta il loro sguardo è possibile notare che effettivamente, all'interno di quel cielo azzurro, c'è qualcosa che non dovrebbe esserci poiché estraneo a tutto il contesto del dipinto. L'oggetto di cui stiamo parlando ha una forma rotonda e ha un colore scuro, color bronzo.

Voltando lo sguardo e dedicandoci alla sinistra del dipinto si vede quella che potrebbe essere interpretata come la Stella della Natività, sotto la quale vi sono tre fiammelle.

Molti ufologi, rapiti dalla presenza di questo strano oggetto non identificato rappresentato all'interno del dipinto, hanno sostenuto che esso non fosse altro che un UFO... un UFO che sarebbe stato visto dal pittore e che, in un certo qual modo, lo avrebbe ritratto in una sua opera. Stando all'ipotesi degli ufologi questa non sarebbe altro che la prova definitiva relativa all'esistenza di popoli extraterrestri che avrebbero, in un certo qual modo, guidato il processo umano arrivando a compiere anche terribili, se non indescrivibili, esperimenti su esseri umani.

Ebbene, la questione è completamente diversa: in tanti si sono opposti all'interpretazione artistica del quadro ma, in realtà, non si può fare altro che confermare tale idea: l'oggetto scambiato per una navicella spaziale non sarebbe un astronave proveniente da un mondo alieno, bensì sarebbe una rappresentazione pittografica di quello che viene chiamato "Annuncio ai pastori", un riferimento palese ad un evento narrato nel vangelo di Luca:

> *"C'erano in quella regione alcuni pastori che vegliavano di notte facendo la guardia al loro gregge. Un angelo del Signore si presentò davanti a loro e la gloria del Signore li avvolse di luce. Essi furono presi da grande spavento, ma l'angelo disse loro: Non temete, ecco vi annunzio una grande gioia, che sarà di tutto il popolo: oggi vi è nato nella città di Davide un salvatore, che è il Cristo Signore...".*

Tale ipotesi, può essere approvata identificando in quell'uomo con il suo cane proprio la mansione del pastore il quale, richiamato da quella presenza angelica che sovrasta il cielo, alza lo sguardo e ode le parole divine.

Le stesse Stelle della Natività che possono essere ammirate sul lato sinistro del dipinto non sono altro che una seconda rappresentazione artistica della triplice verginità di Maria: prima, durante e dopo il parto.

Ancora una volta nessun UFO ma semplici rappresentazioni di eventi religiosi: qualunque esperto di arte sacra può smontare con pochissime parole questo e molti altri esempi di raffigurazioni di UFO ritrovabili nell'arte del passato.

4.2 Annunciazione, Carlo Crivelli

L'Annunciazione di Ascoli, anche chiamato Annunciazione con sant'Emidio, è un dipinto a tempera e oro su tavola trasportata su tela di Carlo Crivelli. Esso venne datato al 1486 ed è attualmente conservato nella National Gallery di Londra.

La scena è ambientata in una via cittadina, la quale viene mostrata attraverso un vertiginoso scorcio prospettico. A sinistra vi è quindi la presenza dell'arcangelo Gabriele, appena arrivato dal cielo, che si inchina alla Vergine con in mano un giglio mentre, quest'ultima, sembra inginocchiata davanti ad un leggio e raccolta nell'attenta lettura delle Sacre Scritture. Con la mano destra, l'arcangelo indica quindi il cielo alludendo al Dio che lo ha mandato, il quale è raffigurato come un alone di luce circondato da angeli da cui partirebbe un raggio divino che, attraverso un buco nella parete, guida il volo dello Spirito Santo in forma di Colomba.

Questa è l'azione centrale del dipinto, quella caratteristica unica che rende quest'opera qualcosa di realmente speciale... oltretutto, è proprio questo elemento, quello del disco celeste, ad aver creato scompiglio: tanti ufologi alludevano a questa caratteristica del quadro come una prova dell'esistenza degli alieni, come una prova del loro arrivo sulla Terra e della loro interazione con gli umani. Ovviamente, nulla di tutto questo è reale: il pittore, con quel disco (che altro non è se non un vortice di nuvole) voleva indicare Dio, un entità difficile, se non impossibile, da rappresentare per via della sua *etericità.

Risolto il mistero, andiamo avanti a descrivere quest'opera per ancora qualche riga.

Accanto all'arcangelo Gabriele vi è quindi sant' Emidio, patrono degli Ascoli, il quale porta tra le mani un modellino della città: la sua presenza, insolita, si spiega menzionando l'origine del dipinto, il quale venne commissionato per celebrare l'autonomia comunale concessa dal Papa direttamente alla città di Ascoli.

La strada sembra quindi affollata dai cittadini della città stessa: magistrati, passanti, frati e, addirittura, un bambino che sbricia da un parapetto.

Tornando quindi nella stanza di Maria, luogo in cui giunge quel fascio di luce divino culminante in una colomba, viene descritta in ogni dettaglio proprio grazie all'uso della pittura: gli oggetti sopra la mensola, la bottiglia di vetro, il letto rifatto, la finestra con la grata, la candela accesa, il tappeto sul bordo della loggia... ogni più piccolo dettaglio viene reso con eccezionale padronanza. La stessa prospettiva, accuratissima, viene resa perfettamente grazie agli edifici stessi, i quali creano uno sfondo prospettico ad imbuto verso sinistra.

Gli stessi oggetti e gli animali che compaiono nella scena non sembrano essere casuali bensì ricchi di significato simbolico: il letto rifatto indicherebbe la vita casta e virginale di Maria, la bottiglia di vetro è simbolo di purezza, la candela accesa di fede e l'alberello in un vaso del "Paradiso Terrestre". Lo stesso pavone, animale che appare nella scena senza apparente motivo, è invece un animale domestico molto esotico che viene adibito a simbolo cristologico di immortalità.

Anche qui nessun UFO, solo una splendida opera d'arte che, nella sua unicità, attira curiosi e amanti dell'arte.

4.3 Miracolo della Neve, Masolino da Panicale

Con il Miracolo della Neve si intende un dipinto che rappresenta la Fondazione della chiesa di Santa Maria Maggiore a Roma. Questo quadro venne dipinto da Masolino da Panicale su ordine del papa Martino V Colonna per la chiesa di Santa Maria Maggiore di Roma intorno al 1428.

La pittura rappresenta quindi una descrizione molto dettagliata dell'evento, con la neve che cade da una grossa nuvola allungata e grigiastra a forma di sigaro, sotto la quale si vedrebbero delle nuvole molto più piccole. Queste nuvole fanno quindi cadere della neve che poi viene plasmata di modo da creare la pianta architettonica della chiesa. Questo dipinto rappresenta quindi la vera e propria creazione della pianta dell'edificio, uno step fondamentale che precede la costruzione stessa della Basilica Santa Maria Maggiore che, in questo quadro, viene dipinta come un luogo basato su una pianta sacra, addirittura di ispirazione divina.

Ma veniamo a noi e cerchiamo di cogliere il mistero di questo quadro. Il motivo che richiamò l'attenzione di numerosi ufologi sta proprio nella forma di quelle strane nuvole di forma più piccola che tanto avrebbero ricordato alcune navicelle volanti di matrice aliena. Esse sono delineate nei loro contorni e sono tutt'altro che vaporose... e poi sono rappresentate a due a due ed in maniera identica, con solo la parte superiore completamente illuminata. Stando agli ufologi, quella che cadrebbe da queste astronavi non sarebbe per niente della neve, ma una sostanza che, seppur simile, sarebbe di origine completamente diversa rispetto a quella naturale.

Secondo la leggenda narrata dal frate Bartolomeo da Trento nella prima metà del XIII secolo:

> *«la mattina del 5 agosto 352 gli abitanti del colle Esquilino ebbero una strana sorpresa: durante la notte era caduta la neve ed un soffice manto ne ricopriva un tratto. Con tale prodigio la Vergine Maria aveva indicato, ad un patrizio di nome Giovanni ed a sua moglie, che in quel luogo desiderava fosse eretto un tempio in suo onore. Da gran tempo i due anziani coniugi, che non avevano avuto figli, desideravano impiegare le loro ricchezze in un'opera che onorasse la Madre di Dio e, a tal fine, la pregavano con fervore affinché mostrasse loro in qual modo potessero esaudire il desiderio. La Vergine, commossa dalla pietà dei due, sarebbe apparsa loro in sogno dicendo che nel luogo ove la mattina seguente avessero trovato la neve caduta miracolosamente durante la notte, dovevano edificare, a loro spese, una chiesa dedicata al nome di Maria. Emozionato dal prodigio, il mattino seguente Giovanni si recò da papa Liberio, a narrargli l'accaduto: il pontefice aveva, durante la notte, sognato la medesima cosa! Liberio, seguito dal patrizio Giovanni e da un grande corteo di popolo e prelati, si recò sull'Esquilino e, sulla neve ancora intatta, segnò il tracciato della nuova chiesa, che fu edificata a spese del patrizio e di sua moglie.»*

Nella realtà, ovviamente, le cose andarono diversamente: la fondazione della basilica di Santa Maria Maggiore risale agli anni del pontefice Sisto III intorno al V secolo, e fu la prima chiesa dedicata alla Madonna. La costruzione della chiesa avvenne in un periodo in cui non nevicò: la storia del miracolo della neve colpì la fantasia popolare e, proprio per questo, diversi artisti rappresentarono la scena in diverse chiese ma, in realtà, tutto questo è basato su di una leggenda che, addirittura, nacque solo mille anni dopo... e passarono altri cento anni prima che Panicale raffigurasse questo evento "Miracoloso"!

Ma torniamo a noi: le astronavi rappresentati nel quadro sono vere e proprie nuvole, tant'è che lo stesso Masolino rappresentò in questo stile numerose altre nubi su tanti altri dipinti. La leggenda degli UFO sul dipinto deve essere quindi interpretata come una semplice questione logistica mirata alla rappresentazione: sono nuvole stilizzate e non realistiche che possono essere datate con tutta sicurezza alla metà del '400.

4.4 Battesimo di Cristo, Aert de Gelder

Se dovessimo andare al Fitzwilliam Museum di Cambridge troveremo un opera che, ancora oggi, suscita scalpore soprattutto nel mondo ufologico, stiamo parlando del "Battesimo di Cristo", un opera di Aert De Gelder della seconda metà del '600.

Il quadro di Gedler mostrerebbe Giovanni Battista che si appresta a battezzare il salvatore sotto lo sguardo di numerose persone. La cosa curiosa di questo quadro è da ritrovare in cielo dove, un oggetto di forma discoidale, sembrerebbe proiettare dei raggi sui due personaggi. Secondo alcuni studiosi di ufologia, anche questo quadro sarebbe la dimostrazione dell'esistenza degli UFO... ma pensiamoci bene: Aert De Gelder è di molto successivo a Gesù Cristo quindi, come avrebbe potuto disegnare qualcosa che non ha mai visto? Concordiamo tutti sul fatto che il battesimo di Cristo è stato scritto su Bibbie, Messali e Vangeli, ma per quanto riguarda l'UFO? Insomma, non si sta parlando di un disegno eseguito in concomitanza con l'esecuzione del battesimo, non è da interpretare come uno scatto fotografico... e allora come mai ci dovrebbe essere un UFO su quella scena? Come mai l'autore ha realizzato una cosa del genere? Insomma, in questo, come in numerosi altri quadri, bisogna analizzare anche la questione diacronica delle tempistiche: abbiamo un autore che, dopo molti anni dall'avvenimento, ritrae (avvalendosi di descrizioni fatte in antichità) ciò che potrebbe essere successo. Il fatto di ritrarre qualcosa del passato senza mai aver assistito all'evento è quindi da interpretare come un "muoversi alla cieca": Gedler non sapeva cos'era successo e non sapeva esattamente in che condizioni si sarebbe svolto il battesimo di Cristo, quindi ha provato a immaginare una situazione tipo. L'aggiunta dell'UFO potrebbe quindi trarre in inganno dal momento che la sua presenza significherebbe una cosa, ovvero che Gedler immaginava una presenza aliena durante il cosiddetto battesimo.

La spiegazione intricata e complessa potrebbe quindi essere risolta con una spiegazione classica: il disco volante non sarebbe altro che la presenza divina, quindi lo Spirito Santo, associata a quella della colomba (visibile a stento nel disco) mentre, i raggi, raffigurerebbero il battesimo dell'Altissimo nei confronti del figlio. La scelta iconografica Disco-Spirito Santo risale quindi al fatto che la stessa religione cristiana ha molto a che vedere con la luminosità e la lucentezza, elementi che non a caso simboleggerebbero il "Sole", soggetto comune di numerose religioni antiche da cui il cristianesimo trasse delle simbologie e dei significati.

Pensandoci bene, perché un artista avrebbe dovuto dipingere un disco volante? Leggendo qualsiasi testo sul battesimo di Gesù non traspare mai la presenza di un astronave nei cieli e, soprattutto, lui non era li quando il battesimo nei confronti di Gesù venne compiuto... però sa, da buon credente, che attraverso Battista, Dio avrebbe benedetto il figlio, consentendogli così di venire battezzato. La stessa simbologia del sole con dei raggi si ritroverebbe anche nell'antico Egitto, basti vedere la riforma *amarniana *enoteistica voluta da Akhenaton, il faraone eretico che portò in primo piano il culto di Aton, una divinità che avrebbe rimpiazzato il culto di Amon e che veniva rappresentata proprio come un sole dalla cui base uscivano delle braccia che giungevano al suolo.

4.5 Ptahhotep e l'alieno

Andando in Egitto, più precisamente a Saqqara, troveremo una mastaba dedicata al visir Ptahhotep, un uomo che visse sotto il regno del faraone della V dinastia Djedkara Isesi. In una scena di offerta ritrovata in questa tomba comparirebbe una strana figura dalle forme umane: alcuni ufologi, nel vedere questa immagine, dissero che si trattava di un alieno che era andato in visita del visir per partecipare alla parata delle offerte funerarie.

L'immagine è chiara: mostra un corpicino minuto di colore grigio e due grandi occhi neri che sembrano guardare lo spettatore dritto negli occhi... peccato che già a partire da questa descrizione possiamo smentire il ritrovamento dal momento che gli egizi non avevano mai (salvo una volta sola) raffigurato delle entità (persone, animali o cose) viste dal dritto, bensì solo di profilo. Perché per l'alieno in questione la storia cambia?

Le foto che portarono a questa conclusione non erano altro che immagini di bassissima risoluzione che vennero caricate su numerosi blog e forum inerenti all'argomento "alieni" e "Ufo". La scarsità grafica delle immagini non consentiva però di comprendere appieno la natura della realizzazione grafica ma, ovviamente, quegli occhi neri che fissavano lo spettatore e l'insano amore nei confronti dell'ignoto portarono a decretare il ritrovamento come una "vera e propria rivelazione" ufologica: gli alieni avrebbero preso contatto con gli egiziani e gli avrebbero trasmesso gran parte della conoscenza di cui erano dotati.

La rivelazione della bufala arrivò subito dopo: analizzato il metodo di raffigurazione e visto il contesto della scena, ci si recò sul posto e si notò che l'"alieno" non era altro che un grosso contenitore da cui spunta un fiore e due boccioli di loto, una variante del Vaso-*heset* con beccuccio utilizzata soprattutto per le libagioni. Questo dono, insieme a carne, frutta, verdura e tessuti, fa parte di quel grandissimo quantitativo di offerte lasciate sulla tavola o ai piedi di Ptahhotep.

Insomma, un semplice calo cromatico ha portato numerosi ufologi a intendere qualcosa che, molto semplicemente, non è mai esistito.

4.6 Glorificazione dell'Eucarestia, Salimbeni Ventura

Salimbeni Ventura nacque a Siena il 20 gennaio del 1568. Egli, insieme a Francesco Vanni, Rutilo Manetti e Alessandro Casolani, fu il maggiore esponente della scuola senese di fine cinquecento. La Glorificazione dell'Eucarestia è uno dei suoi lavori più belli: essa è attualmente conservata nella chiesa di San Lorenzo in San Pietro di Montalciono. L'opera fu anche la più famosa di tutte le sue realizzazioni... ma non per via del dipinto in se quanto per delle teorie molto particolari che prenderebbero in considerazione il campo ufologico.

L'opera è divisa in due parti: in alto vi è la Trinità con il padre sulla destra e il figlio sulla sinistra mentre, per quanto riguarda la colomba, essa sta al centro della scena. Guardando in quello che potremmo definire il "secondo registro" vediamo un ostensorio con un ostia consacrata, simbolo dell'Eucarestia, la quale viene glorificata da ben quattro santi: san Girolamo, san Gregorio Magno, Sant'Agostino e sant'Ambrogio.

L'interesse nei confronti di quest'opera è molto elevato soprattutto perché alcuni appassionati di ufologia darebbero una loro interpretazione al dipinto: essi, guardando la parte alta del dipinto, ammirano con stupore quel globo metallico al centro della scena, tant'è che secondo loro non dovrebbe essere li. Gli ufologi e i sostenitori delle teorie del paleocontatto interpreterebbero quella sfera come una sorta di satellite artificiale con delle sembianze così particolari che richiamerebbero alla mente il primo satellite mandato in orbita intorno alla terra nel 1957, lo sputnik russo. Ebbene, stando alla storia dell'arte e alle interpretazioni dell'arte religiosa, esso non sarebbe un satellite, ne tanto meno una creazione artificiale e metallica, esso sarebbe un globo rappresentante l'universo su cui Dio e Gesù hanno il potere. Tale significato verrebbe anche potenziato dal fatto che quelle due antenne non sarebbero altro che degli scettri che Padre e Figlio pongono sull'universo.

Ovviamente, anche se il mistero è risolto, numerose persone pensano ancora che in quell'immagine possa nascondersi qualcosa di molto segreto, enigmatico e... impossibile.

4.7 Sposalizio della Vergine, Raffaello

Un altro quadro misterioso richiede, prima di tutto, un ripasso sulle famiglie di extraterrestri riconosciute dagli ufologi:
- Alieni Grigi: provengono dal sistema stellare binario chiamato Zeta Reticuli. La loro morfologia è quella di piccoli esseri glabri con una testa grande e occhi enormi e completamente

neri.
- I rettiliani: provengono dalla costellazione del dragone e sono una specie umanoide per metà rettile. Essi si sarebbero mischiati alla razza umana per dominarla in segreto fin dagli albori delle civiltà terrestri
- I Pleiadiani: sono esseri alti, dalle fattezze angeliche e sono completamente indistinguibili dagli esseri umani se non per il fatto di avere sei dita anziché cinque.

Fatto questo primo ripasso, addentriamoci nel quadro di Raffaello, lo "Sposalizio della Vergine". Questo quadro diventò molto famoso per via di una particolarità pittorica: esso mostrerebbe Giuseppe con un mignolo del piede biforcato, tant'è che sarebbero ben visibili due piccole estremità. La stessa cosa apparirebbe in un dipinto molto simile del Perugino, antecedente a quello che stiamo prendendo in considerazione ora. Ebbene, anche in quest'ultimo comparirebbe una donna scalza accanto a Maria con sei dita del piede anziché cinque.

Peccato che l'esidattilia nella questione dell'arte religiosa non è così rara: un altro esempio ci viene dato dal dito del piede di Gesù bambino nel dipinto "Madonna di Casa Santi" sempre realizzato da Raffaello a Urbino.

Secondo gli ufologi, questa questione rappresenterebbe una consapevolezza già nell'epoca nei confronti della non-umanità di queste figure: nascere con sei dita, infatti, non era una semplice malformazione; l'evoluzione, secondo loro, l'avrebbe eliminata. A seguito di questo ragionamento gli ufologi sono completamente sicuri che ci sia stata una manipolazione genomica eseguita dagli alieni stessi.

La verità è però molto più semplice: l'esidattilia, anomalia congenita non così rara, in passato era considerata segno di unicità e nobiltà, solo in alcuni casi veniva interpretata come "Vicinanza al demonio": il secondo Libro di Samuele 21,20 all'interno della Bibbia esplica molto bene la presenza di questa anomalia genetica.

5. L'U.A.P.T.F.

Il 14 Agosto 2020 il Pentagono ha dichiarato sul suo sito che:

> *"Il 4 agosto 2020, il Vice Segretario alla Difesa David L. Norquist ha approvato la creazione di una Task Force (UAPTF) sui fenomeni aerei non identificati (UAP). Il Dipartimento della Marina, sotto la supervisione dell'Ufficio del Sottosegretario alla Difesa per l'intelligence e la sicurezza, guiderà l'UAPTF."* [1]

L'articolo, redatto in inglese, prosegue dicendo che:

> *"Il Dipartimento della Difesa ha istituito l'UAPTF per migliorare la sua comprensione e ottenere informazioni sulla natura e le origini degli UAP. La missione della task force è rilevare, analizzare e catalogare gli UAP che potrebbero potenzialmente rappresentare una minaccia per la sicurezza nazionale degli Stati Uniti."* [1]

Leggendo tutto questo viene a domandarsi se gli USA vogliono ricreare una sorta di progetto Blue Book... e infatti si scopre che l'obbiettivo è più o meno lo stesso. Il pentagono conclude la comunicazione dichiarando che...

> *"La sicurezza del nostro personale e la sicurezza delle nostre operazioni sono di primaria importanza. Il Dipartimento della Difesa e i dipartimenti militari prendono molto seriamente qualsiasi incursione da parte di aeromobili non autorizzati nei nostri campi di addestramento o nello spazio aereo designato ed esaminano ogni rapporto. Ciò include gli esami delle incursioni che vengono inizialmente segnalate come UAP quando l'osservatore non è in grado di identificare immediatamente ciò che sta osservando"* [1]

Ciò che si comprende da questo testo è che il Pentagono ha creato un vero e proprio team con l'obbiettivo di studiare e comprendere alcuni dei più strani fenomeni aerei che, fino ad ora, sono risultati inspiegabili. Il Pentagono stesso proseguirebbe dicendo anche che tutto il materiale analizzato, studiato e ottenuto dalle analisi potrebbe essere pubblicato direttamente online, su libri, riviste o giornali di settore. Si parla di un vero e proprio progetto scientifico di studio e ricerca sui fenomeni ufologici… o meglio, sui "fenomeni aerei non identificati".

1:
https://www.defense.gov/Newsroom/Releases/Release/Article/2314065/establishment-of-unidentified-aerial-phenomena-task-force/

6. Falsificazioni ufologiche

Nel corso del tempo la United States Air Force ha investigato su una serie di fenomeni ufologici che poi ha bollato come "Falsificazioni". Le falsificazioni in ufologia, come vedremo di seguito, sono un sistema molto utilizzato per approvare e diffondere materiale su presunti eventi alieni e ufologici.

La stessa USAF, oltre alle falsificazioni, avrebbe esplicato che numerosi altri avvistamenti furono dovuti ad allucinazioni e errori di interpretazione nell'avvistamento di oggetti noti, naturali o umani (con questo faccio riferimento al noto progetto Blue Book). Stando al GEIPAN (*Groupe d'Études et d'Informations sur les Phénomènes Aérospatiaux Non-identifiés*) solo l'1% sul totale dei casi in ufologia rappresentano frodi intenzionali eseguite per la ricerca di notorietà, mania di protagonismo, pubblicità per una certa località, semplici scherzi o desideri di presentare dei casi di prestigio di fronte alla comunità scientifica.

Per quanto riguarda le mistificazioni ufologiche esse sarebbero cominciate nell'Ottocento per poi conoscere una netta evoluzione negli anni 40 del 1900, anno di nascita della moderna ufologia (1947).

Per fare una rapida panoramica del fenomeno di falsificazione possiamo dividere le informazioni che abbiamo in sette gruppi, i quali, a loro volta, conterrebbero degli eventi o dei fenomeni che (molto spesso) sarebbero stati smentiti dagli stessi ideatori della burla. Iniziamo con qualcosa di molto semplice: le falsificazioni di filmati.

Nella categoria riguardante le falsificazioni dei filmati di matrice ufologica troviamo un esempio di cui abbiamo già parlato: l'autopsia su di un grigio, un alieno che sarebbe stato vittima del già citato "Incidente di Roswell". Un altro esempio è rappresentato da un video del '97 trasmesso da Jaime Mausson nel suo programma televisivo domenicale. Il filmato mostrava un disco volante nel cielo di Città del Messico. Esso, dopo opportune analisi, verrà bollato come un falso da un altro ufologo, nonché fisico ottico: Bruce Maccabee.

Un altro gruppo molto interessante di falsificazione ufologica è rappresentato dalle "Mutilazioni misteriose del bestiame" che, secondo gli ufologi, sarebbero opera di alieni. Stando a delle ricerche scientifiche la motivazione di queste mutilazioni è però da ricercare nell'ambiente naturale. Nel 1979 venne condotto un esperimento in Arkansas, il quale venne sorvegliato dallo sceriffo Herb Marshall che lasciò all'aperto delle carcasse di animali morti da poco. Dopo pochi giorni, il gas all'interno dello stomaco degli animali si è espanso aprendogli il ventre e facendo fuoriuscire le interiora che, a loro volta, nel corso di un periodo più o meno lungo, sarebbero state divorate da degli insetti. In altri casi ancora, le mutilazioni animali sarebbero frutto di mistificazioni... quelle del Sud America sono un esempio perfetto dal momento che, secondo alcuni, sarebbero state svolte da delle organizzazioni malavitose per intimidire gli allevatori. Altre ipotesi ancora mostrerebbero dei contadini che avrebbero mutilato i loro stessi animali per riscuotere un assicurazione dovuta alla morte delle bestie.

Proseguendo nella nostra trattazione è giusto affrontare anche quelle che possiamo definire "falsificazioni dei contattisti", le quali raggrupperebbero due persone specifiche, George Adamski e Billy Meier. Per quanto riguarda il primo, Adamski sostenne più e più volte di aver viaggiato su astronavi aliene... tant'è che mostrò anche delle foto che, in seguito, vennero bollate come false: il motivo? Erano scatti eseguiti su lampadari e coperchi di refrigeratori per bibite. Per quanto riguarda Meier, anche qui abbiamo delle smentite che sembrano essere sul filo dell'ironia: egli, negli anni settanta, raccontò di essere stato contattato da degli alieni provenienti dalle Pleiadi che gli avrebbero fatto fare dei viaggi a bordo delle loro astronavi. Il "Contattista" affermerebbe tutto questo portando delle foto che, purtroppo per lui, si sono dimostrate niente meno che immagini di modellini appesi ad un filo mentre, per quanto riguarda i volti delle astronaute aliene, erano praticamente uguali a quelli di tre modelle svedesi. Numerosissimi ufologi considererebbero le prove di Meier non autentiche.

Vi sarebbero quindi le falsificazioni fotografiche, le quali vedrebbero numerosi esempi che, per questioni di spazio, non posso analizzare ma solo accennare: La fotografia del Carosello di Washington del 1952, interpretata come frutto di riflessi sulla macchina fotografica; Le fotografie dell'UFO di Laredo del 1980, che non rappresentava un UFO ma l'ogiva di un V2 contenente una scimmia; La fotografia di Ilkley Moor del 1987 che non ritraeva un alieno ma un agente di assicurazione vestito in maniera piuttosto pesante ed, infine, La fotografia di Penthouse del 1996 che raffigurava niente meno che un manichino con forme aliene realizzato da un esperto di effetti speciali chiamato Steve Johnson.

Per quanto riguarda gli schianti ufologici, oltre che il caso di Roswell già precedentemente citato, abbiamo anche l'incidente di Aztec. Quest'ultimo avrebbe una storia un poco particolare: Frank Scully, giornalista, raccontò che un uomo d'affari chiamato Silas Newton e un certo dottor Gee gli avevano raccontato che il 25 marzo del 1948 ad Aztec era precipitato un UFO. In seguito alla pubblicazione della storia, un altro giornalista, Philip Cahn, indagò sulla vicenda e scoprì che il dottor Gee non era un dottore ma un socio di Newton e, soprattutto, non si chiamava Gee ma Leo Gebauer, il quale (con Newton) aveva viaggiato nella zona cercando di vendere strumenti creati con (a loro dire) tecnologia aliena per la ricerca di petrolio, gas e oro. Il giornalista riuscì a prendere uno di questi strumenti e lo fece analizzare, scoprendo che non era niente meno che alluminio per pentole. Nel 1952 la truffa venne raccontata sulla rivista True e, a seguito di questo, vennero allo scoperto numerose persone che erano state truffate dai due che, dal 1953, proseguirono la loro vita in prigione.

Per quanto riguarda i documenti abbiamo ben due esempi: le lettere degli Ummiti (facilmente ritrovabili online, almeno... nel giorno in cui ho scritto questo lo erano) e il documento sul Majestic 12 del 1984. Le lettere degli Ummiti sono una falsificazione nata nel 1966, anno in cui degli ufologi cominciarono a ricevere lettere da extraterrestri che dicevano di essere in missione sulla Terra e di provenire dal pianeta Ummo; la cosa andò avanti per molti anni fino a quanto nel 1993 José Luis Jordàn confessò che non era altro che un esperimento: voleva studiare la tendenza della gente alla paranoia.

In vita natural durante di questo esperimento, nasce un altro falso, quello del Majestic 12 del 1984, il quale non era altro che un plico di carte senza mittente e con un filmato. Sin da subito un ufologo, William Moore, capì che quest'ultimo era un documento segreto americano redatto dallo Stato sul quale venivano scritte delle informazioni su un progetto di studio sugli UFO. Studiato da diversi sciettici, il documento mostra incongruenze storiche e tipografiche incompatibili con la sua autenticità, tant'è che Philip J. Klass, uno scettico, scoprirà che la firma del presidente Harry Truman non era altro che una fotocopia ottenuta da un'altra lettera scritta dal presidente e per nulla correlata al documento M12... anche un altro ufologo, Jerome Clark, ritiene che questo plico non era niente meno che uno "scherzo".

Ultimo tipo di falsificazioni è quello legato ai rapimenti, all'interno del quale figura l'ormai famoso caso di Cergy-Pontoise, la cui burla verrà rivelata da uno degli autori stessi spiegando che non era niente meno che un esperimento sociologico sulla credulità della gente.

La conclusione di un lungo viaggio

La scienza ogni giorno fa passi da gigante per permettere all'umanità di evolvere; lo stesso fanno storia, archeologia e letteratura. In questo libro abbiamo preso in considerazione e analizzato numerosi reperti, alcuni dipinti, tante teorie e diverse idee ma... ora, alla fine di tutto questo lungo percorso che ci ha guidato nella comprensione, non posso fare altro che dire una cosa: tu da che parte stai? Cerca di rispondere a questa domanda con tutta la libertà di cui necessiti, prenditi del tempo per farlo o non rispondere. La cosa importante, arrivati a questo punto, è di non fermare la propria voglia di conoscenza e il proprio amore verso la cultura: io stesso, pur reputando tanti (non tutti) argomenti qui trattati come delle bufale madornali e addirittura palesi... a dirla tutta... voglio comunque andare avanti per capire di più e approfondire tali temi.

Personalmente ritengo importante il fattore della comparazione dei dati come ritengo importante ascoltare le ipotesi e le idee degli altri; perché? La risposta è semplice: come posso io contrastare o appoggiare una teoria se non la conosco? Semplicemente non posso... anzi, contrastare una teoria che non conosco significherebbe andare contro all'autore della teoria e non alla teoria: la teoria è qualcosa di immateriale e che non si può toccare; non ha emozioni ma, l'autore (al contrario) avrà avuto le sue ragioni di produrre una determinata teoria e di volerla sostenere: avrà le sue prove.

Bene, ma qui c'è da fare una bella distinzione:
1) I sostenitori di teorie,
2) Gli imbroglioni.

Abbiamo visto Daniken, Kolosimo, Sitchin e tante altre persone che, pur avendo sviluppato delle teorie, cercavano di sostenerle e di dare prove a favore delle loro ipotesi; non importa quanto possano essere state assurde tali ipotesi, hanno provato a fare ricerche e a sostenere tali idee... ma, al contrario, c'è gente ben diversa che è in grado di spacciare il falso per vero, e questo semplicemente manipolando le persone e senza dare uno straccio di teoria o prova.

L'ho già detto: amo la scienza e adoro la storia ma, ovviamente, devo ammetterlo; alcune delle teorie e delle ipotesi che abbiamo letto qui, per quanto fantasiose... per quanto pseudoscientifiche e per quanto irreali... hanno fatto sognare e, ancora oggi, fanno sognare tante persone che, affascinate da tutto questo, si recano in libreria, comprano dei testi e li leggono per cercare di comprendere... per cercare di capire.

Forse...

Forse ho capito perché tutto questo: da bambini le madri leggono fantastiche storie di cavalieri che sconfiggono draghi per salvare le principesse, e li... li il bambino rimane con la bocca aperta perché in grado di immaginare...

...se forse è questa la spiegazione della fortuna della pseudoscienza? Se è per questo che la nostra mente ci mantiene così radicati al mistero e all'enigma? Forse sono quei rimasugli di infanzia che perseverano nel tempo e ci permettono di guardare al mondo con occhi incuriositi, sorpresi e sfuggenti che sembrano voler guardare aldilà del confine della materialità a fare tutto questo...

...a farci fantasticare.

"È dentro di noi un fanciullino che non solo ha brividi, come credeva Cebes Tebano che primo in sé lo scoperse, ma lagrime ancora e tripudi suoi. Quando la nostra età è tuttavia tenera, egli confonde la sua voce con la nostra... Ma quindi noi cresciamo, ed egli resta piccolo; noi accendiamo negli occhi un nuovo desiderare, ed egli vi tiene fissa la sua antica serenameraviglia; noi ingrossiamo e arrugginiamo la voce, ed egli fa sentire tuttavia e sempre il suo tinnulo squillo come di campanello."
Giovanni Pascoli

Bibliografia e Webgrafia

Bibliografia parziale

- Alphatest - Biologia - Valeria Balboni e Doriana Rodino
- Alphatest - Fisica - Alberto Sironi
- Alphatest - Chimica - Valeria Balboni e Alberto Zeffiro
- Alphatest - Biotecnologie e farmacia - AA.VV.
- Alphatest - La biodiversità - Valeria Balboni
- Alphatest - Evoluzione ed evoluzionismo - Valeria Balboni
- Alphatest - L'alimentazione - Valeria Balboni
- Alphatest - Chimica 1 - Valeria Balboni
- Alphatest - Chimica 2 - Valeria Balboni
- Alphatest - Il cervello - Stefano Menna e Anna Maria Zaccheddu
- Alphatest - Ecologia - Francesca Conti
- Alphatest - Biologia 1 - Alessandra Terzaghi e Andrea Brambilla
- Alphatest - Biologia 2 - Alessandra Terzaghi e Andrea Brambilla
- Alphatest - Fisica 1 - Paolo Corazzon e Stefano Bertocchi
- Alphatest - Fisica 2 - Paolo Corazzon e Stefano Bertocchi
- Alphatest - Fisica 3 - Paolo Corazzon e Alberto Sironi
- Punto di incontro - Scoperte mediche non autorizzate - Marco Pizzuti
- Punto di incontro - Esperimenti scientifici non autorizzati (2014) - Marco Pizzuti
- Deagostini - Fisica - AA. VV.
- Newton Compton - L'origine delle specie - Darwin
- Piccin - Botanica generale e diversità vegetale - AA. VV.
- Piccin - Chimica generale: principi ed applicazioni moderne (XI edizione) - AA.VV.
- EdiSes - Biologia - AA.VV.
- Sagwan Press - Micrographia - Robert Hooke
- DeAgostini - Atlante geografico (2006) - AA.VV.
- Zanichelli - Geografia umana (2010) - AA. VV.
- Mondadori - Come costruire una macchina del tempo - Paul Davies
- Mondadori - Il grande libro dello spazio - AA. VV.
- Newton Compton - L'interpretazione dei sogni - Freud

Sigmund
- Newton Compton - Il sogno, scritti su ipnosi e suggestione - Freud Sigmund
- Newton Compton - l'Io e l'Es/Inibizione, Stimolo e angoscia - Freud Sigmund
- Filippo Cassola - Chi erano i Greci in (.doc)
- Maurizio Giangiulio - Avventurieri, mercanti, coloni, mercenari. Mobilità umana e circolazione di risorse nel mediterraneo arcaico in S. Settis, I greci. Storia, cultura, arte, società (.doc)
- Marco Bettalli - Tra guerre persiane e guerra del peloponneso: la grecia durante la pentecontetia in M. Giangiulio Storia d'Europa e del Mediterraneo (.doc)
- Carmine Ampolo - Il sistema delle polis. Elementi costitutivi della civiltà greca in S. SETTIS I greci. Storia, cultura, arte, società II (.doc)
- Rizzoli - La guerra del Peloponneso - Tucidide
- Carocci - Democrazie greche: Atene, Sicilia, Magna Grecia - Maurizio Giangiulio
- Il Mulino - Manuale di Storia Greca 3° ed. - Cinzia Bearzot
- Carocci - Sparta: storia e rappresentazioni di una città greca - Marcello Lupi
- Kemi - Manuale di astrologia egizia - Angelo Angelini
- Laterza - Storia dell'antico Egitto - Nicolas Grimal
- Bonechi - Viaggio in Egitto - David Roberts e Rita Bianucci
- Einaudi - L'antico Egitto, storia di un impero millenario - Toby Wilkinson
- Atanòr - Il libro dei morti degli antichi egiziani - G. Kolpaktchy, D. Piantanida
- Mediterranee - iniziati e riti iniziatici nell'antico Egitto - Max Guilmot
- Mediterranee - La scienza sacra dei faraoni - R. A. Schwaller de Lubicz
- Mediterranee - Il tempio nell'uomo - R. A. Schwaller de Lubicz
- Mediterranee - La teocrazia faraonica - R. A. Schwaller de Lubicz
- Mediterranee - Il libro dei morti degli antichi egizi - Boris de

Rachewiltz
- Mediterranee - Culti egizi - Ada Russo Pavan
- Mediterranee - Le origini dell'alchimia nell'Egitto greco-romano - Jack Lindsay
- Mediterranee - Magia e iniziazione nell'antico Egitto - René Lachaud
- Mediterranee - L'energia della piramide - Max Toth, Greg Nielsen
- Mediterranee - Magia egizia, antichi rituali e manuale pratico - Murry Hope
- Mediterranee - Gli antichi egizi - Boris de Rachewiltz
- Longanesi - I miti egizi - Boris de Rachewiltz
- Laterza - L'uomo egiziano - Sergio Donadoni
- Il cerchio - Spiritualitá dell'antico Egitto - Alessandro Bongioanni e Mario Tosi
- FS edizioni - Mitologia e dèi dell'antico Egitto - Massimo Dall'Agnola
- Picatrix - Shaï-En-Sinsin: Libro egizio delle respirazioni - C. Klincksieck (doc.)
- X - Le tavole di smeraldo di Thot l'Atlantideo - Elio Lupo (doc.)
- X - Grandi civiltà del passato: Egitto: Terra dei faraoni - Charlotte Anker, Kenneth Danforth, Robert Somerville
- National Geographic - I templi dell'antico Egitto
- Kemet - La cucina nell'antico Egitto - Pierangelo Mengoli
- Kemet - Morte e sepoltura nell'antico Egitto - S. Ikram
- Sprea - Vivere al tempo degli egizi - Osvaldo Baldacci
- X - Valle dei re e valle delle regine
- Rizzoli Bur - La vita quotidiana degli egizi e dei loro dei - D. Meeks e Ch. Favard-Meeks
- Electa - L'antico Egitto, archeologia di una civiltà - Jean Vercoutter
- Punto di incontro - Scoperte archeologiche non autorizzate - Marco Pizzuti
- Mimesis - Orme sull'acqua, orme nella terra: temi di natura e di metodo in archeologia - Federica Chiesa
- Carocci - Principi di stratigrafia archeologica - Edward C.

Harris
- Deagostini - Atlante storico DeaGostini (2006) - AA. VV.
- Forgotten Books - The native tribes of central Australia - Baldwin Spencer
- Feltrinelli - Cannibali e Re: Le origini delle culture - Marvin Harris
- Martino Publishing - The gift - Marcel Mauss
- Giunti - I teschi di cristallo e gli oggetti del mistero - Roberto Giacobbo
- Giunti - Le sette meraviglie del mondo antico - Debora Barbagli
- Hera - Narrano di antiche cronache - Roberto Volterri
- Hera - Archeologia dell'impossibile - Roberto Volterri
- Mondadori - Da dove veniamo? - Roberto Giacobbo
- Mondadori - La storia: Dalla preistoria all'antico Egitto
- Mondadori - Hitler, il figlio della germania - Antonio Spinosa
- Mondadori - Il grande libro della preistoria (1982) - Giorgio P. Panini
- Enigma edizioni - I Vimana e le guerre degli dèi - Enrico Baccarini
- Harmakis - Piramidi nel mondo - Sabrina Stoppa
- DeVecchi - Siamo extraterrestri! - Roberto Pinotti
- Einaudi - I detectives dell'archeologia - C. W. Ceram
- Einaudi - Preistoria: l'alba della mente umana - Colin Renfrew
- Newton Compton - Il ramo d'oro - Frazer James
- Zanichelli - Archeologia: teoria, metodi, pratica (1998) - Colin Renfrew e Paul Bahn
- Piemme - Illuminati - Adam Kadmon
- Priuli e Verlucca - Adam Kadmon
- Priuli e Verlucca - Babylon 777 - Adam Kadmon
- Five store - Complotti - Adam Kadmon
- Armenia - La storia si sbaglia - Erich von Däniken
- Bompiani - UFO, top secret - Roberto Pinotti
- Penguin Random House - Chariots of the gods - Erich von Däniken

Webgrafia parziale

CICAP
SETI
ACAM
CISU
NASA
Aton-Ra
Query Online
Mistero Risolto
Altra Genesi
Segni dal Cielo
La Tela Nera
Visione Alchemica
Everyeye
Epoch Times
Alberto Canosa
Invasione Aliena
Arte Svelata
Ancient Code
La Leyenda esta a Hifuera
Ancient Code
Il Giornale Dell'Arte
Crystal Links
Djed Medu
Sapere.it
Gaetani Umberto
Dubito ergo sum
UfoPedia
BadArcheology
Reccom
Segni dal cielo
Te lo diciamo noi, se vuoi
tavole smeraldine
Uffizi
Egittologia.net

Visita il sito web dell'autore per mantenerti aggiornato sulle prossime pubblicazioni o per comprare i libri:

https://emanuele-pagani.weebly.com/

(QRCode a pagina 2)

Facebook/Twitter:

@EmanueleBooks

Recensisci il libro sulla pagina di acquisto*!
...o sul nostro sito: https://alphaedizioni.weebly.com/

*: Alpha edizioni pubblica i suoi libri su Amazon, per eventuali modifiche ai luoghi di pubblicazione si consiglia di visualizzare il sito dell'editore.

La versione cartacea di questo libro è stampata su carta riciclata almeno del 30% e proveniente da fonti certificate FSC [Salvo modifiche contrattuali di Amazon KDP]

www.ingramcontent.com/pod-product-compliance
Lightning Source LLC
Chambersburg PA
CBHW020624220526
45464CB00001B/8